BIOLOGISCHE BRAUEREI-BETRIEBS-KONTROLLE

ALLGEMEIN-BOTANISCHE GRUNDLAGEN, PILZKUNDE UND HEFEREINZUCHT

VON

DR. H. HELLER

DRITTE, NEU BEARBEITETE AUFLAGE DER ALLGEMEINEN BOTANIK FÜR BRAUER VON
PROF. DR. H. ROSS

MIT 56 ABBILDUNGEN IM TEXT

MÜNCHEN UND BERLIN 1931

VERLAG VON R. OLDENBOURG

Druck von R. Oldenbourg, München und Berlin.

VORWORT.

Nachdem eine neue Auflage der „Allgemeinen Botanik, Pilzkunde und Hefereinzucht für Brauer“ von Prof. Dr. Roß notwendig geworden war, übertrug Prof. Dr. Roß dem Unterzeichneten die Neubearbeitung des Buches. Der alte Text wurde umgearbeitet, neu geordnet und durch Hinzufügung eines Abschnittes über die praktische biologische Betriebskontrolle erweitert. War das Buch seither nur als Hilfsmittel zu betrachten für den Unterricht an der Lehr- und Versuchsanstalt für Brauer in München, so soll es nunmehr auch allgemein dem in der Praxis stehenden Brauer zur Belehrung dienen. Daher mußten die Abbildungen bedeutend vermehrt werden, was Herr Prof. Dr. Dunzinger in liebenswürdiger Weise übernommen hat. Der Stoff über die allgemein botanischen Grundlagen ist nach wie vor auf das Wichtigste und unbedingt Notwendige beschränkt geblieben. Der von Dr. Doemens bearbeitete Abschnitt über den Hefereinzuchtapparat ist fast unverändert aus der vorhergehenden Auflage übernommen worden. Einige Abbildungen von Geräten und Präparaten wurden von der Firma Otto Reinig in München freundlichst zur Verfügung gestellt. Bei der Bearbeitung haben mir die Herren Prof. Dr. Roß und Dr. Doemens ihre reichen Erfahrungen in jeder Weise zur Verfügung gestellt. Ich spreche ihnen sowie Herrn Prof. Dr. Dunzinger, der genannten Firma und dem Verlag für alle Mitarbeit meinen herzlichsten Dank aus.

München, Dezember 1930.

Dr. H. Heller.

INHALT.

Einleitung.

§ 1. Der moderne Brauer kann seiner Konkurrenz nur dann erfolgreich begegnen, wenn seine Biere gleichbleibend gut sind hinsichtlich ihres Geschmackes, ihrer Haltbarkeit und ihres Charakters. Für diese wichtigsten Eigenschaften eines Bieres übernimmt aber in erster Linie die biologische Betriebskontrolle die Verantwortung, während die chemischen Untersuchungen vor allen Dingen für die Rentabilität beim Einkauf und bei Verarbeitung der Rohmaterialien garantieren müssen.

Die biologische (*bios* = Leben) Betriebskontrolle setzt allgemeine botanische Kenntnisse voraus über die Beschaffenheit der Gerste, des Hopfens, der Hefe, umfaßt auch die im Mälzereibetrieb auftretenden tierischen Schädlinge und erstreckt sich über das große Gebiet der Gärungsorganismen, also der Pilzkunde im weitesten Sinne. Wir haben es bei der Bierbereitung fast ausschließlich mit biologischen Vorgängen zu tun, nämlich dem Wachstum der Gerste, der Hefegärung, dem Auftreten von Bierkrankheiten, welche durch Mikroorganismen verursacht werden, der Schädigung der Gerste und des Malzes durch Insekten usw.

Daher muß sich der Brauer mit diesen Arbeitsgebieten vertraut machen. Die meisten Vorgänge spielen sich aber im Kleinen ab und sind nur durch mikroskopische Betrachtung auf ihre Ursachen zurückzuführen. Man verlangt also von jedem technisch gebildeten Brauer, daß er das Mikroskop als täglich gebrauchtes Instrument kennt und handhaben kann. Die Anforderungen, die ein Brauereibetrieb an denjenigen stellt, der die biologische Kontrolle gewissenhaft durchführen soll, sind nicht nur sehr groß, sondern auch von einer auf anderen Spezialgebieten nicht vorkommenden Vielseitigkeit. Man kann dieses Arbeitsgebiet nur demjenigen empfehlen, der mit Begeisterung danach greift und dem keine Mühe zu groß ist, seine Aufgabe zum Nutzen des Betriebes vollkommen zu erfüllen.

I. Das Mikroskop.

§ 2. Zur Durchführung einer geordneten Betriebskontrolle ist das Mikroskop das wichtigste Instrument. Die biologische Reinheit des Bieres steht vor allen anderen Eigenschaften. Daher muß sich der Brauer mit der Handhabung dieses Instrumentes durchaus vertraut machen.

1. Allgemeines.

§ 3. Das Mikroskop[1]) besteht aus dem Stativ mit dem Objekttisch, dem Beleuchtungsapparat und verschiedenen Linsen (Abb. 1). Die am oberen Ende des Mikroskoprohres (lateinisch *tubus*), also dem Auge (lateinisch *oculus*) zunächst befindliche Linse heißt Okular; die untere, dem zu betrachtenden Gegenstand (Objekt) zunächststehende Linse heißt Objektiv.

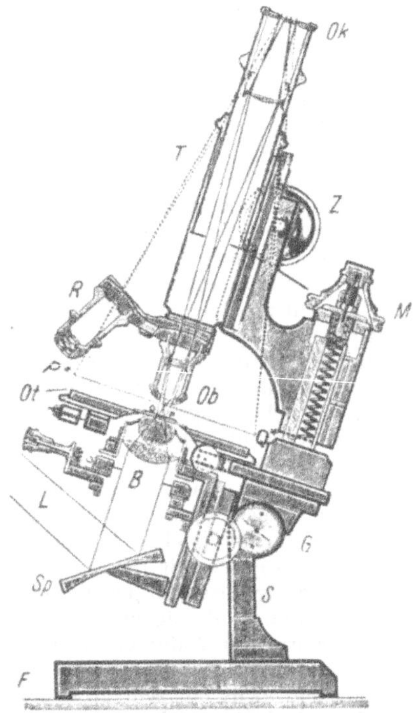

Abb. 1. Schematischer Längsschnitt nebst Strahlengang für ein größeres Mikroskop von E. Leitz, Wetzlar.
Ok Okular, *T* Tubus (Mikroskoprohr), *Z* Zahn und Trieb zur groben Einstellung, *M* Mikrometerschraube, *Ob* Objektiv, *B* Beleuchtungsapparat, *G* Gelenk zum Umlegen, *S* Säule, *Sp* Spiegel, *L* Lichtstrahler, *F* Fuß.

Das Wichtigste am Mikroskop ist das Objektiv, weil dieses hauptsächlich die Vergrößerung herbeiführt. Es besteht aus mehreren aplanatischen Doppellinsen und bringt ein umgekehrtes, stark vergrößertes Bild des Gegenstandes hervor (§ 4), welches durch das Okular nochmals vergrößert wird. Objektiv und Okular

[1]) *Mikros* (griechisch) klein; *skopeo* (griechisch) ich sehe.

sind mit Buchstaben oder Nummern, von den schwächeren zu den stärkeren fortlaufend, versehen. Man benutzt soweit als möglich schwache Okulare, da die stärkeren immer größer werdende Dunkelheit des Gesichtsfeldes bedingen. Die moderne Bezeichnung nach der Eigenvergrößerung gestattet es durch Multiplikation der beiden Zahlen für Objektiv und Okular die Vergrößerung zu berechnen. Diese Eigenvergrößerungen sind:

Objektiv Nr.	3	5	7	8a
Eigenvergrößerung	10 ×	30 ×	62 ×	70 ×

Okular Nr.	I	III	IV	V
Eigenvergrößerung	5 ×	8 ×	10 ×	12 ×

Jedem Mikroskop wird von der Fabrik eine Tabelle beigefügt, welche die Vergrößerung je nach den verschiedenen Zusammenstellungen von Objektiv und Okular angibt, z. B.:

Vergrößerung bei 170 mm Tubuslänge und 250 mm Bildweite (nach Leitz)						
Objektiv	Okular					Wert d. Okularmikrometers
	I	II	III	IV	V	Gemessen mit Okular II
3	50	60	80	100	120	15,6 μ
5	150	180	240	300	360	5 μ
7	310	375	500	620	750	2,5 μ
8a	350	420	560	700	840	2,3 μ

Die Erklärung der letzten Rubrik, Wert des Okularmikrometers, findet sich in § 7.

Für mikroskopische Gegenstände dient als Maßeinheit das Mikromillimeter = 0,001 mm; als Zeichen hierfür gilt der griechische Buchstabe m = μ (sprich mü). Man gibt für wissenschaftliche Zwecke stets nur lineare Vergrößerungen an. Eine Hefezelle von 8 μ Länge z. B. erscheint bei 100facher Vergrößerung 0,8 mm lang. Dies entspricht einer Flächenvergrößerung von 100^2 = 10000 und einer kubischen Vergrößerung von 100^3 = 1000000. Über die Ausführung des Messens vgl. § 7.

Wie groß ist ein Gesichtsfeld in Wirklichkeit? Unter einem Deckgläschen von 20 mm Kantenlänge befindet sich ein Tropfen Bier. Bei 700facher Vergrößerung und einem scheinbaren Durchmesser des für die folgende Berechnung der Einfachheit halber nicht rund, sondern quadratisch gedachten Gesichtsfeldes von 10 cm, beträgt der wahre Durchmesser des Gesichtsfeldes 10:700 = ein Siebzigstel cm oder ein Siebtel mm. Man müßte also das Deckgläschen 20: $^1/_7$ = 140 mal verschieben, um nur eine seiner vier Kanten vollständig gesehen zu haben und man müßte 140 × 140 = 19600 mal verschieben, um den einen Tropfen Bier vollständig betrachtet zu haben. Befindet sich in einem Gesichtsfeld eine Sarzina, so macht dies pro Tropfen Bier 19600 Sarzinen aus, eine sehr starke Infektion.

Um mehrere Objektive am Tubus anbringen zu können, gibt es eine besondere Einrichtung, Revolver genannt. Derselbe ermöglicht ein rasches Wechseln der Objektive, welche so eingerichtet sind, daß sie unmittelbar das scharfe Bild des Gegenstandes geben.

Zur Beleuchtung durchsichtiger Objekte dient ein unter der Öffnung des Objekttisches befindlicher Spiegel, welcher die Lichtstrahlen in das Mikroskop wirft. Derselbe ist nach allen Seiten verstellbar und hat eine ebene und eine hohle Seite. Die Lichtstrahlen werden von dem Spiegel durch die im Objekttisch befindliche Öffnung auf den zu untersuchenden Gegenstand geworfen, welcher so sichtbar wird. Die Öffnung im Objekttisch ist sehr groß und muß

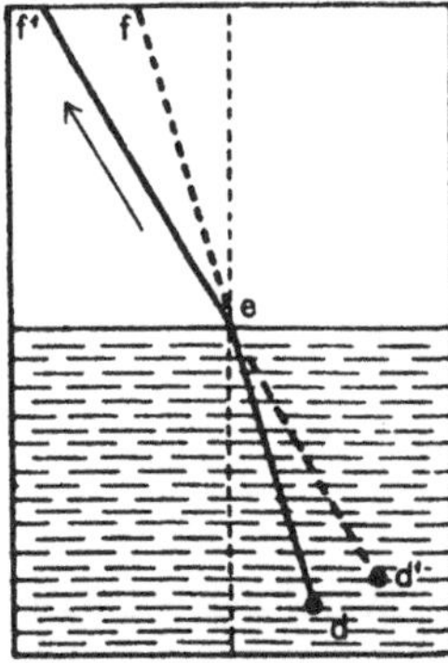

Abb. 2. Brechung des Lichtstrahles beim Übergang aus einem dünneren in ein dichteres Medium.

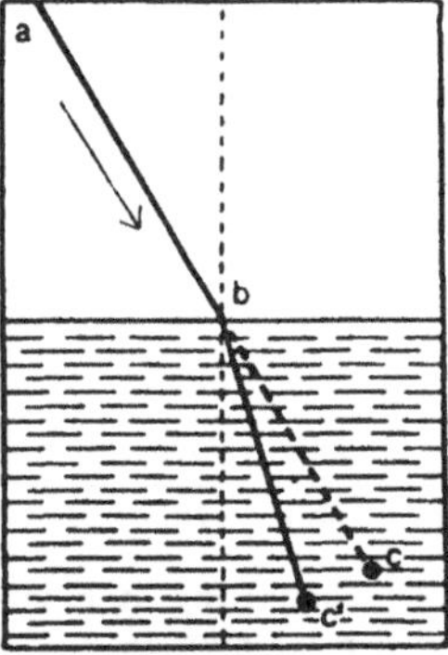

Abb. 3. Brechung eines Lichtstrahles beim Übergang aus einem dichteren in ein dünneres Medium.

durch Blenden (Diaphragmen) je nach der Stärke der Vergrößerung verringert werden. Teure Stative sind mit einem besonderen Beleuchtungsapparat nebst Irisblende versehen, der für stärkere Vergrößerungen fast unentbehrlich ist.

Größere Instrumente besitzen stets ein Zahnrad und Triebwerk zur gröberen Einstellung; andernfalls geschieht dieses durch Auf- oder Abwärtsbewegung des Tubus mit der Hand. An dem Stativ befindet sich außerdem eine Schraube, Mikrometerschraube, zur feineren Regulierung des Abstandes zwischen dem Objektiv und dem zu beobachtenden Gegenstand, bis derselbe scharf und deutlich sichtbar wird.

§ 4. Zum Verständnis der optischen Vorgänge im Mikroskop mögen folgende kurze Angaben dienen:

Senkrecht auffallende Lichtstrahlen erleiden beim Übergang von einem dünneren in ein dichteres Medium keine Ablenkung von ihrer Richtung. Ein schräg auffallender Lichtstrahl (Abb. 2*ab*) dagegen setzt sich dann nicht gerade fort (Abb. 2*bc*), sondern ändert seine Richtung, er wird gebrochen, und zwar auf das Einfallslot zu (Abb. 2bc^1). Einfallslot heißt die auf dem Einfallspunkte *b* errichtete Senkrechte. Beim Übergang aus einem dichteren in ein dünneres Medium wird der Lichtstrahl (Abb. 3 *d e*) vom Einfallslote weg gebrochen (Abb. 3 $e\,f^1$). Ein im Wasser befindlicher Gegenstand scheint daher höher zu liegen, als es in Wirklichkeit der Fall ist; *d* erscheint bei d^1. Der Winkel, welchen der Lichtstrahl *a b* mit dem Einfallslot (gestrichelte Senkrechte) bildet, heißt der Einfallswinkel und der Winkel, den $b\,c^1$ mit der gestrichelten Senkrechten im zweiten Medium bildet, heißt Brechungswinkel.

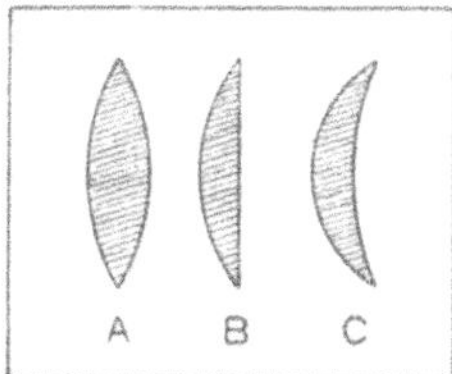

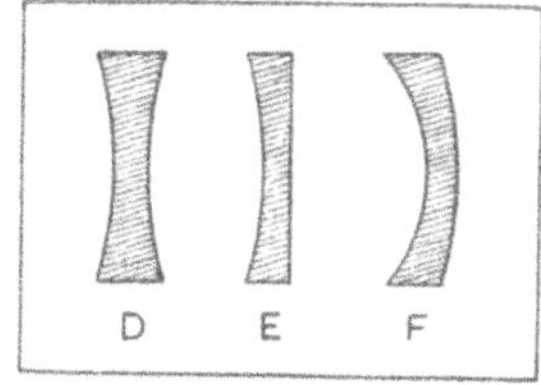

Abb. 4. Verschiedene Formen von Glaslinsen. *A—C* Sammellinsen; *D—F* Zerstreuungslinsen.

Auf Lichtbrechung beruht auch die Wirkung der optischen Glaslinsen. Dieselben haben verschiedene Formen (Abb. 4). Die Flächen können eben (plan) oder kugelförmig sein. Letztere sind entweder emporgewölbt (konvex) oder ausgehöhlt gewölbt (konkav). Dementsprechend bezeichnet man die Linsen als bikonvex (Abb. 4*A*), plankonvex (Abb. 4 *B*), konkav-konvex (Abb. 4 *C*), bikonkav (Abb. 4*D*), plankonkav (Abb. 4*E*), konvex-konkav (Abb. 4*F*). Die drei ersten sind Sammellinsen oder Vergrößerungsgläser, die drei etzten Zerstreuungslinsen oder Verkleinerungsgläser.

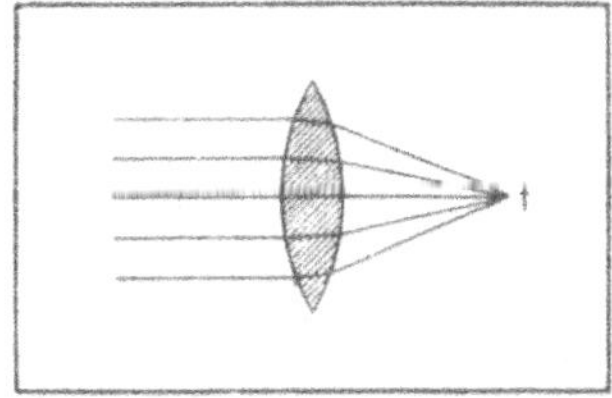

Abb. 5. Sammellinse. *f* Brennpunkt.

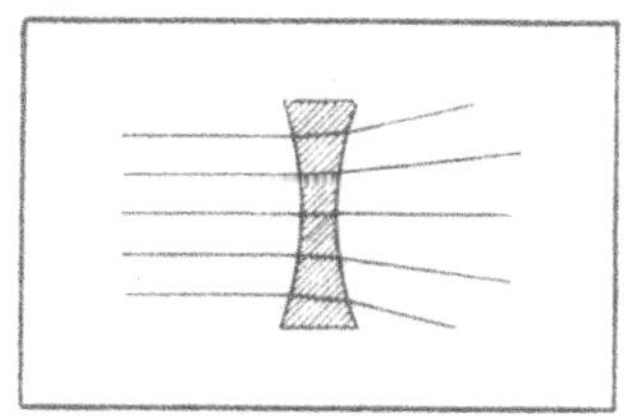

Abb. 6. Zerstreuungslinse.

Alle parallel auf bikonvexe Linsen auffallenden Strahlen werden so gebrochen, daß sie jenseits der Linse zusamemenneigen und sich in einem Punkte, dem Brennpunkte (lateinisch *focus*), vereinigen (Abb. 5). Deshalb heißen sie Sammellinsen. Die Entfernung des Brennpunktes von der Linse ist ihre Brennweite. Bei den bikonkaven Linsen dagegen weichen die parallel auffallenden und aus denselben austretenden Lichtstrahlen auseinander (Abb. 6). Daher heißen sie Zerstreuungslinsen.

Die von einem außerhalb der Brennweite liegenden Gegenstand (Abb. 7), dem Pfeile *A B*, auf eine bikonvexe Linse schräg auffallenden Lichtstrahlen gehen durch den Mittelpunkt der Linse und setzen

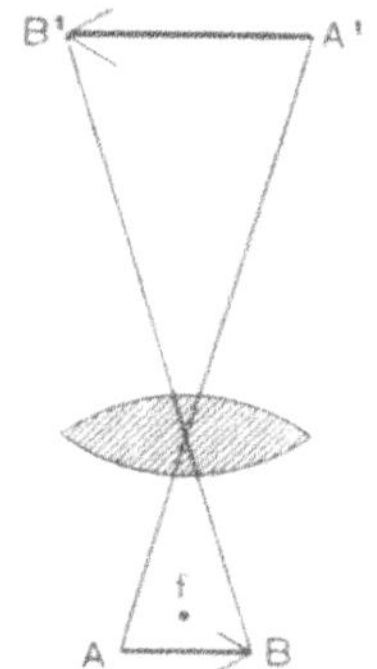

Abb. 7. Optischer Vorgang bei dem Objektiv.

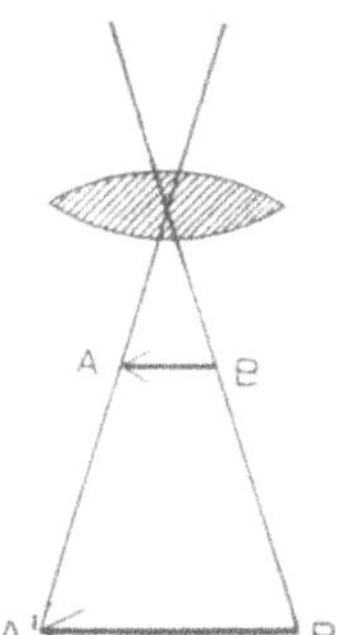

Abb. 8. Optischer Vorgang bei dem Okular.

sich jenseits derselben in gleicher Richtung fort, der Punkt *A* bis zum Punkte A^1, der Punkt *B* bis zum Punkte B^1. Ebenso kommen die zwischen *A* und *B* liegenden Punkte zwischen A^1 und B^1 zu liegen. Auf diese Weise entsteht von dem Pfeile *A B* jenseits der Linse ein umgekehrtes vergrößertes Bild B^1A^1. So verhält sich das Objektiv des Miskroskopes.

Von einem innerhalb der Brennweite gelegenen Gegenstand (Abb. 8), dem Pfeile *A B*, sieht das von der anderen Seite der

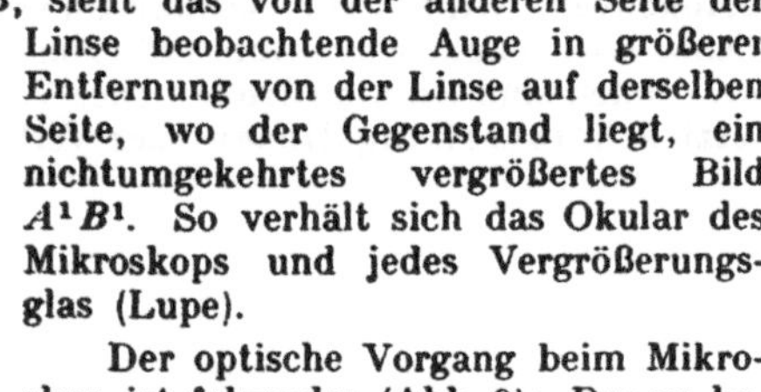
Linse beobachtende Auge in größerer Entfernung von der Linse auf derselben Seite, wo der Gegenstand liegt, ein nichtumgekehrtes vergrößertes Bild A^1B^1. So verhält sich das Okular des Mikroskops und jedes Vergrößerungsglas (Lupe).

Der optische Vorgang beim Mikroskop ist folgender (Abb. 9): Der zu beobachtende Gegenstand *QP* liegt außerhalb der Brennweite der Objektivlinse *A*. Das von letzterer entworfene umgekehrte vergrößerte Bild P^1Q^1 fällt innerhalb der Brennweite der Okularlinse *B*. Das durch das Objektiv vergrößerte umgekehrte Bild wird daher von dem wie ein einfaches Vergrößerungsglas wirkendes Oku-

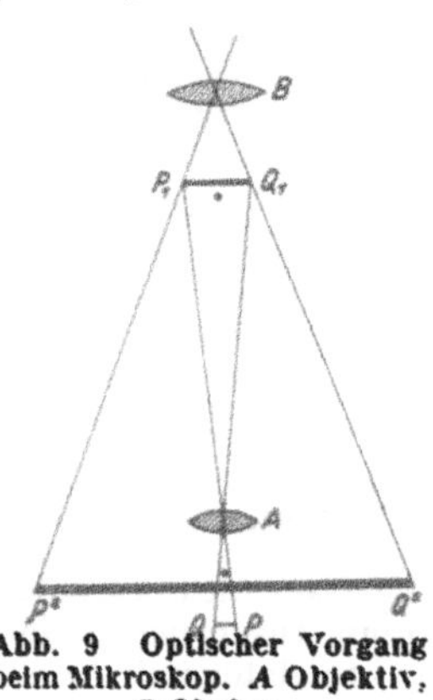

Abb. 9 Optischer Vorgang beim Mikroskop. *A* Objektiv, *B* Okular.

lar nochmals, und zwar in derselben Lage vergrößert, bleibt also umgekehrt, P^*Q^*.

Die Vergrößerung wird um so bedeutender, je stärker die Wölbung der Linse ist. Stark gewölbte Linsen besitzten jedoch optische Nachteile (sphärische und chromatische Aberration). Dieselben werden teils durch Abblenden der Randstrahlen beseitigt, teils dadurch, daß man statt einer stark gewölbten mehrere schwach gewölbte Linsen verwendet. Die Vereinigung mehrerer Linsen, bei denen die optischen Nachteile möglichst beseitigt sind, nennt man ein aplanatisches Linsensystem.

Bei apochromatischen Objektiven sind auch die letzten Reste der chromatischen Aberration beseitigt; sie sind wesentlich teurer, geben aber auch klarere und deutlichere Bilder als die üblichen Objektive. Durch die dazugehörigen Kompensationsokulare werden auch noch vorhandene sphärische Aberrationen aufgehoben.

Bei starken Vergrößerungen entstehen auch dadurch Nachteile, daß die aus dem Deckglas in die sehr stark abgeblendete Objektivlinse eintretenden Lichtstrahlen zu stark seitlich gebrochen werden (Abb. 10). Um dies zu vermeiden wird zwischen die äußerste Linse

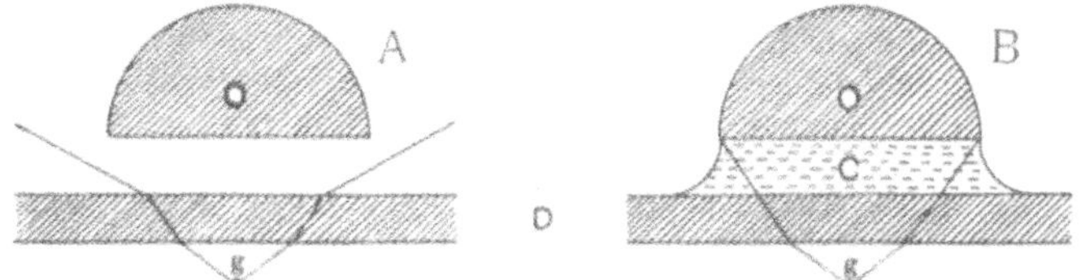

Abb. 10. Schematische Darstellung der Strahlenbrechung bei Immersionssystemen.
A ohne, *B* mit Zedernholzöl *C*, *O* Objektiv, *D* Deckglas, *g* Gegenstand.

des Objektivs und das Deckglas ein Tropfen einer Flüssigkeit gebracht. Solche Objektive bezeichnet man als Immersionssysteme[1]) oder Eintauchlinsen. Bei den schwächeren kann man Wasser verwenden; die stärkeren sind sogenannte homogene Immersionssysteme das sind solche Objektive, bei denen eine Flüssigkeit mit gleicher Lichtbrechung wie die des Glases, z. B. Zedernholzöl, verwendet werden muß. Um die Vorteile eines Immersionssystems vor einem Trockensystem zu verstehen, ist es notwendig, zu wissen, was die Öffnungswinkel einer Linse und was die numerische Apertur ist. Der Öffnungswinkel ist derjenige Winkel, welchen zwei von dem Brennpunkte bis zum Rande der Linse gezogene Linien bilden. Unter numerischer Apertur versteht man das Produkt aus dem Brechungsindex des zwischen Deckglas und Objektiv befindlichen Mediums und dem Sinus des halben Öffnungswinkels. Der Brechungs-

[1]) *Immersus* (lateinisch) = eingetaucht.

index oder Brechungsexponent (n) ist der Quotient aus dem Sinus des Einfallswinkels aus dem luftleeren Raum, dividiert durch den Sinus des Brechungswinkels (§ 4). $n = \frac{\sin \alpha}{\sin \beta}$. Je größer die numerische Apertur ist. desto mehr Strahlen gehen vom Gegenstand durch das Objektiv. Bei den Trockensystemen ist die numerische Apertur immer kleiner als 1. Bei Wasserimmersion wird die numerische Apertur 1,25 und für Zedernholzöl erreicht sie den Wert 1,40. Die entsprechenden Brechungseyponenten sind: für Luft = 1, für Wasser = 1,33 und für Zedernholzöl = 1,52. Die Stärke der Ölimmersionslinsen wird bisweilen mit einem Bruch bezeichnet, z. B. $^1/_{12}$, $^1/_{18}$ usw. Hierunter versteht man die äquivalente Brennweite der betreffenden Linse in Zoll ausgedrückt, also $^1/_{12}$ Zoll = ca. 2 mm.

§ 5. Beim Ankauf eines Mikroskops wende man sich stets an einen Fachmann oder an ein Spezialgeschäft. Die großen Fabriken bringen nur sorgfältig geprüfte und fehlerlose Instrumente in den Handel. Man hüte sich vor Gelegenheitskäufen, ohne das Urteil eines Sachverständigen einzuholen.

Wer nicht in der Lage ist, sich ein mit starken Vergrößerungen ausgerüstetes Instrument sogleich beschaffen zu können, lege zuerst Wert darauf, ein gutes Stativ und schwächere Vergrößerungen sich anzuschaffen. Nach und nach können dann stärkere Objektive und Okulare sowie die notwendigen Nebenapparate erworben werden. Für die gewöhnlichen Arbeiten reicht etwa die 600fache Vergrößerung aus; für genauere Untersuchungen der Bakterien ist 1000fache oder noch stärkere Vergrößerung vielfach erforderlich.

Ein gutes Instrument bedarf sorgfältiger Behandlung. Man bewahre dasselbe stets in dem dazu gehörigen Kasten oder unter Glasglocke auf. Staub ist sehr schädlich, ebenso das Stehen in der Sonne. Man faßt das Mikroskop am besten an der Säule über dem Objekttisch an.

Falls ein Mikroskop irgendeinen Schaden erlitten hat, nicht richtig funktioniert oder kein gutes klares Bild gibt, sende man das Instrument stets an die Fabrik zur Kontrolle bzw. Ausbesserung. Man sollte im allgemeinen niemals Teile ab- oder auseinanderschrauben, da es außerordentlich schwierig ist, dieselben wieder an den richtigen Platz zu bringen. Die kleinste Ungenauigkeit kann unter Umständen die Unbrauchbarkeit des Instrumentes herbeiführen. Nur die Okularlinsen darf man zum Zwecke der Reinigung abschrauben.

Alle Schrauben müssen leicht beweglich sein. Das Fallenlassen von Objektiven kann für diese sehr schädlich werden. Vor und nach dem Gebrauch ist das Mikroskop stets sorgfältig zu reinigen und besonders darauf zu achten, ob Objektiv und Okular völlig frei von Staub sind. Falls ein Objektiv mit Flüssigkeiten, besonders scharfen Reagentien, in Berührung gekommen ist, muß dasselbe vorsichtig mit Wasser abgespült, mit großer Sorgfalt gereinigt und mit Fließpapier oder einem sauberen Lappen abgetrocknet werden. Dies gilt besonders für die Immersionssysteme.

2. Gebrauch des Mikroskops.

§ 6. Das Mikroskop wird in einiger Entfernung (½ bis 1 m) vom Fenster oder von der künstlichen Lichtquelle aufgestellt, das Objektiv angeschraubt und das Okular eingesetzt, falls dieselben nicht dauernd an dem Instrument verbleiben. Man benutzt am besten für alle Untersuchungen zunächst schwache, d. h. etwa 80- bis 100fache Vergrößerung. Dann wird eingestellt. Direktes Sonnenlicht ist für die Augen schädlich; blauer Himmel oder helle Wolken sind am günstigsten. Bilder von Fensterkreuzen usw. sind möglichst zu vermeiden. Bei Benutzung von Lampenlicht empfiehlt es sich, eine blaue Glasscheibe in die Öffnung des Objekttisches zu legen oder das Licht durch eine Kupfersulfatlösung gehen zu lassen. Der Planspiegel wird im allgemeinen bei schwächerer, der Hohlspiegel bei stärkerer Vergrößerung verwendet oder die Irisblende wird entsprechend gestellt.

Man bringt dann das Präparat in die Mitte der Öffnung des Objekttisches und beginnt einzustellen, d. h. das Objektiv in die richtige Entfernung von dem Objekt zu bringen. Bis zu einem gewissen Grade kann man dies, von der Seite sehend, tun, da für jedes Objektiv die Entfernung eine bestimmte ist (§ 4). Mit Rücksicht auf die bei stärker vergrößernden Linsen immer kürzer werdende Brennweite muß der Anstand zwischen dem Objektiv und dem zu beobachtenden Gegenstand um so geringer werden, je stärker die Vergrößerung ist; bei schwachen Vergrößerungen ist der Abstand etwa 10 mm, bei stärkeren etwa 1 mm oder weniger.

Die Stärke eines Objektivs läßt sich ungefähr beurteilen nach der Größe des sichtbaren Teiles seiner äußersten Linse. Bei schwächeren Vergrößerungen ist dieser sichtbare Teil verhältnismäßig groß; je stärker dieselben sind, desto kleiner ist er, fast punktförmig bei den stärksten.

Dann nähert man, von der Seite sehend, das Objektiv dem Deckgläschen bis über den Normalabstand hinaus. Darauf sieht man durch das Okular, kontrolliert nochmals, ob durch den Spiegel die größtmögliche Helligkeit erreicht wird und entfernt nun entweder durch langsame und gleichmäßig drehende Bewegung des Tubus oder vermittels des bei den größeren Stativen zu diesem Zweck angebrachten Zahnrades das Objektiv von dem Gegenstande so lange, bis das Bild desselben erscheint. Zuletzt stellt man mit der Mikrometerschraube genau ein, bis alle Einzelheiten scharf und deutlich sichtbar sind. Bei stärkerer Vergrößerung ist besondere Vorsicht hierbei notwendig, da sonst leicht das Objektiv auf das Deckglas gestoßen und dieses zerbrochen wird; vielfach wird das Präparat dabei zerquetscht, auch kann das Objektiv beschädigt werden.

§ 7. Das Messen mikroskopisch kleiner Gegenstände (z. B. die Länge einer Hefezelle) geschieht am einfachsten mit Hilfe eines Mikrometerokulars, welches bei einem gut ausgerüsteten Mikroskop nicht fehlen sollte. In der Mitte eines solchen Okulars befindet sich eine Skala mit 80 bis 100 Teilstrichen, ähnlich wie bei einem Maßstabe. Je nach der Vergrößerung haben die Teilstriche bestimmte Werte. Die Tabelle, welche jedem Mikroskop beigegeben wird (§ 3), enthält auch genaue Angaben über die realen Werte dieser Teilstriche bei den verschiedenen Vergrößerungen. Stellt man bei Objektiv 7 und Mikrometerokular II die Skala z. B. genau über einer Hefezelle ein, so findet man, daß diese Zelle sich über 3 Skalenteile erstreckt. Der Raum zwischen 2 Teilstrichen beträgt bei dieser Vergrößerung 2,5 μ: die Hefezelle ist also 2,5 × 3 = 7,5 μ lang.

3. Wichtige Hilfsmittel bei den mikroskopischen Arbeiten.

§ 8. Objektträger. Eine rechteckige Platte aus möglichst fehlerfreiem weißem Glase, auf deren Mitte das Präparat gelegt wird. Man unterscheidet englisches Format (76 × 26 mm), Gießner Format (48 × 28 mm) usw. Für verschiedene Pilzkulturen sind Objektträger erforderlich, welche in der Mitte eine Vertiefung haben.

Deckgläser. Dünne quadratische Glasplättchen zum Bedecken des in Flüssigkeit eingelegten Präparates. Bei schwacher Vergrößerung ist ein Deckglas entbehrlich, bei starker unbedingt notwendig, um zu verhindern, daß die Objektivlinse mit der Flüssigkeit in Berührung kommt. Am meisten ist die Größe von 18 mm im Quadrat in Gebrauch und die Dicke von 0,15 bis 0,18 mm. Bei starken Vergrößerungen sind dünnere Deckgläser erforderlich. Für besondere Zwecke bei Kulturen von Pilzen wie feuchte Kammern, Tröpfchenkulturen sowie für gefelderte und numerierte Deckgläser bedarf man eines größeren Formates.

Rasiermesser. Zum Herstellen dünner Schnitte von Gerste und Pflanzenteilen. Um feine Schnitte zu erhalten, steckt man das Material in einen eingeschnittenen Korkstopfen. Man kann es dann besser halten. An Stelle des Korkes nimmt man auch manchmal Holundermark.

Glasstäbe. Etwa 20 cm lang, 4 bis 6 mm dick und an beiden Enden rund geschmolzen.

Präpariernadeln. Runde gewöhnliche Stahlnadeln in einem hölzernen Griff und solche mit abgeplatteter verbreiterter Spitze.

Platinöse. Ein Stück Platindraht, dessen Ende zu einer etwa 3 mm langen und 1 mm weiten Öse umgebogen wird. Die Öse hat einen Holzstiel oder ist in einen Glasstab eingeschmolzen.

Pinzetten. Vernickelt oder aus Stahl mit zugespitzten Enden.

Alle diese Gegenstände sind vor und nach dem Gebrauch sorgfältig zu reinigen und sauber aufzubewahren. Bei Arbeiten mit Mikroorganismen sind dieselben jedesmal vor dem Gebrauch in der Flamme keimfrei zu machen, aber erst abgekühlt zu benutzen.

Leinwandlappen. Gute nicht fasernde besäumte, genügend große Stücke zum Reinigen aller Gegenstände, besonders der Objektträger und Deckgläser. Die Linsen werden am besten mit einem feinen, nicht gekalkten Wildleder oder mit einem feinen Pinsel gereinigt. Alle Putzlappen sind vor Staub zu schützen.

Fließpapier. Beste Qualität in kleinen etwa 20 mm breiten und 30 bis 40 mm langen Stücken zum Aufsaugen überschüssiger Flüssigkeiten und zum Durchsaugen von Reagenzien, die an den Rand des Deckgläschens gebracht wurden.

Zeichenuntensilien. Ein harter und ein weicher Bleistift, ziemlich glattes Zeichenpapier und guter Radiergummi. Farbige Stifte leisten vielfach auch gute Dienste.

Zentrifuge. Um Trübungen in Flüssigkeiten rasch zum Absitzen zu bringen und dann mikroskopisch betrachten zu können, benutzt man häufig eine mit der Hand betriebene an den Tisch anschraubbare, kleine Zentrifuge.

4. Wichtige Reagenzien, Aufhellungs- und Färbemittel.

§ 9. Alkannin. Das käufliche Alkannin wird in Alkohol gelöst, die gleiche Menge Wasser zugesetzt und filtriert. Fette Öle, ätherische Öle und Harze färben sich hiermit intensiv rot, während andere Körper sich schwächer oder gar nicht färben.

Alkohol, absoluter. Löst ätherische Öle und Harze.

Chlorzink-Jod. Man löst 25 Teile Chlorzink und 8 Teile Jodkalium in 8,5 Teilen Wasser und setzt so viel Jod zu, als sich löst. Diese Lösung ist im Dunkeln oder in braunen Flaschen aufbewahrt sehr haltbar. Zellulose und Stärke färben sich violett.

Glyzerin, chemisch reines. Das am meisten benutzte Einschlußmittel für mikroskopische Präparate sowohl bei der Untersuchung als auch zum Aufbewahren derselben als Dauerpräparate. Man verwendet besonders die Verdünnung mit ⅓ Wasser. Glyzerin ist ferner ein Aufhellungsmittel für nicht genügend durchsichtige und deutliche Präparate.

Jod-Jodkaliumlösung ($^{1}/_{100}$ normal) Stärke färbt sich hiermit anfangs blau, dann schwarz; durch Speicherung des Jods färben sich die Eiweißstoffe dunkelgelb oder gelbbraun.

Kalilauge oder Natronlauge. Man löst einen Teil Kalium kaustikum in zwei Teilen Wasser (Kalilauge).

Kali- und Natronlauge sind vorzügliche Aufhellungsmittel, indem sie Stärke verkleistern, Eiweiß auflösen und die meisten Fette verseifen. Sie wirken aber auch gleichzeitig quellend.

Kanadabalsam. In Xylol oder Chloroform gelöst und in weithalsiger mit Glaskappe versehener Flasche aufzubewahren. Dient zum Einschluß wasserfreier Präparate und als Abschlußmittel für Dauerpräparate.

Kupferoxyd-Ammoniak. Aus einer konzentrierten Lösung von Kupfersulfat wird mit Kalilauge das Kupferhydroxyd gefällt, ausgewaschen und getrocknet. Dann übergießt man eine entsprechende Menge von Kupferhydroxyd mit konzentriertem Ammoniak. Das Reagens muß stets neu dargestellt werden, da es nicht haltbar ist. Dasselbe löst Zellulose, aber nicht verholzte und verkorkte Zellwände.

Methylenblau. Man stellt am besten eine konzentrierte wässerige Lösung her und verdünnt nach Bedarf. Zum Färben toter Hefezellen verwendet man z. B. eine wässerige Lösung von 1:10000.

Osmiumsäure. 1 proz. wässerige Lösung. Ist vor Licht zu schützen. Färbt Fett und fette Öle dunkelbraun bis schwarz.

Phlorogluzin und Salzsäure. Konzentrierte alkoholische Lösung von Phlorogluzin und 10 proz. Salzsäure. Die Holzsubstanz färbt sich hiermit rot.

Wenn beide Lösungen getrennt aufbewahrt werden, sind sie haltbarer. Das Präparat wird am besten in Phlorogluzin gelegt und dann die Salzsäure zugesetzt.

Schwefelsäure, konzentrierte. Dient zum Nachweis von verkorkten Zellwänden, die allein in derselben sich nicht auflösen. Vergleiche auch Jod.

Die Flüssigkeiten werden am besten in Flaschen aufbewahrt, deren Stöpsel in einen langausgezogenen Fortsatz ausläuft, welcher zur Entnahme des Reagens dient. Bei Flaschen mit gewöhnlichem Stöpsel benutzt man hierzu einen stets sehr sorgfältig gereinigten Glasstab.

Für die am meisten benutzten Flüssigkeiten, wie destilliertes Wasser, verdünntes Glyzerin usw., ist eine größere Flasche zu empfehlen, deren Stöpsel nebst Fortsatz hohl ist und eine Gummikappe trägt. Die Flüssigkeit steigt in dem hohlen Stöpsel empor und kann tropfenweise auf den Objektträger gebracht werden.

5. Herstellung der Präparate.

§ 10. Wegen der optischen Nachteile durch die Lichtbrechung muß sich der zu beobachtende Gegenstand in einem Tropfen reinen, am besten destillierten Wassers befinden. Der Tropfen wird mit einem sorgfältig gereinigten Glasstab oder mit einem Tropfenzähler auf den Objektträger gebracht.

Von leicht verteilbaren Sachen, wie Stärke, von Hefe oder anderen Mikroorganismen, überträgt man mit einer Präpariernadel oder einer Platinöse eine sehr kleine Menge in den in der Mitte des Objektträgers befindlichen Wassertropfen, der dadurch höchstens schwach getrübt erscheinen darf, und bedeckt denselben mit einem Deckglase. Falls der Tropfen zu groß ist und infolgedessen die Flüssigkeit über den Rand des Deckgläschens tritt, muß diese sorgfältig mit Fließpapier aufgesaugt werden.

Leicht zerteilbare Materialien, wie Schimmelpilze, Hopfendrüsen usw., bereitet man in entsprechender Weise mit zwei Präpariernadeln vor, bis sie so in der Flüssigkeit verteilt sind, daß sie nicht zu dicht beieinanderliegen.

Von größeren Gegenständen, z. B. vom Gerstenkorn, Holz usw., fertigt man mit Hilfe eines Rasiermessers möglichst dünne Schnitte an, die dann mit einer Nadel oder einem Pinsel in den Wassertropfen auf den Objektträger gebracht werden. Dicke Schnitte können niemals klare Bilder geben, da sie nicht genug Licht durchlassen.

Die Schnitte können in verschiedener Richtung ausgeführt werden: entweder treffen sie den Gegenstand quer (Querschnitt) oder in der Längsrichtung. Letztere können entweder parallel zur Tangente verlaufen (tangentialer Längsschnitt) oder parallel zum Radius (radialer Längsschnitt). Schnitte parallel zur Oberfläche nennt man Flächenschnitte. Bei allen Schnitten, besonders aber bei den Querschnitten, ist darauf zu achten, daß dieselben möglichst rechtwinklig zur Hauptachse orientiert sind. Schiefe Schnitte geben stets unklare Bilder.

Zuerst mustert man das ganze Präparat durch, und zwar stets mit schwacher Vergrößerung, indem man vorsichtig den Objektträger verschiebt. Wie wir in § 4 gesehen haben, erblickt das Auge stets das umgekehrte Bild des Gegenstandes im Mikroskop; folglich erscheinen unserm Auge auch die Verschiebungen in umgekehrter Richtung, woran der Anfänger sich erst gewöhnen muß. Benutzt man stärkere Vergrößerungen, so muß man beim Durchmustern des Präparates beständig die Mikrometerschraube handhaben, um alle Teile desselben scharf und deutlich sehen zu können.

Luftblasen in Form stark lichtbrechender dunkelumrandeter Kugeln treten in Flüssigkeiten häufig auf. Sie können meistens durch vorsichtiges Aufheben des Deckglases oder durch langsames Erwärmen entfernt werden.

Bakterien, welche sich in einer wässerigen Flüssigkeit befinden, zeigen eine zitternde Bewegung. Diese ist keine Lebensäußerung, sondern beruht auf der Eigenschaft aller festen, sehr kleinen Körperchen, also auch solcher anorganischer Natur, wenn sie sich in Flüssigkeit befinden, zitternde Bewegungen, die sogenannte Brownsche Molekularbewegung, auszuführen.

II. Botanische Grundlagen zur Betriebskontrolle.

§ 11. Die Hefearten und die Bakterien sind einzellige Organismen. Alle höheren Pflanzen bestehen aus unzählig vielen Zellen, aus welchen sich die pflanzlichen Gewebe ebenso wie die tierischen aufbauen.

1. Die Zelle und ihre Bestandteile.

§ 12. Die entwickelte normale Pflanzenzelle zeigt eine feste Umhüllung, die Zellwand, und den Zellinhalt, welcher die Zellhöhlung ausfüllt. Die Hauptmasse des Zellinhalts besteht aus Eiweißverbindungen und bildet eine meist zähflüssige mehr oder minder wasserreiche Substanz, das Protoplasma oder abgekürzt

Plasma[1]). Dieses ist der Träger aller Lebenserscheinungen; stirbt das Plasma ab, so ist die Zelle tot.

Eine wässerige Flüssigkeit, der Zellsaft, durchdringt die ganze Zelle anfangs gleichmäßig. Wenn sie älter wird, sammelt sich der Zellsaft im Innern des Plasmas in Form kleiner Tröpfchen (Safträume). Diese fließen zuletzt zu einem großen zentralen Saftraum zusammen, so daß das Plasma selbst dann nur einen dünnen durchsichtigen Wandbelag bildet. Derartige Beschaffenheit zeigen die meisten völlig entwickelten Zellen. Früher hielt man diese im Mikroskop als helle durchsichtige Bläschen erscheinenden Safträume für leere Räume und nannte sie Vakuolen[2]) (Abb. 11).

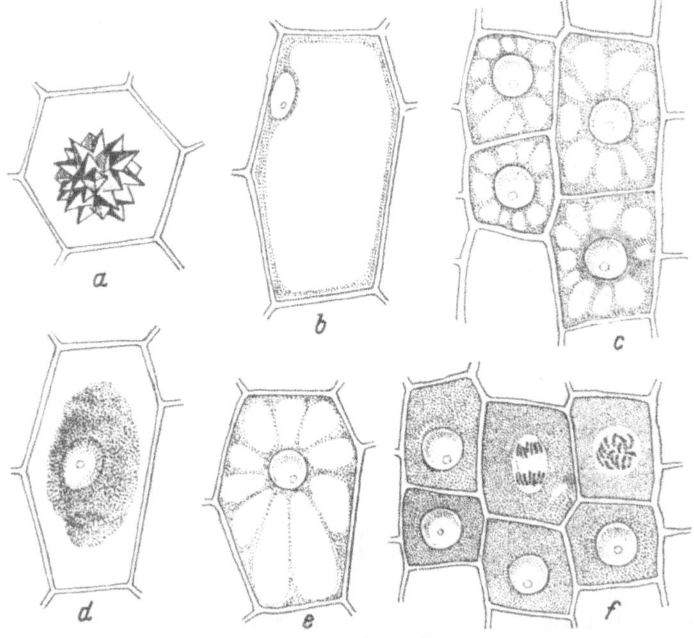

Abb. 11. Pflanzenzellen.
a Krystalldruse von oxalsaurem Kalk, *b* Zellkern, *c—e* Protoplasma und *f* Kernteilung.

Das lebende Plasma steht unter hohem Druck, Turgor genannt, welcher dauernd auf die Zellwand wirkt und diese beständig gespannt hält. Zerreißt eine Zellwand oder entsteht ein Loch in derselben, so strömt das Plasma heraus und die Zelle geht zugrunde.

§ 13. Bringt man lebende Zellen in eine wasserentziehende Flüssigkeit (z. B. Glyzerin, konzentrierte Zucker- oder Kochsalz-

---

[1]) *Protos* (griechisch) der erste; *plasma* (griechisch) das Gebildete.
[2]) Von *vacuum* (lateinisch) der leere Raum.

lösung), so gibt das Plasma den Zellsaft nach und nach ab. Infolge des Wasserverlustes löst es sich von der Wand los und zieht sich immer mehr zusammen. In solchem Zustande kann man deutlich Zellwand und Plasma unterscheiden. Dieser Vorgang heißt Plasmolyse[1]). Setzt man diese längere Zeit fort, so wird das Plasma getötet. Läßt man dagegen das wasserentziehende Mittel nur kurze Zeit einwirken und ersetzt es dann durch reines Wasser, so kehrt das zusammengezogene Plasma allmählich in seinen früheren Zustand zurück und füllt die Zellhöhlung wieder vollkommen aus.

§ 14. Im Plasma eingebettet findet sich der Zellkern (lateinisch *nucleus*), ein kleiner, meist länglicher, rundlicher oder linsenförmiger Körper, der auch aus Einweißsubstanzen besteht, aber dichteren Bau zeigt. Seine Größe beträgt bei den höheren Pflanzen meist 10 bis 12 μ. In den Zellen mit wandständigem Plasma ist der Kern wandständig; wird der Saftraum von feinen Strängen und Fäden vom Plasma durchsetzt, so findet sich der Zellkern innerhalb dieser.

In den meisten Zellen findet sich nur ein Kern. Bei einigen Schimmelpilzen kommen auch Zellen mit zahlreichen Kernen vor. Der Zellkern ist für alle Wachstumsvorgänge in der Zelle von großer Bedeutung. Eine wichtige Rolle spielt derselbe bei den Befruchtungsvorgängen und bei der Vererbung.

Die Neubildung von Zellen beginnt stets mit der Teilung des Kerns. Nach entsprechenden Vorbereitungen bilden sich zwei Tochterkerne von gleicher Beschaffenheit, diese rücken auseinander und zwischen ihnen entsteht in der Mitte der Mutterzelle eine neue Wand. Dieser Vorgang vollzieht sich mit großer Regelmäßigkeit an bestimmten Stellen des Pflanzenkörpers, den Teilungsgeweben. Wenn die Teilungswände immer in derselben Richtung auftreten, entstehen Zellfäden (viele Haare, Schimmelpilze). Erfolgen die Teilungen in zwei Richtungen, so bildet sich eine Zellfläche. Zellkörper kommen dadurch zustande, daß die Teilungen nach allen drei Richtungen des Raumes vor sich gehen.

Außer dem Zellkern finden sich in den meisten lebenden Zellen verschiedene Inhaltsstoffe: Blattgrünkörner (§ 19 u. 36), Stärke (§ 24 u. 37), fettes Öl (§ 25 u. 37) usw.

In den Zellen der Zwiebelhaut, auch in denjenigen der Hopfendolde kommen Kristalle von oxalsaurem Kalk in Gestalt von feinen Nadeln oder Drusen (Oktaederform) vor.

§ 15. Die Zellwand oder Membran entsteht und wächst durch die Lebensvorgänge im Protoplasma.

Sie besteht bei den meisten Pflanzen, besonders in der Jugend, aus Zellulose, einem Kohlenhydrat $(C_6H_{10}O_5)_n$. Reine Zellulose färbt sich mit Jod und Schwefelsäure blau. In Kupferoxyd-Ammoniak löst sie sich vollständig auf.

---

[1]) Von *plasma* und *lyo* (griechisch) ich löse los.

In manchen Fällen sind der Zellulose schleimartige oder gallertartige Körper (Pektinstoffe) beigemengt, die ebenfalls zu den Kohlenhydraten gehören.

Außerdem verändern sich die Zellwände vielfach dadurch, daß bestimmte chemische Körper sich zwischen die kleinsten Teile (Mizellen) der Zellwände einlagern. Die wichtigsten derartigen Veränderungen sind die Verkorkung und die Verholzung, weniger Bedeutung haben Verkieselung und Verschleimung.

Die Verkorkung kommt dadurch zustande, daß ein fettartiger Körper, Korkstoff oder Suberin[1]), sich in die Zellulosewand einlagert. Verkorkte Wände sind wenig oder gar nicht durchlässig für Gase und Flüssigkeiten und außerdem sehr elastisch. Sie werden von konzentrierter Schwefelsäure nicht angegriffen, während alles, was nicht verkorkt ist, sich auflöst. Mit Chlorzinkjod färbt sich die verkorkte Wand gelb.

Die Verholzung wird bedingt durch Einlagerung von Holzstoff oder Lignin[2]) in die Zellulosewand. Verholzte Gewebe sind verhältnismäßig fest und leiten gut Wasser. Bei Behandlung mit Phlorogluzin und Salzsäure färbt sich die verholzte Wand kräftig kirschrot; mit Chlorzinkjod nimmt sie eine gelbe Farbe an.

§ 16. Größe und Gestalt der Zellen sind verschieden, je nach der Pflanzenart und je nach den einzelnen Geweben. Ihre Beschaffenheit steht in engstem Zusammenhang mit ihrer Funktion. Zellen, die verhältnismäßig wenig länger als breit sind, werden parenchymatische und das betreffende Gewebe Parenchym[3]) genannt. Den Gegensatz dazu bildet das Prosenchym[3]), ein Gewebe aus sehr langen Zellen, deren Enden zugespitzt sind und ineinandergreifen. Saftige Zellen haben dünne Wände und sind auch meist wenig widerstandsfähig; die harten, festen und dauerhaften Gewebe dagegen bestehen aus Zellen mit dicken Wänden, die dann meist verholzt sind.

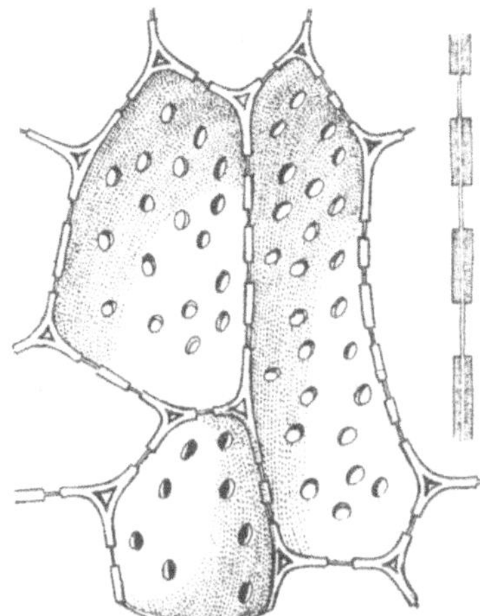

Abb. 12. Zelle mit einfachen Tüpfeln.

Die Zellwände sind entweder gleichmäßig stark, oder es bleiben, besonders bei dickwandigen Zellen, einzelne kleine scharf umschriebene Stellen während des Wachstums der Zellwand dünn und bilden dann Kanäle, welche die Zellwand

[1]) Von *suber* (lateinisch) Kork.
[2]) Von *lignum* (lateinisch) Holz.
[3]) Aus dem Griechischen; nicht direkt ableitbar, da in übertragenem Sinne.

durchsetzen und als Tüpfel bezeichnet werden. Die Tüpfel aneinandergrenzender Zellen treffen stets aufeinander, sind aber durch die ursprünglichen dünnen Stellen der Zellwand voneinander getrennt. Zarte Protoplasma fäden durchsetzen jedoch diese Stelle der Zellwand, und dadurch stehen die benachbarten Plasmamassen und schließlich die aller lebenden Zellen des Organismus miteinander in Verbindung. Offene Löcher finden sich niemals in den Wänden lebender Pflanzenzellen. Die Tüpfel erleichtern den Saftaustausch in den pflanzlichen Geweben. Wenn der vom Tüpfel gebildete Kanal gerade und einfach ist, spricht man von einfachen Tüpfeln (Holundermark); in der Flächenansicht erscheinen sie als einfache Kreise oder Spalten (Abb. 12). Wenn der Kanal anfangs groß ist und sich dann nach dem Innern der Zelle zu trichterförmig verengt, so haben wir es mit behöften Tüpfeln zu tun. In der Flächenansicht erhält man daher hier zwei konzentrische Kreise, der kleine entspricht der Öffnung des Trichterrohres, der große dem Trichterrande. Behöfte Tüpfel finden sich hauptsächlich im Holzkörper (§ 16 u. 42).

§ 17. Wenn man Hefe bei 200- bis 300facher Vergrößerung betrachtet, erkennt man, daß sie meist aus einzelnen Zellen von länglicher oder rundlicher Gestalt und 7 bis 9 μ Länge besteht. Das Plasma ist hier sehr durchsichtig und hebt sich wenig von der zarten Wand ab. Mit Methylenblau färbt sich das Plasma toter Hefezellen, während lebende den Farbstoff nicht oder nur sehr langsam aufnehmen. So unterscheidet man bei der Betriebskontrolle lebende und tote Hefezellen (§ 111). Mit Jodlösung färbt sich die Hefezelle gelb, besonders ist dies bei älteren Kulturen der Fall, deren Zellen Glykogen enthalten.

Bei 400- bis 500facher Vergrößerung erkennt man im Plasma, besonders bei älteren

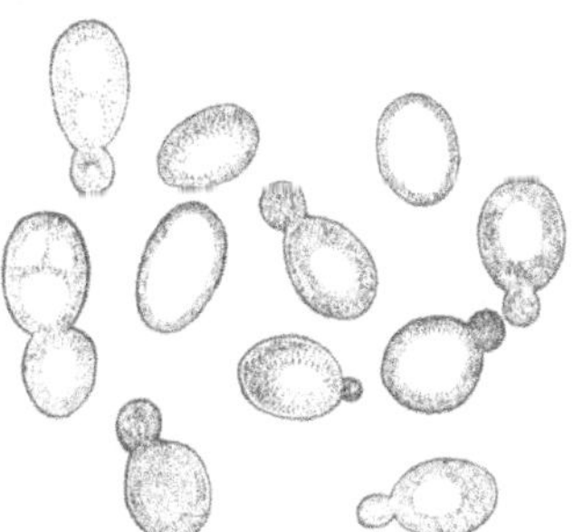

Abb. 13. Sprossende Zellen von untergäriger Bierhefe.

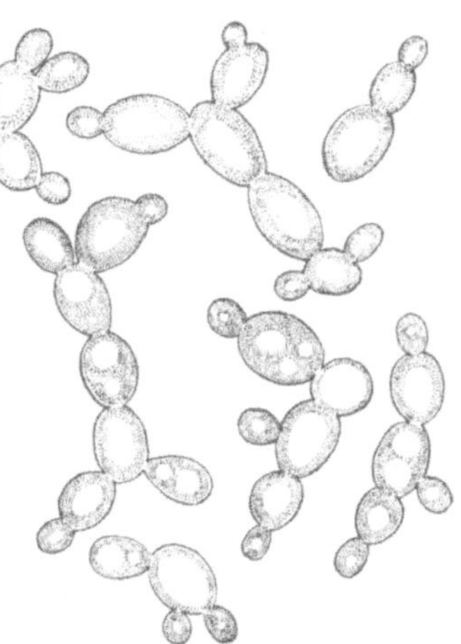

Abb. 14. Sprossende Zellen von obergärigen Bierhefe.

Hefezellen hellere Stellen, die Safträume oder Vakuolen. Vielfach sind kleine glänzende Körnchen im Plasma oder in den Vakuolen sichtbar. Dieselben bestehen aus Eiweißsubstanzen und fettartigen Körpern und werden als Granulationen[1]) bezeichnet. Der Zellkern der Hefezellen ist sehr klein und nicht unmittelbar sichtbar, sondern erst nach sehr umständlicher Behandlung (Abb. 13).

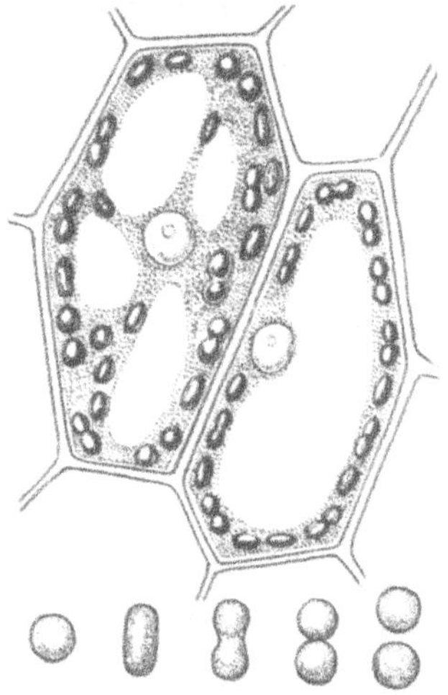

Abb. 15. Pflanzenzellen mit Chlorophyllkörnern. Wachstum und Teilung eines Chlorophyllkornes.

Gelegentlich beobachtet man, daß eine Hefezelle eine kleine knopfartige Ausstülpung zeigt. Dies ist der Anfang zu einer neuen Zelle, der Tochterzelle, welche durch Sprossung aus der Mutterzelle hervorgeht und allmählich die Größe derselben erreicht. Bei günstiger Ernährung und Temperatur (25° C) bildet sich eine neue Zelle in 6 bis 8 Stunden. An den Verbindungsstellen beider Zellen bildet sich schließlich eine neue doppelte Wand; nun kann sich die Tochterzelle von der Mutterzelle trennen, und jede stellt dann ein selbständiges einzelliges Lebewesen dar. Bei der Unterhefe vollzieht sich die Lostrennung der Tochterzelle meist frühzeitig, so daß diese hauptsächlich aus einzelnen Zellen besteht. Bei der Oberhefe dagegen bleiben mehrere Generationen von Tochterzellen im Zusammenhang und bilden sogenannte Sproßverbände. Weiteres über die Hefen enthält der Abschnitt Sproßpilze (Abb. 14).

2. Die Ernährung der Pflanzen.

§ 18. Die Pflanze nimmt ihre Nahrung auf zwei verschiedene Arten auf: einerseits den Kohlenstoff aus der Luft durch die grünen Blätter, anderseits die im Wasser gelösten anorganischen Verbindungen vermittels der Wurzeln.

§ 19. Die meisten Pflanzen haben grün gefärbte Blätter. Der grüne Farbstoff, Blattgrün oder Chlorophyll[2]), ist an bestimmt geformte Teile des Plasmas gebunden, welche die Gestalt von linsenförmigen Körnern (Blattgrünkörner) haben (Abb. 15). Sie sind von Anfang an in der Zelle vorhanden und vermehren sich durch Teilung. In jungen Zellen sind sie farblos, und erst später unter dem Einfluß von Licht und Wärme bildet sich Blattgrün. Pflanzen,

[1]) *Granula* (lateinisch) Körnchen.
[2]) *Chloros* (griechisch) grün, *phyllon* (griechisch) Blatt.

die sich ohne genügende Mengen von Licht entwickeln, bilden bleiche abnorme Organe (z. B. Kartoffeln, welche im Keller austreiben). Zur normalen Ausbildung des Blattgrüns ist auch eine geringe Menge von Eisen notwendig; bei Eisenmangel werden die Pflanzenteile gelblich und verkümmern schließlich. Durch Alkohol, Benzin und Äther wird das Blattgrün ausgezogen; die Pflanzenteile werden nach und nach farblos, während das Lösungsmittel sich grün färbt.

In den Blattgrünkörnern vollzieht sich unter dem Einfluß des Sonnenlichtes der Aufbau der Kohlenhydrate. Das Kohlendioxyd (Kohlensäure) der Luft wird in seine Bestandteile, Kohlenstoff und Sauerstoff, zerlegt. Der Kohlenstoff verbindet sich mit den Elementen des Wassers, und so entstehen die Kohlenhydrate, welche sich aus Kohlenstoff, Wasserstoff und Sauerstoff aufbauen. Dieser Vorgang wird Kohlenstoffassimilation[1]) genannt. Das erste nachweisbare Produkt dieses Vorganges ist die Stärke, welche nach folgender Formel entsteht:

$$\underset{\text{Kohlendioxyd}}{(6\,CO_2)_n} + \underset{\text{Wasser}}{(5\,H_2O)_n} = \underset{\text{Stärke}}{(C_6H_{10}O_5)_n} + \underset{\text{Sauerstoff}}{(6\,O_2)_n}$$

Ein Teil des Sauerstoffs wird frei und gelangt in die atmosphärische Luft zurück, welche dadurch für uns zum Atmen geeigneter wird.

Die Kohlenstoffassimilation ist die Grundlage für alles organische Leben. Nur die blattgrünführenden Pflanzen können aus anorganischen Verbindungen Kohlenhydrate und andere organische Verbindungen aufbauen. Alle tierischen Lebewesen und ebenso alle blattgrünfreien Pflanzen sind in bezug auf ihre Ernährung auf die Kohlenstoffassimilation der blattgrünführenden Pflanzen angewiesen.

Die Blätter sind diejenigen Organe der Pflanze, die am reichsten an Blattgrünkörnern sind; daher vollzieht sich in ihnen hauptsächlich dieser wichtigste Ernährungsvorgang. Jede Schädigung der Blätter stört die Ernährung der Pflanze.

Die während des Tages in den Blattgrünkörnern entstandene Stärke (Assimilationsstärke) wird nach und nach, besonders während der Nacht, gelöst und wandert überall dorthin, wo in der Pflanze Wachstum und Neubildungen stattfinden (z. B. Sproßspitzen und Wurzelspitzen). Hier wird die Stärke zur Ausbildung der Zellwände, ferner zum Aufbau anderer organischer Verbindungen, z. B. von Eiweiß (§ 21) sowie zur Unterhaltung der Atmung (§ 26) verwendet. Wenn mehr Stärke gebildet wird, als die Pflanze jeweils verbraucht, wird der Überschuß in Form von Körnern (Reservestärke § 24) abgelagert, um im nächsten Jahre als erste Nahrung der Pflanze zu dienen.

Stärke färbt sich mit Chlorzinkjod oder mit Jod blau.

---

[1]) *Assimilare* (lateinisch) umwandeln, ähnlich machen.

§ 20. Außer dem Kohlenstoff, den die blattgrünführende Pflanze aus der Luft aufnimmt, sind folgende chemische Elemente für die Ernährung der Pflanzen unbedingt notwendig: Wasserstoff, Sauerstoff, Stickstoff, Schwefel, Phosphor, Kalium, Kalzium, Magnesium und Eisen. Alle Nährstoffe müssen in gelöster Form vorhanden sein, denn nur vermittels des Wassers können sie in die Pflanze eintreten. Bei den höheren Pflanzen (Gerste und Hopfen) dienen die Wurzeln zur Aufnahme des Wassers und der darin gelösten Nährstoffe, und zwar sind es besonders die Wurzelhaare, d. h. schlauchförmige Ausstülpungen der Oberhautzellen junger Wurzeln. Niedere Pflanzen (Hefe, Bakterien, Schimmelpilze) nehmen mit der ganzen Oberfläche die Nahrung auf. Die Wurzelhaare und viele niedere Organismen scheiden besondere Stoffe (Säuren, Enzyme, § 29) aus, welche feste Körper verflüssigen und lösen.

Das Wasser mit den darin gelösten anorganischen Nährstoffen steigt in dem Pflanzenkörper aufwärts bis in die höchsten Baumkronen. In den Geweben der Blätter wird ein Teil des Wassers zum Aufbau der Kohlenhydrate verbraucht, ein anderer, und zwar der bei weitem größte Teil, verdunstet (Transpiration). Der so entstandene Wasserdampf geht durch besondere Organe, die Spaltöffnungen (§ 27 u. 28) in die atmosphärische Luft über.

§ 21. Die Kohlenhydrate treffen im Pflanzenkörper mit Stickstoff und Schwefel bzw. auch Phosphor zusammen, und aus ihrer Vereinigung gehen die Eiweißverbindungen hervor. Diese bilden die Grundlage des Plasmas, sind also von größter Bedeutung für das Leben der Zelle. Der Ort sowie die Art und Weise der Entstehung der Eiweißverbindungen in der Pflanze sind nicht mit Sicherheit festgestellt; wahrscheinlich kommen auch hierfür die Blätter in erster Linie in Betracht. Auch das Licht scheint eine begünstigende Wirkung auszuüben.

§ 22. Pflanzen, welche kein Blattgrün haben, können nicht den Kohlenstoff der Luft verarbeiten, also keine organischen Verbindungen aufbauen; sie müssen sich folglich von organischen Verbindungen ernähren. Entnehmen sie ihre Nahrung lebenden Organismen, so heißen sie Schmarotzer oder Parasiten (Hopfenseide, Sommerwurz, viele Pilze). Leben sie dagegen auf oder in organischen Substanzen, so bezeichnet man sie als Fäulnisbewohner oder Saprophyten (Hefe, Schimmelpilze).

3. Die Reservenährstoffe.

§ 23. Diejenigen Nährstoffe, welche die Pflanze nicht direkt verbraucht, werden in besonderen Organen (z. B. Wurzelstöcken, Knollen, Samen) oder in bestimmten Geweben (Rinde, Mark usw.) abgelagert und aufgespeichert. Nach ihrer chemischen Zusammensetzung unterscheidet man stickstoffhaltige Reservenährstoffe (Aleuron- oder Proteinkörner) und stickstofffreie (Stärke, fette Öle).

Die Aleuron- oder Proteinkörner sind außerordentlich klein und erfüllen dicht gedrängt die ganze Zelle (Gerste, § 40) oder finden sich zusammen mit Stärke in derselben Zelle (Erbsen, Bohnen).

§ 24. Die Reservestärke tritt stets als Körnchen auf, die bei den verschiedenen Pflanzen bestimmte Form und Größe haben

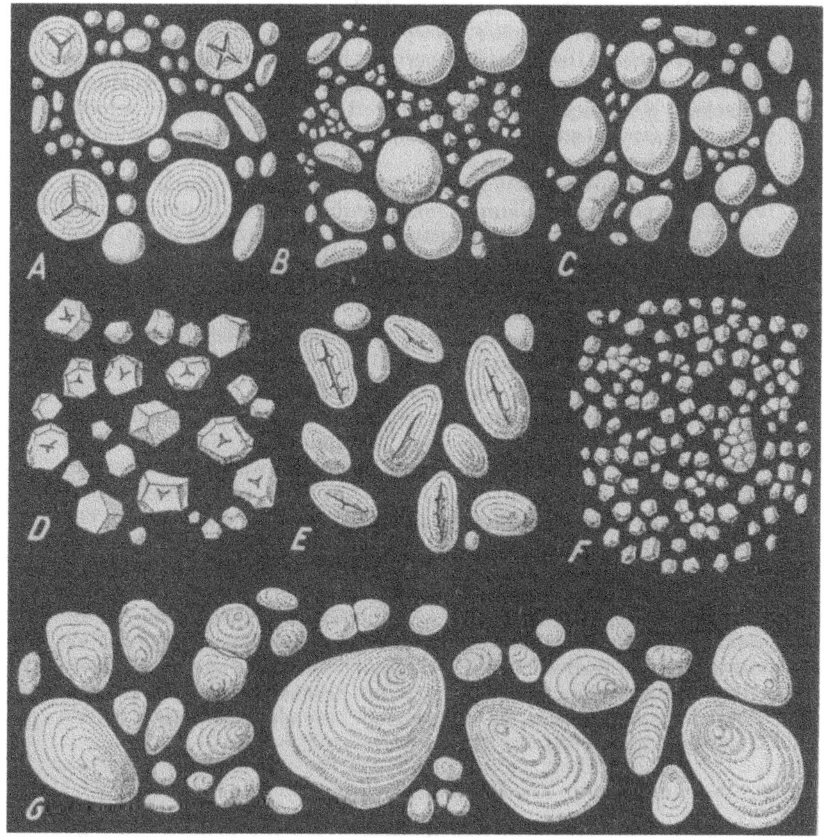

Abb. 16. Stärkekörner.
A Roggen, *B* Weizen, *C* Gerste, *D* Mais, *E* Hülsenfrüchte, *F* Reis, *G* Kartoffel.

(Abb. 16). Infolgedessen kann man bei Mehl vermittelst des Mikroskops feststellen, von welcher Pflanze es herrührt.

Die Stärke von Gerste, Weizen und Roggen ist ein Gemenge von größeren linsenförmigen Körnern und zahlreichen kleineren, ungefähr kugeligen oder auch unregelmäßigen Körnchen. Bei der

Gerste beträgt der Durchmesser der linsenförmigen Körner meist 20 bis 30 μ, selten über 35 μ. Die des Weizens sind etwas größer und einige erreichen bis 50 μ Durchmesser. Beim Roggen dagegen sind viele größer als 50 μ. Der Mais hat 5- bis 6eckige Stärkekörner von 15 bis 18 μ Durchmesser; in ihrer Mitte finden sich meist mehrere kleinere Spalten. Diejenigen von Hafer und Reis sind nur 4,5 bis 6 μ groß und vieleckig. Erbsen und Bohnen haben ungefähr nierenförmige oder dreieckige Stärkekörner, die bis 70 μ Länge erreichen. Die Stärkekörner der Kartoffel gehören zu den größten; sie messen 60 bis 100 μ und sind eiförmig oder rundlich-dreieckig. Bei ihnen sieht man in der Regel eine deutliche Schichtung, und zwar liegt der Schichtenmittelpunkt in dem schmäleren Teile des Korns.

Durch Erwärmen in Wasser auf 60 bis 70° C oder durch Behandlung mit verdünnten Säuren oder verdünnter Natronlauge quillt das Stärkekorn auf, es verkleistert. Unter dem Mikroskop sieht man dann, daß dasselbe infolge der Wasseraufnahme größer geworden ist. In diesem Zustande hat es wesentlich andere chemische und physikalische Eigenschaften. Diese Veränderungen sind sehr verschieden von denen, welche die Diastase bei der Keimung der Gerste bzw. beim Maischprozesse auf die Stärkekörner ausübt.

§ 25. Außer Stärke kommt vielfach fettes Öl als stickstofffreier Reservenährstoff vor. Es tritt meist in Form kleiner stark lichtbrechender Tröpfchen in dem Zellinhalt auf. Fettes Öl färbt sich mit 1proz. Osmiumsäure bräunlich bis schwarz, mit Alkannatinktur schön zinnoberrot; in Äther löst es sich auf. Geht fettes Öl in den festen Zustand über, so wird es als Fett bezeichnet. Von den flüchtigen oder ätherischen Ölen unterscheidet es sich dadurch, daß es Fettspuren hinterläßt, während jene restlos verflüchtigen.

Viele Samen enthalten neben anderen Reservenährstoffen kleinere Mengen von fettem Öl (z. B. unsere Getreidearten); bei anderen Pflanzen bestehen die Reservenährstoffe fast ausschließlich aus fettem Öl. Entweder sind es dann die Samen, welche es enthalten (Raps, Lein, Mohn, Mandeln) oder das Fruchtfleisch (z. B. Oliven). Tröpfchen von fettem Öl finden sich besonders zahlreich in den Dauersporen der Pilze (§ 57).

4. Die Atmung.

§ 26. Alle lebenden Zellen müssen atmen, d. h. Energie gewinnen durch Verbrennung von Kohlehydraten mit Hilfe von Sauerstoff, wobei Kohlendioxyd und Wasser entstehen, wie folgende Formel zeigt:

$$\underset{\text{Kohlehydrat}}{(C_6\,H_{10}\,O_5)_n} \times \underset{\text{Sauerstoff}}{(6\,O_2)_n} = \underset{\text{Kohlendioxyd}}{(6\,C\,O_2)_n} \times \underset{\text{Wasser}}{(5\,H_2\,O)_n}.$$

Das Kohlendioxyd wird dann wieder von den Pflanzen vermittels des Blattgrüns zum Aufbau der Stärke und der mit dieser in Zusammenhang stehenden organischen Nährstoffe verwendet. Dies ist der Kreislauf des Kohlenstoffs. Je energischer die Arbeitsleistung eines Lebewesens ist, um so stärker muß die Atmung sein. Besonders stark ist dieselbe bei keimenden Samen, da sich hierbei wichtige Wachstumsvorgänge in kurzer Zeit vollziehen. Darauf beruht die starke Wärmeentwicklung bei der keimenden Gerste, mit welchem Vorgang auch die reichliche Entwicklung des Kohlendioxyds Hand in Hand geht. Außerordentlich gering, oft kaum nachweisbar, ist die Atmung während des Ruhezustandes.

§ 27. Bei den höheren Pflanzen erfolgt der Gasaustausch zwischen den im Innern des Pflanzenkörpers befindlichen Zellen und der atmosphärischen Luft durch besondere mikroskopisch kleine Organe, die Spaltöffnungen. Diese bestehen aus zwei eigenartig ausgebildeten Zellen, den Schließzellen, die eine kleine Spalte zwischen sich lassen. Die Spaltöffnungen finden sich besonders auf der Unterseite der Blätter. Ihre Größe ist sehr verschieden je nach der Pflanzenart; im Durchschnitt erreichen sie 30 bis 50 μ Länge und auf 1 mm^2 kommen meist 200 bis 300 Spaltöffnungen. Die Schließzellen enthalten Blattgrünkörner, während die Oberhautzellen blattgrünfrei sind.

Die Zellen der meisten Gewebe schließen sich nicht lückenlos aneinander, sondern lassen kleine Hohlräume, die Zwischenzellräume oder Interzellularräume, zwischen sich. Diese stehen untereinander und schließlich mit den Spaltöffnungen in Verbindung und ermöglichen so die Durchlüftung des Pflanzenkörpers, z. B. den Zutritt der atmosphärischen Luft zu jeder Zelle.

5. Die Keimung.

§ 28. Die im Keimling (§ 33) (Abb. 17c) angelegten Organe entwickeln sich bei der Keimung, die nur bei entsprechender Menge von Wärme und Feuchtigkeit vor sich geht. Bei der Malzbereitung wird sie künstlich durch das Einweichen eingeleitet und auf der Tenne durchgeführt. Aus der Anlage des jungen Sprosses (*plumula*) entwickelt sich der Blattkeim, daraus der oberirdische Teil, der Sproß, bestehend aus der Sproßachse (Stengel) und den Blättern. Das Würzelchen des Keimlings entwickelt sich nicht allein weiter, sondern es entstehen, wie bei allen Gräsern, frühzeitig mehrere Nebenwurzeln aus dem untersten Teile des Stengels; bei der Gerste sind es meistens 3 oder 5 Würzelchen.

Die Wurzeln der Pflanzen wachsen abwärts in die Erde, der Sproß aufwärts, dem Sonnenlicht zu. Diese verschiedenen Richtungen der Pflanzenorgane werden bestimmt durch den Einfluß der Schwerkraft und des Sonnenlichts.

In der Mitte der Wurzeln der Gerste verläuft ein Strang von besonderen Geweben, welche die Leitung des Wassers mit den Nährstoffen usw. besorgen und den Wurzeln auch die nötige Festigkeit geben. Dieser Gewebestrang wird als Leitbündel (Gefäßbündel) bezeichnet. Einzelheiten zeigt ein Querschnitt durch die jungen

Wurzeln. Die hier sichtbaren größten Zellen sind Gefäße. Die Gewebe außerhalb des Leitbündels stellen die Wurzelrinde dar. Überall wo drei oder mehrere Zellen aneinandergrenzen, finden sich kleine, luftführende Zwischenräume (Interzellularräume, § 27).

Die äußerste Zellage der Wurzel, die Oberhaut oder Epidermis, besteht aus Zellen, welche lückenlos aneinanderschließen und so einen Schutz nach außen bilden. Viele Oberhautzellen der jungen

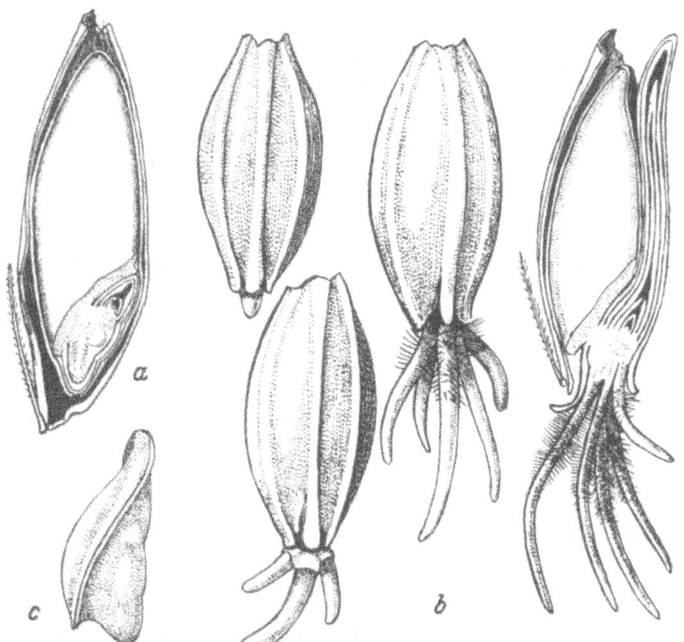

Abb. 17. Keimende Gerste.
a Längsschnitt durch das ruhende Korn, b Wurzelbildung in verschiedenen Stadien, c Keimling.

Wurzeln wachsen zu Haaren aus (Wurzelhaare), welche zur Aufnahme des Wassers mit den darin gelösten anorganischen Nährstoffen aus dem Boden dienen.

Das Längenwachstum der Wurzeln findet, ebenso wie beim Sproß, an der äußersten Spitze, dem Vegetationspunkt, statt. Die Neubildung der Zellen erfolgt durch Zweiteilung, welche hier gleichzeitig in zahlreichen Zellen vor sich geht (§ 12). Der Vegetationspunkt eines Sprosses ist von den jüngsten sich über denselben wölbenden Blättern bedeckt und somit gut geschützt. Da den Wurzeln Blätter stets fehlen, wird ihr Vegetationspunkt von einem besonderen Schutzgewebe, der Wurzelhaube, mützenförmig bedeckt. Die äußersten Zellschichten derselben werden nach und nach abgestoßen und gehen zugrunde; sie werden von innen her durch neu entstehende Zellschichten ersetzt. Betrachtet man eine solche Wurzelspitze bei starker Vergrößerung, so sieht man deutlich, wie sich das Gewebe in einzelne Zellen auflöst. Diese sind aber nicht lebensfähig wie die einzelligen Organismen, sondern gehen rasch zugrunde und erleichtern durch ihren Zerfall und die damit verbundene Bakterienentwicklung der vordringenden Wurzelspitze das Eindringen in das Erdreich.

§ 29. Bei der Keimung der Samen müssen die in fester Form vorhandenen Reservenährstoffe in Lösung übergeführt werden, da nur Flüssigkeiten von Zelle zu Zelle wandern und so in den sich entwickelnden Keimling gelangen können. Diese Auflösung vollzieht sich mit Hilfe von bestimmten organischen Verbindungen, Enzyme oder Fermente[1]) genannt, welche die Fähigkeit haben, durch Berührung (Kontakt), ohne selbst eine chemische Veränderung zu erleiden oder selbst eine chemische Verbindung einzugehen, die Umwandlung einer verhältnismäßig großen Menge einer organischen Substanz in einfachere Verbindungen zu bewirken.

Die Umwandlung jedes Reservenährstoffes in flüssige Verbindungen vollzieht sich stets durch ein bestimmtes Enzym, das für andere Stoffe wiederum unwirksam ist. Die Stärke wird durch die Diastase[2]) oder genauer gesagt durch die Amylase[3]) in Maltose verwandelt. Die dabei vor sich gehenden Veränderungen kann man auch unter dem Mikroskop Hand in Hand mit der fortschreitenden Keimung verfolgen. Infolge der Auflösung wird der Rand der Stärkekörner unregelmäßig; es entstehen Löcher und Buchten, die nach und nach größer werden, bis das ganze Korn aufgelöst ist. Blaufärbung mit Jodlösung tritt dort, wo die Umwandlung begonnen hat, nicht mehr ein; die betreffenden Stellen färben sich rotbraun.

Andere Enzyme vermitteln die Umwandlung der übrigen Reservenährstoffe. Die Eiweißverbindungen, besonders die Aleuron- oder Proteinkörner werden durch die Protease[4]), die fetten Öle durch die Lipase[5]) in die für ihren Transport und für die Ernährung des Keimlings geeigneten Formen übergeführt. Ein anderes Enzym, die Cytase[6]), besitzt die Fähigkeit, die Zellulose aufzulösen und in Nährstoffe für den Keimling umzuwandeln.

Die hier in Betracht kommenden Enzyme sind in dem reifen Gerstenkorn bereits vorhanden, aber in einem noch unwirksamen

[1]) Von *zymoo* (griechisch) ich bringe in Gärung; *fermentum* (lateinisch) das zum Gären bringende.

[2]) *Diastasis* (griechisch) Sonderung, Trennung; *ase* ist die charakteristische Endung für die Enzyme.

[3]) *Amylum* (lateinisch) Stärke.

[4]) Protein von *protos* (griechisch) das erste, wegen der Wichtigkeit der Eiweißverbindungen.

[5]) *Lipos* (griechisch) Fett.

[6]) *Kytos* (lateinisch) Haut, hier Zellwand.

Zustande; erst bei dem Keimungsprozeß werden sie wirksam. Die Wirkung der Enzyme ist sehr abhängig von der Temperatur. Bei 0° C ist die Diastase fast wirkungslos, dann steigt ihre Wirkung allmählich und bei 55 bis 63° C ist ihre Leistung am höchsten, soweit gelöste oder verkleisterte Stärke vorliegt, dann nimmt die Wirksamkeit nach und nach ab und bei 80° C wird sie zerstört.

Die Auflösung der festen Reservenährstoffe, welche in der Natur bei der Keimung des Gerstenkornes im Laufe von mehreren Wochen vor sich geht, vollzieht sich in ähnlicher Weise bei dem Maischprozeß in wenigen Stunden.

6. Die Blüten der Pflanzen.

§ 30. Zum Verständnis des Baues eines Gerstenkornes oder einer Hopfendolde ist es notwendig, den Bau einer Blüte im allgemeinen kennenzulernen.

Die Blüte dient der Fortpflanzung. Eine vollständige Blüte enthält außer den Fortpflanzungsorganen Fruchtblättern und Staubblättern auch noch die Blütenhülle (Kelch und Krone).

Die Fruchtblätter bilden den weiblichen Fortpflanzungsapparat (Stempel oder Pistill) und nehmen den Mittelpunkt der Blüte ein. Der Stempel besteht aus der Narbe, dem Griffel und dem Fruchtknoten, welcher in seinem Innern eine oder mehrere Samenanlagen mit der Eizelle enthält. Um den Stempel herum stehen die Staubblätter, die männlichen Fortpflanzungsorgane. Jedes Staubblatt (Staubgefäß) setzt sich zusammen aus einem mehr oder minder langen und dünnen fadenförmigen Teil, dem Staubfaden, und einem oberen dickeren Teil, Staubbeutel oder Anthere. Letzterer enthält ein feines gelbliches Pulver, den Blütenstaub oder Pollen.

Wenn Stempel und Staubblätter sich in einer Blüte finden, nennt man dieselbe zwitterig (Gerste). Enthalten die Blüten nur Stempel oder nur Staubblätter, so sind sie eingeschlechtlich (Hopfen), und zwar im ersteren Falle weiblich, im letzteren Falle männlich.

Die Blumenkrone ist meist von bedeutender Größe und schön gefärbt; sie macht die Blüten auffällig für die Insekten (z. B. Bienen), welche sie besuchen, um ihre Nahrung daraus zu holen, wobei sie die Bestäubung vollziehen, d. h. den Blütenstaub auf die Narbe übertragen. Viele Blüten haben eine kleine und unansehnliche Blumenkrone und werden dann durch den Wind bestäubt.

Der Kelch ist von derberer Beschaffenheit und dient hauptsächlich zum Schutze der jungen Blütenteile im Knospenzustande.

Bei den Gräsern kommt eine Blütenhülle nicht zur Ausbildung, da eigenartige Hochblätter, die Spelzen, die zarten Blütenteile schützen (Gerste). Bisweilen besteht die Blütenhülle nur aus einem Kreise von Blättchen und heißt dann Perigon (Hopfen).

Zur Zeit der Blütenreife springen die Staubbeutel auf und entlassen den Blütenstaub. Dieser besteht aus mikroskopisch kleinen einzelnen Zellen, welche die männlichen Fortpflanzungszellen darstellen. Der Blütenstaub gelangt durch den Wind oder durch Vermittlung der Insekten auf den obersten Teil des Stempels, die Narbe, und wächst hier zu einem Schlauch (Pollenschlauch) aus, welcher in die Narbe eindringt und im Innern des Stempels bis zur Samenanlage gelangt. Er dringt in diese ein und legt sich an die Eizelle an. Sein Zellkern tritt mit etwas Plasma in die Eizelle über und verschmilzt mit deren Zellkern. Dieser Vorgang, die Befruchtung, veranlaßt die Eizelle zu weiterem Wachstum, welches zur Bildung des Keimlings (Embryo) führt. Die Samenanlage wird zum Samen, der Fruchtknoten zur Frucht.

§ 31. Die Blüten der Gerste sind wie die aller Gräser (Gramineen) einfach gebaut. Sie enthalten die männlichen und die weiblichen Fortpflanzungsorgane, sind also Zwitterblüten. Eine Blütenhülle fehlt. Den Schutz der jungen zarten Blütenteile übernehmen hier Hochblätter von derber und fester Beschaffenheit, Spelzen genannt (Abb. 18).

In der Mitte der Blüte befindet sich der Stempel, bestehend aus dem länglichen Fruchtknoten, der von zwei fedrig-verzweigten

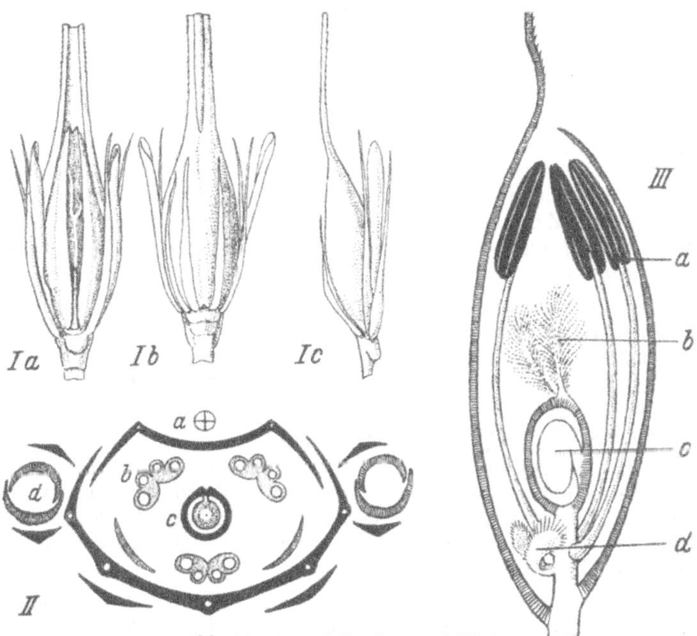

Abb. 18. Gerstenährchen und Blüte.
Ia—c verschiedene Ansichten eines Ährchens. *II.* Diagramm der Gerstenblüte, *a* Achse, *b* Staubgefäße. *c* Fruchtknoten, *d* Seitenährchen. *III.* Gerstenblüte. *a* Staubbeutel, *b* Narbe, *c* Fruchtknoten, *d* Schüppchen.

Narben gekrönt ist; ein Griffel fehlt hier. In dem Fruchtknoten findet sich eine einzige Samenanlage. Um den Stempel herum stehen die 3 Staubblätter mit langen zarten Fäden. Zwischen Fruchtknoten und Spelzen finden sich zwei am Grunde miteinander zusammenhängende mehr oder minder behaarte Schüppchen (*lodiculae*). Dieselben zeigen verschiedenartigen Bau und sind daher von Interesse für die Unterscheidung der Sorten (Abb. 19).

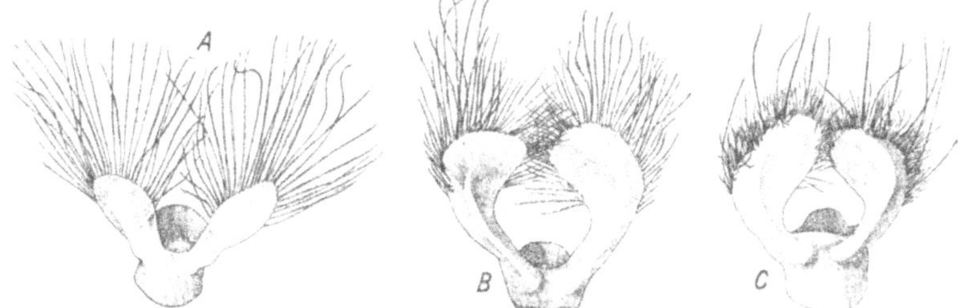

Abb. 19. Schüppchen der Gerste.
A Imperialgerste: Haare sehr lang, fächerförmig gespreizt. *B* Landgerste: Haare lang und wirr. *C* Chevaliergerste (Abart der Landgerste): Einzelne lange und dichtstehende kürzere Haare.

Von den beiden Spelzen ist die äußere, die Deck- oder Rückenspelze (*palea inferior*), tiefer eingefügt und größer: sie umfaßt seitlich die innere, die Vor- oder Bauchspelze (*palea superior*), welche in der Mitte eine tiefe Längsfurche zeigt. Die Rückenspelze läuft in eine lange dünne, starre Granne aus, welche aufwärts gerichtete feine Zähnchen trägt. Derartige Zähnchen finden sich auch auf den vorspringenden Nerven der Rückenspelzen und bilden am reifen Korn die „Bezahnung".

Bei allen Gräsern verwächst der einzige Same vollkommen mit der Fruchtwand zu einem Körper. Eine derartige Frucht, welche sich nicht öffnet, wird als Schließfrucht (*caryopsis*) bezeichnet. Bei der Gerste verwächst die Frucht außerdem noch mit der Rücken- und der Bauchspelze, so daß diese beim Dreschen sich nicht loslösen können wie beim Weizen und Roggen (Spreu).

§ 32. Der Blütenstand der Gerste bildet eine zusammengesetzte Ähre, da die einzelnen Ährchen wiederum direkt an der Hauptachse (Spindel) stehen. Dieselbe ist ebenso wie der Stengel (Halm) knotig gegliedert. Die einzelnen Glieder der Spindel sind kurz und das Ganze ist stark hin und her gebogen.

Die Ährchen der Gräser sind ein- bis vielblütig; beim Weizen bestehen sie aus 2 bis 4 Blüten, bei der Gerste dagegen nur aus einer Blüte. In der Längsfurche der Bauchseite des Gerstenkorns findet sich ein auch mit bloßem Auge sichtbares borstenförmiges Gebilde, die Basalborste, welches einen Überrest der Ährchenachse darstellt. Sie erreicht ¼ bis ⅓ der Kornlänge und trägt verschiedenartige Behaarung (Abb. 27).

Vor jedem Ährchen stehen 2 kleine pfriemförmige Hüllspelzen, welche beim Dreschen an der Spindel bleiben, am Gerstenkorn daher nicht vorhanden sind.

An jedem Absatz (Knoten) der Spindel stehen bei der Gerste 3 Ährchen nebeneinander. Diese 3 Ährchen der aufeinanderfolgenden Knoten sind abwechselnd nach der einen und nach der anderen Seite gerichtet, stehen also um 180° voneinander entfernt. Ährchen der Knoten 1, 3, 5, 7 usw. stehen also genau übereinander auf der einen Seite und die an den Knoten 2, 4, 6, 8 usw. auf der anderen Seite des gesamten Blütenstandes.

Wenn alle 3 Ährchen des Spindelknotens normal ausgebildet und fruchtbar sind, kommen auf jeder Seite der Spindel 3 senkrechte Reihen (Zeilen) zustande, also im ganzen 6 Reihen, und solche Gersten heißen sechszeilige (*Hordeum hexastichum*).

Bisweilen biegen sich die seitlichen Ährchen der gegenüberliegenden Spindelabsätze zueinander, so daß sich die Reihen mit den Kornspitzen ineinanderschieben und an jeder Seite der Ähre eine Doppelreihe entsteht, während die mittleren Ährchen jedes Knotens je eine selbständige einfache Reihe bilden. Es entstehen also zwei einfache und zwei doppelte Reihen. Solche Gersten nennt man ungleichzeilig oder vierzeilig (*Hordeum tetrastichum*).

Wenn von den drei Ährchen jedes Spindelabsatzes nur das mittlere normal ausgebildet ist, während die seitlichen verkümmert sind, so entsteht auf jeder Seite der Spindel nur eine Reihe, und die ganze Ähre erscheint stark zusammengedrückt; diese Gerste heißt zweizeilig (*Hordeum distichum*). Von der zweizeiligen Gerste gibt es zwei Varietäten. Bei der einen sind die Ähren schwach nach abwärts geneigt, nickend: nickende oder lockerährige Gerste, Landgerste (*H. distichum var. nutans*). Die andere Varietät zeigt dagegen ziemlich aufrechte Ähren: aufrechte oder dichtährige Gerste, Imperialgerste (*H. distichum var. erectum*). Während zweizeilige Gerste aus gleichmäßig und gerade ausgebildeten Körnern besteht, sind die vier- und sechszeiligen Gersten ungleich. Ein Teil ihrer Körner, nämlich diejenigen der seitlichen Ährchen, zeigen gedrehte Form, denn sie sind in ihrer Entwicklung gestört und daher etwas verkümmert (siehe § 39).

Sechszeilige Gersten werden in Europa selten, häufig aber in Nordamerika als Braugersten verwendet. Vierzeilige Gersten werden besonders in Südosteuropa gebaut. Am besten eignen sich zu Brauzwecken zweizeilige Sommergersten.

7. Innerer Bau des Gerstenkorns.

§ 33. Der innere Bau des Gerstenkorns läßt sich am besten an einem Längsschnitt erklären (Abb. 90).

Die äußersten Zellschichten gehören den Spelzen an und bestehen aus Zellen mit verdickten und verholzten Wänden. Darauf folgt die stark zusammengedrückte, aus dünnwandigen Zellen aufgebaute Fruchtwand und hieran schließt sich die zarte, aus kleinen Zellen bestehende Samenschale. Die Zellen der Spelzen, der Fruchtwand und der Samenschale sind leer und führen Luft. Der übrige umfangreichste Teil des Korns umfaßt den eigentlichen Samen, d. h. den Keimling, und das die Reservenährstoffe enthaltende Nährgewebe (Endosperm). Der Keimling liegt im unteren Teile des Gerstenkorns.

Er enthält die Anlage des zukünftigen Sprosses mit mehreren Blättchen (*plumula*) und ein kurzes Würzelchen. Die Verbindung zwischen dem Keimling und dem hier sehr bedeutenden Nährgewebe wird durch ein zwischen denselben liegendes abgeplattetes

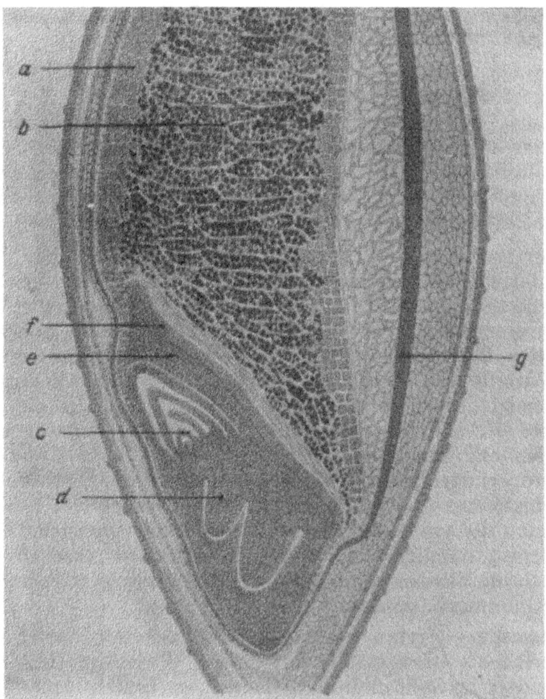

Abb. 20. Längsschnitt durch das mit Jodlösung behandelte Gerstenkorn. (Nach Holzner-Lermer.)

a Aleuron- oder Kleberschicht, *b* Mehlkörper oder Stärkeschicht, *c* Blattkeimanlage oder Keimling, *d* Wurzelanlage mit Haupt- und Nebenwurzel, *e* Schildchen, *f* Aufsaugegewebe, *g* Frucht- und Samenschale.

Saugorgan, das **Schildchen**, gebildet. Dieses besteht aus zartwandigen, regelmäßig nebeneinander angeordneten langgestreckten Zellen, welche die Zuleitung der flüssigen Nährstoffe sehr erleichtern.

In dem **Nährgewebe** sind Stärke und Eiweiß getrennt abgelagert. Die Eiweißverbindungen (**Aleuron** oder **Kleber**) finden sich in den äußeren Zellschichten rings um das ganze Nährgewebe herum mit Ausnahme des Teiles, wo dasselbe an das Schildchen grenzt. Diese eiweißführenden Schichten werden als **Kleberschicht** bezeichnet (Abb. 21). Ihre Zellen sind auf dem Quer- oder Längsschnitt verhältnismäßig klein, ungefähr rechteckig, dickwandig und ziemlich regelmäßig aneinandergelagert; sie sind dicht gefüllt mit sehr kleinen Aleuronkörnchen. Bei der Gerste besteht die Kleberschicht aus 3 Zellreihen, beim Weizen und Roggen aus einer Reihe.

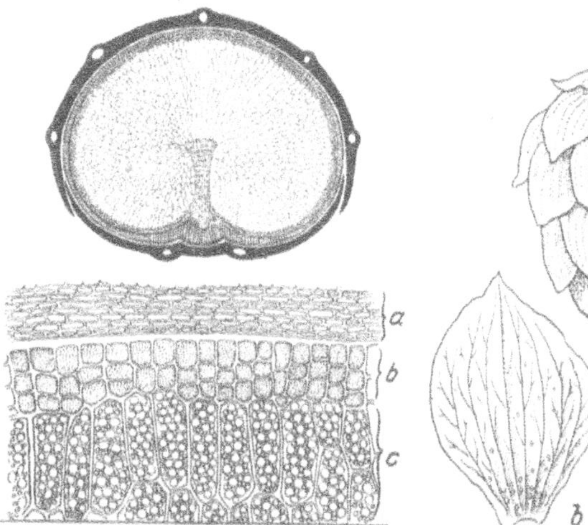

Abb. 21. Gerstenquerschnitt und Schichtenbildung.
a Frucht- und Samenschale, *b* Kleberschicht, *c* stärkehaltige Mehlkörperzellen.

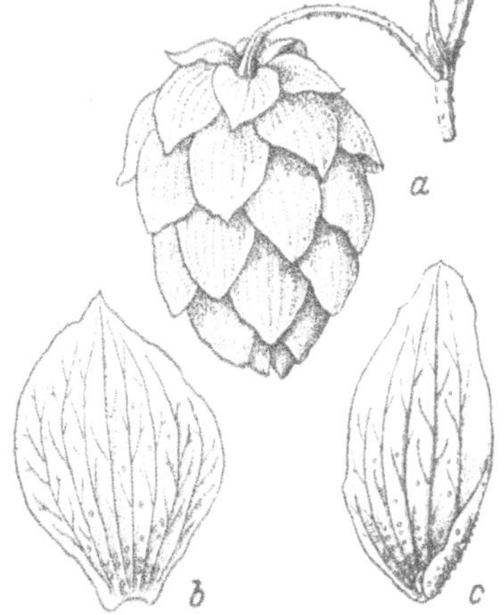

Abb. 22. Hopfendolde (*a*).
b Deckblatt mit den Lupulindrüsen, *c* Vorblatt mit den Lupulindrüsen.

Der ganze übrige Teil des Nährgewebes baut sich auf aus großen länglichen, dünnwandigen Zellen, welche mit Stärkekörnern dicht erfüllt sind. Er heißt der **Mehlkörper**. Die Stärke ist ein Gemenge von linsenförmigen Körnern von 20 bis 30 μ, selten über 35 μ Größe und kugeligen oder vieleckigen kleineren Körnchen. Im Keimling, im Schildchen und in der Kleberschicht findet man noch geringe Mengen Fett.

8. Die Hopfendolde (Abb. 22).

§ 84. Die Blüten des Hopfens (*Humulus lupulus*) zeigen sehr einfachen Bau; sie sind eingeschlechtlich und auf verschiedene Pflanzen verteilt. Die männlichen Blüten haben (Abb. 23) eine einfache, aus 5 kleinen Blättchen bestehende Blütenhülle (Perigon) und 5 Staubblätter; sie stehen in reich verzweigten Blütenständen, Rispen genannt. Die weiblichen Blüten bilden zierliche Köpfchen und sind sehr klein. Sie bestehen aus dem Fruchtknoten und 2 langen, fadenförmigen Narben; der Fruchtknoten ist umgeben von einem zarten, becherförmigen Organ, dem Überrest der Blütenhülle. Zu jeder weiblichen Blüte gehört ein schuppenförmiges Vorblatt, und je 2 oder mehr solcher Blüten stehen hinter einem zur Blütezeit etwas größeren Deckblatt. Der weibliche Blütenstand entwickelt sich nach und nach zu einem zapfenartigen Fruchtstand, Hopfendolde

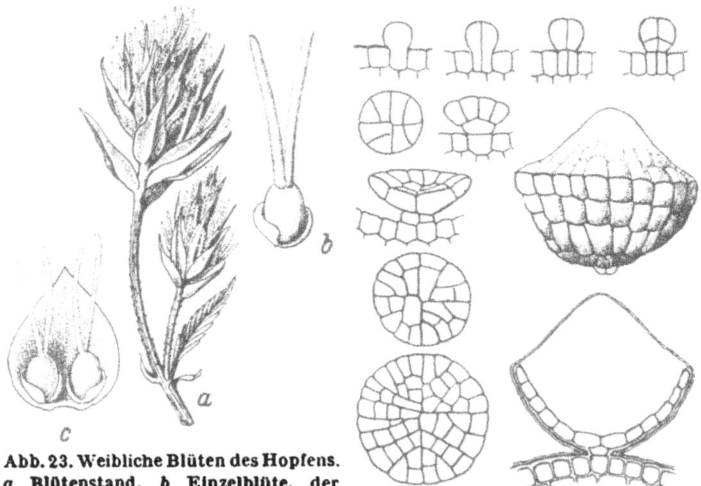

Abb. 23. Weibliche Blüten des Hopfens. a Blütenstand. b Einzelblüte, der Fruchtknoten ist umgeben von einem schuppenförmigen Vorblatt, c 2 weibliche Blüten hinter einem Deckblatt.

Abb. 24. Die Entwicklung einer Lupulindrüse (Lupulinkorn) des Hopfens.

genannt. An der 8- bis 10mal knieförmig hin- und hergebogenen Achse (Spindel) stehen dichtgedrängt die stark vergrößerten und pergamentartig gewordenen Vor- und Deckblätter. Die Übertragung des sehr kleinen Blütenstaubes erfolgt durch den Wind. Die Frucht ist ein 3 bis 4 mm langes geripptes Nüßchen und wird gewöhnlich „Kugel“ genannt.

In den Hopfengärten befinden sich ausschließlich weibliche Pflanzen, da nur die Fruchtstände geerntet werden. Dieselben sollen nach alter Erfahrung möglichst ohne Früchte (Kugeln) sein. Daher entfernt man alle wildwachsenden Hopfenpflanzen in der Umgebung der Kulturen, um die Bestäubung bzw. die Befruchtung zu verhindern.

Die wirksamen Stoffe sind in den etwa $1/_5$ mm großen Hopfendrüsen oder Lupulinkörnern enthalten, welche sich besonders auf dem unteren Teile der Vorblätter befinden. Die Hopfendrüsen (Abb. 24) sind ihrer Entstehung, Bau und Beschaffenheit nach Drüsenhaare, d. h. Anhangsorgane der Oberhaut, welche bestimmte Ausscheidungsstoffe (Sekrete) absondern. Anfangs sind die Hopfendrüsen flach schüsselförmig und haben einen sehr kurzen Stiel. Das Sekret wird durch die Außenwand hindurch zwischen dieser und der Kutikula abgelagert. Letztere wird dadurch immer mehr hochgehoben, so daß die ausgebildete Hopfendrüse eine ungefähr kugelige Gestalt hat.

III. Mikroskopische Übungen an Rohmaterialien und Hilfsstoffen.

1. Mikroskopische Präparate zum allgemeinen Verständnis.

§ 35. Um die wesentlichsten Bestandteile der Pflanzenzelle kennenzulernen, macht man Präparate von dem dünnen Häutchen, welches man vcn einer aufgebrochenen Zwiebel abziehen kann. Dieses besteht aus der obersten Zellschicht (Oberhaut oder Epidermis, § 28). Die Zellen derselben sind ungefähr viereckig, 2- bis 3mal so lang als breit und zeigen deutliche Querwände. Es sind also Parenchymzellen; ihre Länge beträgt 200 bis 300 μ, ihre Breite 40 bis 60 μ. Das Protoplasma ist sehr durchsichtig und wasserreich; es ist wandständig und besitzt einen großen Zentralsaftraum. Der Zellkern ist hier außergewöhnlich groß (12 bis 18 μ) und ohne besondere Behandlung zu erkennen. Behandelt man den Schnitt mit Methylenblau oder Methylengrün-Essigsäure, so nimmt der Kern mehr Farbstoff auf als das Plasma; er wird infolgedessen dunkler und tritt noch deutlicher hervor. — Die Oberhautzellen der Oberseite von Tulpenblättern zeigen ebenfalls gut die Bestandteile der Pflanzenzelle.

Legt man einen frischen Schnitt von der Oberfläche der Zwiebelscheiben in konzentriertes Glyzerin, so kann man unter dem Mikroskop den Vorgang der Plasmolyse beobachten.

Behandelt man zarte Querschnitte einer saftigen Zwiebel mit Jodlösung und etwas Schwefelsäure, so tritt dort, wo beide Reagenzien wirksam sind, eine lebhafte Blaufärbung der Zellwände ein, ein Beweis, daß dieselben aus Zellulose bestehen. Nur die äußerste Schicht der Außenwand der Oberhaut färbt sich gelb; sie ist verkorkt.

Ein Querschnitt durch Holundermark zeigt dessen rundliche Zellen von 100 bis 200 μ Durchmesser. Die Wände sind überall gleichmäßig dünn. In denselben finden sich zahlreiche rundliche oder längliche einfache Tüpfel von 10 bis 15 μ Größe. Da diese Zellen tot und mit Luft erfüllt sind, muß diese durch vorsichtiges Erwärmen des Präparates über einer Flamme entfernt werden. damit man ein deutliches Bild bekommt.

§ 36. Um die Blattgrünkörner kennenzulernen, eignen sich besonders die Blätter von Wasserpflanzen, z. B. die der Wasserpest.

Zarte Flächenschnitte zeigen die parenchymatischen, mehr oder minder langgestreckten Zellen mit zahlreichen länglichen Blattgrünkörnern von etwa 5 μ Länge. Leicht sichtbar sind die Blattgrünkörner auch in den zarten Moosblättchen, da diese nur aus einer Zellschicht bestehen.

§ 37. Zarte kleine Schnitte durch die Kartoffel zeigen die Stärkekörner; mit Jodlösung usw. färben sie sich blau. An Schnitten von den Keimblättern von Erbsen oder Bohnen sieht man, daß hier die Zellen angefüllt sind mit großen Stärkekörnern und sehr kleinen Aleuronkörnern; letztere färben sich mit Jodlösung gelb. Ferner sind die Stärkekörner der verschiedenen Getreidearten, besonders die der Gerste, näher zu untersuchen und sorgfältig zu zeichnen.

Um fettes Öl kennenzulernen, fertigt man Schnitte von Leinsamen, Mandeln, Walnüssen usw. an.

§ 38. Die Oberhaut von Tulpenblättern hat große charakteristische Spaltöffnungen. Querschnitte derselben zeigen die Zwischenzellräume und außen die verkorkte Kutikula (§ 43).

2. Zur Kenntnis des ruhenden und keimenden Gerstenkornes.

§ 39. Für den Brauer ist es von Wichtigkeit, Merkmale zu haben, an denen man unterscheiden kann, ob eine Gerste, welche er als Handelsware bezogen hat, zu der einen oder zu der anderen Abart gehört und ob sie einheitlich ist. Gleichmäßige und einheitliche Ware ist für erfolgreiches Arbeiten beim Weich- und Keimprozeß von großer Bedeutung.

Sechszeilige Gersten fallen auf durch die langen, strohigen Körner und können nicht leicht mit zweizeiligen Braugersten verwechselt werden. Bei den vierzeiligen Gersten sind die Körner der seitlichen Doppelreihen wesentlich schwächer als die der Mittelreihen. Auch erscheinen die meisten derselben etwas um die Längsachse gedreht, so daß die Längsfurche auf der Bauchseite eine etwas gebogene Linie beschreibt, und die Spitze des Kornes ist meist ein wenig nach der Seite gebogen, was besonders auf der Rückenseite sichtbar ist. Solche Körner nennt man Krummschnäbel; sie sollen in keiner guten Braugerste enthalten sein (Abb. 25).

Zur Unterscheidung der Sorten der zweizeiligen Gersten können hauptsächlich herangezogen werden:

1. die Kornbasis,
2. die Basalborste,
3. die Schüppchen,
4. die Bezahnung auf den Nerven der Rückenspelze.

Die Kornbasis bildet bei den nickenden oder lockerährigen Sorten eine glatte, schräge Fläche (Abb. 26). Besonders unter einer guten Lupe ist die Beschaffenheit der Kornbasis deutlich zu erkennen.

Abb. 25. Körner der vierzeiligen Gerste von der Bauchseite.
a gerade gewachsenes Mittelkorn, *b* und *c* schwach gedrehte Seitenkörner (Krummschnäbel).

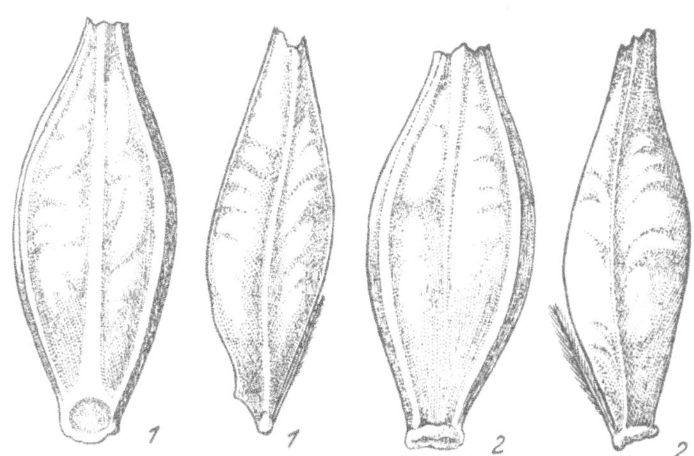

Abb. 26. Verschiedene Kornbasis der Braugersten von vorn und von der Seite.
1. mit einfacher Abschrägung bei der nickenden, lockerährigen Landgerste,
2. mit Wulst und Nute bei der aufrechtstehenden, dichtährigen Imperialgerste.

Die Körner der dichtährigen Sorten (Imperialgerste) dagegen zeigen an der Kornbasis eine eigentümliche Einfaltung, eine **Nute**, manchmal auch einen kleinen **Wulst** oder Nute und Wulst. Letzteres findet sich auch bei den sechszeiligen Gersten.

Die **Basalborste** ist bei den dichtährigen Gersten sehr veränderlich, meist besenförmig behaart, gedrungen keilförmig (Abb. 27). Hat man jedoch an der Beschaffenheit der Kornbasis erkannt, daß die Gerste zu den lockerährigen gehört, so bietet die Beschaffenheit

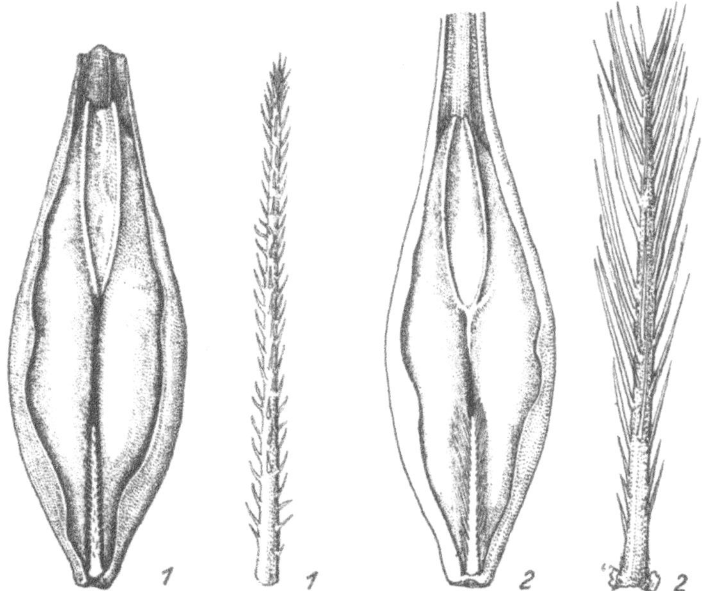

Abb. 27. Verschiedene Basalborsten der Braugersten.
1. **kurzbehaarte Basalborste bei Chevaliergerste,** *2.* **lang behaarte, besenförmige Basalborste der Landgerste.**

der Basalborste ein zuverlässiges Merkmal, um zu unterscheiden, ob die Gerste zu den sogenannten Landgersten oder zu den Chevaliergersten gehört. Bei den Landgersten, zu welchen die Hannagerste, Frankengerste, böhmische Gerste, Probsteier Gerste, slowakische Gerste gehören, ist die Basalborste **lang behaart**, besenförmig, diejenige der Chevaliergersten dagegen zeigt eine feine, kurze, mehr wollige Behaarung (Abb. 26 u. 27).

Bei den Schüppchen (Abb. 19) unterscheidet man drei Hauptformen: 1. die Schüppchen der Landgersten mit großem Blatteil und langen, oft verwirrt liegenden Haaren (Abb. 19); 2. die Schüppchen der Chevaliergerste mit großem Blatteil, einzelnen langen Haaren und dichtem kurzem Unterhaar; 3. die Schüppchen der dichtährigen Gersten mit kleinem Blatteil und sehr langen, meist fächerförmig gespreizten Haaren. Die Freilegung und Untersuchung der Schüppchen gelingt leicht, wenn man die Gerste vorher einige Stunden einweicht oder sie mit wenig Wasser kurze Zeit erwärmt.

Die Art der Bezahnung ist zwar für manche Sorten charakteristisch, jedoch ist sie nicht beständig und hat daher für die Unterscheidung der einzelnen Sorten weniger Bedeutung.

Um zu entscheiden, zu welcher Sorte eine vorliegende Gerste gehört bzw. ob sie zu den bevorzugten Braugerstensorten gehört und ob sie einheitlich und sortenrein ist, muß hauptsächlich auf folgendes geachtet werden:

1. Deutlich ausgebildete Krummschnäbel sollen überhaupt nicht vorhanden sein.

2. Die Kornbasis soll eine glatte schräge Fläche bilden. Wulst oder Nute finden sich bei Imperialgersten, welche ebenfalls zu Brauzwecken verwendet werden. Auf jeden Fall sei die Kornbasis bei allen Körnern gleich.

3. Die Basalborste sei entweder bei allen Körnern besenförmig lang behaart (Landgerste) oder kurz wollig behaart (Chevaliergerste).

Man erkennt die Beschaffenheit der Kornbasis und der Basalborste am besten unter einer guten Lupe (Vergrößerung mindestens sechsfach).

§ 40. Querschnitte durch das Gerstenkorn zeigen den angegebenen Bau desselben. Mit Jodlösung behandelt, färben sich Stärke und Zellulose blau, der Inhalt der Kleberschicht gelb. Der Inhalt der letzteren, die Aleuronkörner, nehmen Farbstoffe (z. B. Methylenblau, Fuchsin) auf, während die Stärke dies nicht tut und daher farblos bleibt.

Längsschnitte durch das Gerstenkorn, die möglichst durch die Mitte desselben gehen müssen, zeigen den Keimling und seine Bestandteile sowie das Schildchen.

Junge Wurzelkeime der Gerste, besonders solche, welche sich in feuchter Luft entwickelt haben, zeigen meist reiche Ausbildung der Wurzelhaare. Die Spitze der Wurzeln zeigt schon bei schwacher Vergrößerung die Wurzelhaube. Bei stärkerer Vergrößerung erkennt man dann die beschriebenen Einzelheiten. Auf Querschnitten durch die jungen Wurzeln sieht man das Leitbündel, die Wurzelrinde usw.

3. Zur Kenntnis des Hopfens.

§ 41. Man mache folgende mikroskopischen Präparate: Die Hopfendrüsen werden nach Abschaben von den Vor- und Deckblättern in einen Tropfen Wasser auf den Objektträger gebracht und zunächst in diesem Zustande betrachtet. Durch Zusatz von etwas Natronlauge quellen sie auf und runden sich mehr und mehr ab. Um die Entstehung der Hopfendrüsen kennenzulernen, muß man weibliche Blütenstände von Beginn ihrer ersten Entwicklung an nach und nach einsammeln und zarte Querschnitte der Teile herstellen, welche die Drüsenhaare tragen.

4. Über das Holz der Nadel- und Laubbäume.

§ 42. Das im Brauereibetrieb so vielfach verwendete Holz entsteht durch die Lebenstätigkeit unserer Bäume und Sträucher, die daher als Holzgewächse bezeichnet werden. Der Holzkörper derselben baut sich aus sehr verschieden beschaffenen Geweben auf und ist verschieden bei den Nadelhölzern und bei den Laubbäumen.

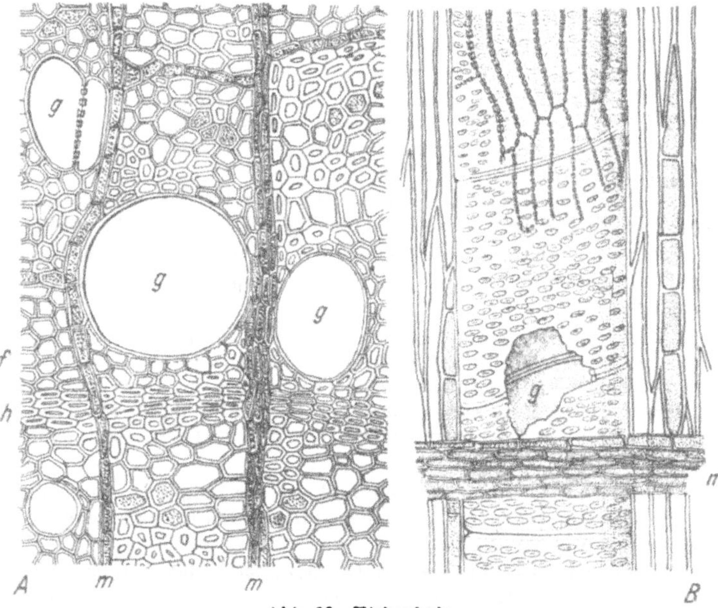

Abb. 28. Eichenholz.
A Querschnitt, *B* radialer Längsschnitt, *f* Frühjahrsholz, *g* große Gefäße, Durchmesser 200—360 μ, *h* Herbstholz (Jahresring), *m* Markstrahlen.

Die Wände aller Zellen des Holzkörpers sind verholzt (§ 14) und in der Regel stark verdickt. Daher geben diese Gewebe den betreffenden Pflanzenteilen die notwendige Festigkeit (Abb. 28).

Querschnitte eines Stammes zeigen regelmäßig konzentrisch angeordnete, meist schon mit bloßem Auge zu erkennende Schichten, die Jahresringe. Von denselben entsteht jährlich infolge des Dickenwachstums eine neue Schicht. Die Jahresringe kommen dadurch zustande, daß die im Frühjahr gebildeten Zellen des Holzkörpers größeren Durchmesser und dünnere Wände haben als die später entstehenden. Auf das verhältnismäßig feste kleinzellige und dickwandige Herbstholz folgt das viel lockerere Frühlingsholz, das bei den Laubhölzern besonders durch zahlreiche und weite Gefäße ausgezeichnet ist.

Das Holz der Nadelbäume (Fichte, Tanne, Kiefer oder Föhre, Lärche) besteht hauptsächlich aus langgestreckten, an beiden Enden zugespitzten, daher faserartigen Zellen, Tracheiden genannt. Ihre Wände sind mit behöfteten Tüpfeln (§ 16) versehen. Gewebestreifen von parenchymatischen Zellen verlaufen in radialer Richtung quer durch den Holzkörper vom Mark bis zur Rinde; sie werden als Markstrahlen bezeichnet.

Den wichtigsten Bestandteil des Holzkörpers unserer Laubbäume bilden die Gefäße oder Tracheen, welche auf dem Querschnitt durch ihre Größe sofort auffallen und oft schon mit bloßem Auge zu erkennen sind. Ein Gefäß geht aus übereinanderstehenden, in der Regel langgestreckten Zellen hervor, die zahlreiche behöfte Tüpfel tragen. Die Querwände der einzelnen Zellen werden ganz oder teilweise aufgelöst. Ist letzteres der Fall, so bleiben meistens mehrere Querstreifen erhalten, und man spricht dann von einer leiterförmigen Durchbrechung.

Diese Verhältnisse sind von Interesse, um Haselspäne von Spänen anderer Holzarten zu unterscheiden, welche gelegentlich an Stelle von diesen in den Handel kommen.

Haselspäne sind rötlichgelb, der Bruch ist kurzfaserig, die Rißlinie glatt und gerade. Die Gefäßdurchbrechungen sind leiterförmig, was besonders auf dem radialen Längsschnitt gut sichtbar ist.

Die sehr ähnlichen Späne der Weiß- oder Hainbuche sind hingegen weißlichgelb oder rein weiß. Der Bruch ist langfaserig, die Rißlinie uneben und mehr splitterig. Die Gefäße zeigen einfache, ovale Durchbrechung.

Das technisch wertvollste Holz ist das Eichenholz. Es verdankt seine Festigkeit dem Auftreten von zahlreichen dickwandigen engen Zellen (besonders Holzparenchym und Holzfasern) zwischen den Gefäßen. Von letzteren sind zwei Typen zu unterscheiden: weite Gefäße (200 bis 360 μ) dichtstehend, 1 bis 3reihig, konzentrische Kreise bildend, und enge Gefäße (20 bis 70 μ) in schmäleren und breiteren Zügen radial angeordnet. Die stärkeren Markstrahlen erreichen bis 1 mm Breite und finden sich in einer Entfernung von 2 bis 10 mm. Wegen der Porosität darf für Lagerfässer und soll auch für Transportfässer nicht gesägtes, sondern in der Längsrichtung gespaltenes Holz verwendet werden.

Mikroskopische Präparate. Querschnitte von Fichtenholz zeigen die Jahresringe und die Markstrahlen. Der Durchmesser der in radialen Reihen angeordneten Tracheiden des Frühjahrsholzes beträgt bis zu 40 μ, der des Herbstholzes nur 10—20 μ. Mit Phloroglucin und Salzsäure färben sich alle Zellen kirschrot.

da ihre Wände verholzt sind. Auf radialen Längsschnitten erkennt man die Gestalt der Tracheiden, deren Wände zahlreiche große behöfte Tüpfel haben.

5. Der Flaschenkork..

§ 43. Alle oberirdischen Organe der höheren Pflanzen sind in der Jugend mit einem besonderen Schutzgewebe, der Oberhaut (Epidermis), bedeckt. Die Außenwand der Oberhautzellen ist meist stark verdickt. Frühzeitig verkorkt diese äußerste Schicht derselben und wird als Kutikula bezeichnet.

Bei den Stämmen, Ästen, Wurzeln unserer Holzgewächse wird die schwache, leicht zerreißbare Oberhaut durch das festere und langlebige Korkgewebe (Periderm) ersetzt. Dieses folgt vermittels einer besonderen teilungsfähigen Zellschicht dem Dickenwachstum des betreffenden Organs und bedeckt dessen Außenfläche als mehr oder minder starkes Schutzgewebe.

Bei den Buchen bleibt der Kork immer verhältnismäßig dünn und der Stamm zeigt eine glatte und gleichmäßige Oberfläche. Bei anderen Bäumen entwickelt sich ein sehr umfangreiches Korkgewebe. Am ausgiebigsten ist dies der Fall bei der Korkeiche (*Quercus suber*), welche im westlichen Mittelmeergebiet heimisch ist.

Der in den ersten 10 bis 12 Jahren entstehende Kork der Korkeiche ist unregelmäßig gebaut und uneben. Er wird für Schwimmgürtel, gärtnerische Zwecke usw. verwendet. Später kommt dann ein gleichmäßiges Korkgewebe zur Ausbildung, welches nach 8 bis 12 Jahren eine solche Dicke erreicht, daß es vorsichtig abgetrennt werden kann. Dieser Kork wird in sehr verschiedener Weise verwendet und verarbeitet, besonders zu Flaschenkork.

Das Korkgewebe der Korkeiche besteht aus dünnwandigen, meist vierseitigen Zellen, die in radialen Reihen angeordnet sind. Das gleichmäßige hellbräunliche Korkgewebe wird vielfach von dunkeln Stellen durchsetzt. Dieselben beruhen darauf, daß radial verlaufende Gewebestreifen aus nicht verkorkten Zellen vorhanden sind, welche nur locker aneinanderschließen und an dem lebenden Baum zur Zufuhr der atmosphärischen Luft dienten. Diese nicht verkorkten Stellen sterben frühzeitig ab und zerfallen rasch. Bei guten Korken sollen möglichst wenige bräunliche Streifen vorhanden sein und diese sollen in der Querrichtung und nicht in der Längsrichtung verlaufen. Unter dem Mikroskop erkennt man Korkwände an ihrer Widerstandsfähigkeit gegen konzentrierte Schwefelsäure; Zellwände von anderer Beschaffenheit lösen sich darin auf. Mit Chlorzinkjod färben sich verkorkte Wände gelb.

Mikroskopische Präparate. Man fertigt zarte Querschnitte einer glatten guten Stelle an. Da das Gewebe nur aus toten Zellen besteht, ist kein Zellinhalt mehr sichtbar und die Zellhöhlungen sind mit Luft erfüllt. Durch vorsichtiges Erwärmen über einer Flamme wird die Luft nach und nach vertrieben. Die Zellen sind meist in regelmäßigen Reihen angeordnet und zeigen gleichmäßig dünne Wände. Ein Schnitt durch eine dunkle krümelige Stelle zeigt, daß hier die Zellen rundlich sind und nur locker zusammenhängen. Ihre Wände sind nicht verkorkt und lösen sich daher in konzentrierter Schwefelsäure auf.

6. Die Filtermasse.

§ 44. Die übliche Filtermasse besteht aus Baumwolle, der in vielen Fällen und je nach Bedarf geringe Mengen von Asbest beigemengt sind.

Das verwendete Material sind die Samenhaare der Baumwolle (Abb. 29), welche nur in wärmeren Ländern angebaut werden kann. Die erbsengroßen schwarzen Samen der Baumwolle sind mit langen, meist weißen Haaren bedeckt. Sie sind einzellig bandförmig, meist korkzieherartig gedreht, sehr lang (12 bis 50 mm) und 12 bis 45 μ breit. Die Wandung der Baumwollhaare besteht aus Zellulose.

Abb. 29. Baumwollfasern, aus denen reine Filtermasse besteht.

Asbest (Abb. 30) ist ein mineralisches Produkt, ein Kalzium-Magnesium-Silikat. Derselbe bildet weiche, etwas elastische, lose miteinander verbundene, lange, parallel verlaufende, leicht voneinander trennbare Fasern, welche durchscheinend und meist grünlich-weiß sind. Zum Gebrauch wird er zerzupft und auch durch Waschen gereinigt.

Verschiedene Materialien pflanzlichen und tierischen Ursprungs kommen als Beimengungen bzw. Verfälschung der Filtermasse vor. Flachs und Hanf z. B. sind daran leicht zu erkennen, daß die gestreckten verholzten Zellen (Bastfasern) zu Bündeln vereinigt sind. Zusatz von Holz erkennt man an dem anatomischen Bau der einzelnen Zellen. Hauptsächlich kommen Nadelhölzer in Betracht, deren langgestreckte Zellen an den behöften Tüpfeln (§ 16) leicht zu erkennen sind.

Tierische Haare sind Horngebilde und bestehen aus der Rindensubstanz und dem Mark; letzteres kann auch fehlen, z. B. bei vielen Sorten von Schafwolle (Abb. 31). Tierische Haare färben sich mit Zucker und Schwefelsäure rosa, mit kochender Pikrinsäure gelb. Tierische Haare geben beim Verbrennen einen Geruch nach verbrannten Federn, während Pflanzenfasern meistens geruchlos verbrennen.

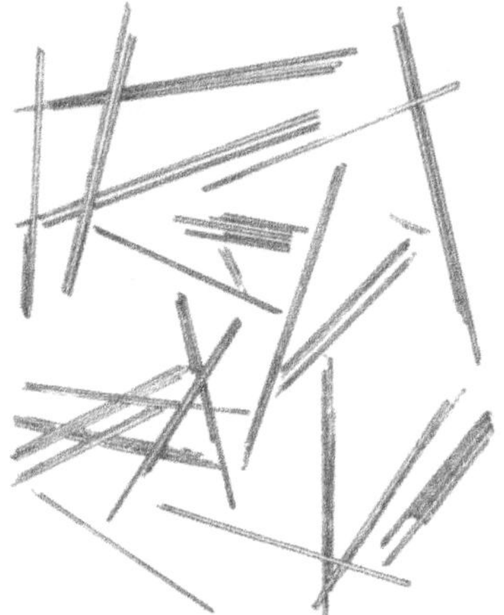

Abb. 30. Asbestnadeln, welche der Filtermasse häufig zugesetzt werden.

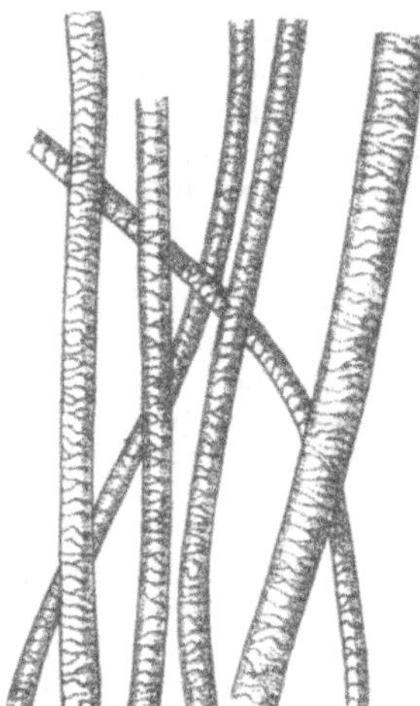

Abb. 31. Schafwollfäden.

IV. Pilzkunde.

§ 45. Pilze sind blattgrünfreie Pflanzen. Ihr Vegetationskörper besteht entweder aus einer einzigen Zelle (Hefen, viele Bakterien) oder aus zahlreichen Zellen die aber alle von ungefähr gleicher Beschaffenheit, Gestalt und Größe sind. Eine Arbeitsteilung ist bei ihnen in der Regel noch nicht vorhanden oder besteht höchstens bezüglich der Fortpflanzungsorgane.

Viele Pilze, besonders diejenigen, welche für das Braugewerbe von Bedeutung sind, sind sehr klein und nur mit dem Mikroskop erkennbar. Sie gehören also zu den Mikroorganismen.

1. Die Kultur der Pilze.

§ 46. Gefäße für Pilzkulturen. Für die Kultur der Pilze sind mancherlei Gefäße erforderlich, welche zunächst kurz beschrieben werden sollen:

Zum Aufstellen von Brotscheiben usw. bedient man sich entsprechend großer Glasschalen, welche nach der Infektion mit einer Glasglocke oder einer größeren Schale bedeckt werden.

Die meisten Nährstoffe kann man in Reagenzgläser- oder Erlemeyer-Kolben füllen und diese mit einem sterilen Wattebausch verschließen. Auch gewöhnliche, am besten vierkantige Flaschen werden vielfach für Pilzkulturen verwendet.

Für Gelatinekulturen benutzt (§ 52) man hauptsächlich Petri-Schalen, zwei etwa 1,5 cm hohe Glasschalen, von denen die untere ungefähr 9, die Deckelschale 10 cm Durchmesser hat (Abb. 39). Dieselben werden in Fließpapier gewickelt, sterilisiert (§ 47) und in dem Papier aufbewahrt. Erst unmittelbar vor ihrer Benützung werden sie im Arbeitskasten ausgewickelt.

Vielseitige Verwendung finden Freudenreich-Kölbchen (Abb. 32), zylindrische, etwa 20 cm^3 fassende Glasgefäße mit aufgeschliffener Kappe, welche nach oben in ein dünnes gerades Glasrohr ausläuft. Dieses wird mit Watte gestopft, um das Eindringen von Keimen unmöglich zu machen, aber doch der Luft Zutritt zu gewähren. Durch die Kappe bleibt der Rand des Kölbchens steril, welchen Vorteil Reagenzgläser nicht haben. Man kann daher, ohne daß Verunreinigungen durch zufällig auf dem Rande liegende fremde Keime eintreten, Flüssigkeiten von einem Kölbchen in ein anderes gießen.

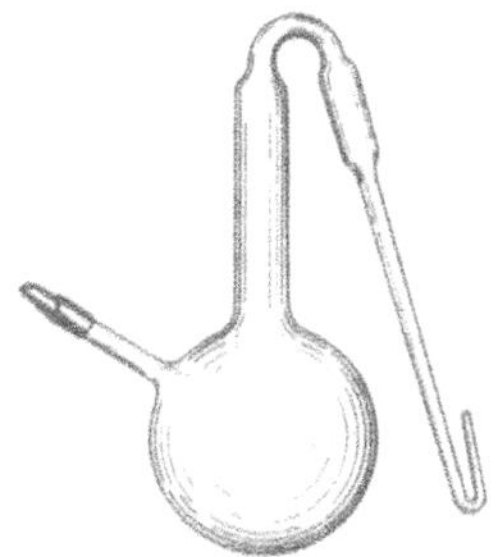
Abb. 33. Pasteurkolben.

Abb. 32. Freudenreich-kölbchen.

Große Vorteile bietet der für Hefekulturen viel benützte Pasteur-Kolben (Abb. 33, 51, 52). Es ist dies ein Rundkolben mit seitlich angeschmolzenem Rohr, dem Impfrohr oder Impftubus, welcher zum Aus- und Einfüllen dient, mit gerade aufsteigendem, oben verengtem Halse und S-förmig nach unten gebogener Röhre. Luft kann durch dieselbe ungehindert eintreten, während Keime entweder gar nicht hineingelangen oder, wenn dieses der Fall ist, an der unteren Biegung oder doch sicher in der zwischen den beiden Biegungen befindlichen Erweiterung liegen bleiben. Vor und nach den Arbeiten mit Kulturen im Pasteur-Kolben muß das gebogene Rohr, besonders der Eingang zu demselben, mit der Gasflamme stark erhitzt werden (vgl. § 138). Der Impftubus wird durch ein Stück Gummischlauch mit einem Glas- oder Aluminiumstopfen verschlossen. Man verwendet Pasteur-Kolben von $^1/_2$ bis 1 l Inhalt.

Da die Pasteur-Kolben nicht stehen können, benutzt man Papp-ringe, ausgehöhlte Korken von entsprechender Wölbung oder Ringe von Suberit usw. als Untersätze.

§ 47. Sterilisation und Desinfektion (Keimfreimachung). Alle zur Untersuchung und Züchtung verwendeten Gefäße und Utensilien müssen absolut rein, d. h. keimfrei sein.

Das Keimfreimachen geschieht am besten durch hohe Temperatur (Sterilisation). Die vegetativen Zellen der meisten Pilze sterben schon bei 60 bis 70° C ab; durch Kochen werden fast alle übrigen Keime getötet bis auf die Sporen mancher Bakterien. Damit auch die widerstandsfähigsten Keime zugrunde gehen, müssen Temperaturen von 120 bis 150° C oder besondere Methoden angewandt werden.

Feste Gegenstände, wie Objektträger, Deckgläser, Nadeln, Platinösen, kann man „flambieren", d. h. durch eine Flamme ziehen und kalt werden lassen.

Glasgefäße und andere trockene Gegenstände werden keimfrei gemacht durch zweistündiges Erhitzen im Heißluftsterilisator auf 150° C. Es ist dieses ein doppelwandiger Kasten (Abb. 34) aus starkem Stahl- oder Kupferblech und außen mit Asbest bekleidet. Es können Temperaturen bis zu 300° C darin erzeugt werden.

Abb. 34. Heißluftsterilisator.

Flüssigkeiten werden sterilisiert entweder durch einstündiges Kochen oder durch zweistündiges Erhitzen in strömendem Wasserdampf, wozu man am bequemsten den Kochschen Dampftopf verwendet (Abb. 35). Derselbe ist der am meisten benutzte Sterilisierapparat und besteht in seiner einfachsten Form aus einem oft mit Filz umkleideten, fest schließenden Zylinder, dessen unterster Teil Wasser enthält, das zum Sieden gebracht wird. Die zu sterilisierenden Gegenstände befinden sich in den im oberen Teile angebrachten Fächern oder Behältern. Im Kochschen Dampftopf können aber keine Temperaturen über 100° C erreicht werden. Dies ist nur vermittels besonderer Apparate (Autoklave) möglich, welche es infolge ihres festeren Baues gestatten, mit höherem Dampfdruck zu arbeiten.

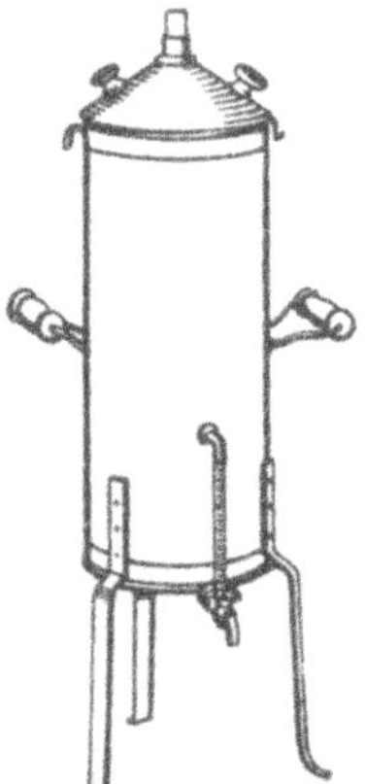

Abb. 35. Kochscher Dampftopf.

Wo einmalige Sterilisation nicht ausreicht muß man dieselbe wiederholen, und zwar spätestens nach 24 Stunden. Die nach der ersten Sterilisation am Leben gebliebenen Sporen keimen mittlerweile aus, was man auch noch dadurch zu begünstigen sucht, daß die betreffenden Kulturen in der Zwischenzeit im Thermostaten bei dem Optimum gehalten werden; neue Sporen dürfen aber inzwischen nicht gebildet werden. Wenn nötig, wird die Sterilisation auch mehrere Male wiederholt. Man bezeichnet diese Art und Weise als fraktionierte Sterilisation. So muß z. B. Milch behandelt werden, welche lange Zeit haltbar und daher vollkommen steril sein soll.

Manche Flüssigkeiten können auch durch Filtrieren keimfrei gemacht werden, und zwar benutzt man besonders Ton- oder Kieselgurfilter (Berkefeld) sowie Membranfilter (Wasserfiltration) wie das

Entkeimungsfilter der „Seitzwerke", Kreuznach. Auch zur Entkeimung von Rest- und Rückbieren versucht man das Seitzsche Filter anzuwenden.

Als Desinfektion bezeichnet man die Vernichtung von Keimen durch chemische Gifte. Im Laboratorium verwendet man Quecksilbersublimat, 1 g in 1000 g Wasser. Da es sich hier um ein starkes Gift handelt, muß man vorsichtig damit umgehen.

Ein ausgezeichnetes Mittel zum Töten von Keimen ist 70proz. Alkohol, der ebenfalls beim Arbeiten im Laboratorium gute Dienste tut; alle Gebrauchsgegenstände werden im letzten Augenblick vermittels eines Schwammes damit abgewaschen und dann flambiert.

Über die in der Praxis verwendeten Reinigungs- und Desinfektionsmittel siehe § 118 bis 126.

Keimfreie Gegenstände oder Nährböden müssen während der Aufbewahrung und besonders während des Arbeitens nach Möglichkeit vor Verunreinigung geschützt werden. Um Infektion von der Luft her zu verhindern, führt man die Arbeiten zur Herstellung von Reinkulturen, ferner das Überimpfen usw. nicht auf dem üblichen Arbeitstisch aus sondern in einem Glaskasten (Abb. 36), der nur vorn zu öffnen ist. Das Innere desselben ist öfter mit einer Sublimatlösung von 1:1000 oder mit 70proz. Alkohol mit Hilfe eines Schwammes keimfrei zu machen. Der Kasten wird nach der Arbeit stets wieder durch Herablassen der vorderen Wand verschlossen.

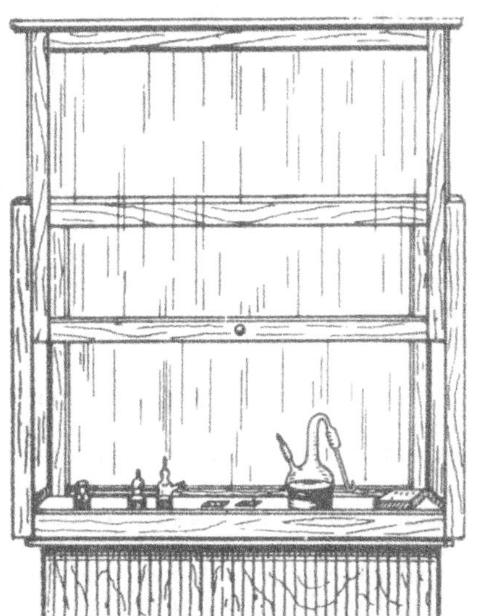

Abb. 36. Arbeitskasten.

2. Nährböden für Pilze.

§ 48. Unter Nährboden (Substrat) versteht man feste oder flüssige Substanzen, aus welchen die Organismen die Stoffe entnehmen, die sie zu ihrem eigenen Aufbau brauchen.

Die Anforderungen, welche von den verschiedenen Pilzen in bezug auf stickstoffhaltige und stickstoffreie Nährstoffe gestellt werden, sind oft schon bei nahe verwandten Arten außerordentlich verschieden. Auch auf die Konzentration sowie den Aggregatszustand der Nährstoffe kommt es an. In flüssigem Nährboden zeigen viele Mikroorganismen (z. B. Schimmelpilze, Hefen), ganz andere Wachstums- und Gestaltungsverhältnisse als auf festem Nährboden.

Von besonderer Wichtigkeit ist die Reaktion des Nährbodens, Schimmelpilze gedeihen am besten auf einem schwachsauren Substrate, und der Säuregehalt nimmt durch ihre Lebenstätigkeit nach und nach ab. Bakterien dagegen bevorzugen meist einen neutralen oder schwach-alkalischen Nährboden, und der Säuregehalt desselben nimmt zu. Infolgedessen wechseln in der freien Natur bei der Zersetzung organischer Substanzen Bakterien und Schimmelpilze in bezug auf eine üppige Entwicklung vielfach miteinander ab.

Als Kohlenstoffquelle dienen für die zu behandelnden Pilze hauptsächlich Zuckerarten und mehrwertige Alkohole. Der Stickstoff kann anorganisch gebunden in Ammoniumsalzen, Nitraten usw. oder als Amidoverbindungen geboten werden, ferner kommen Peptone, Albumosen und Albumine in Betracht.

In bezug auf die Mineralstoffe (Aschenbestandteile) sind die Pilze sehr anspruchslos.

§ 49. Flüssige Nährböden. Bierwürze, gehopfte (Trubsackwürze) und ungehopfte. Man entnimmt dieselbe der Trubpresse bzw. der Läutermulde, füllt sie in die entsprechenden Gefäße, sterilisiert sie (§ 47) und läßt sie möglichst mehrere Tage zur Beobachtung stehen, damit man sich von der Sterilität der Lösung überzeugt. Falls nötig, verdünnt man die Würze vor dem Sterilisieren mit Wasser.

Hefewasser. ½ kg stärkefreie Preßhefe wird mit 2 l destilliertem Wasser ½ Stunde lang gekocht, filtriert, nochmals ½ Stunde gekocht, wiederum filtriert und entsprechend verdünnt.

Fleischwasser. 500 g fettfreies, fein zerkleinertes Rindfleisch wird in 1 l Wasser verrührt und bleibt 24 Stunden kühl stehen. Die Flüssigkeit wird dann durch ein Leintuch gedrückt, aufgekocht und geseiht, damit die ausgeschiedenen Eiweißsubstanzen entfernt werden. Zu 1000 g Fleischwasser werden 5 g Chlornatrium und 10 g Pepton hinzugefügt. Mit doppelkohlensaurem Natron wird neutralisiert. Die Flüssigkeit wird dann siedend filtriert.

Bouillon. 1 g Liebigs Fleischextrakt in 100 g Wasser. Vielfach werden Peptone, Zucker usw. zugesetzt.

Über die Bettges-Hellersche Nährlösung zum Nachweis der Sarzina siehe § 113, 114.

§ 50. Feste Nährböden. Feste Nährböden müssen je nach Bedürfnis der zu kultivierenden Pilze eine größere oder geringere Menge von Wasser enthalten. Es kommen hier hauptsächlich wasserreiche gallertige Substanzen (Hydrogele) in Betracht.

Gelatine. Dieselbe wird zu 8 bis 10% in einer der obigen Nährflüssigkeiten gelöst durch Einstellen in heißes Wasser. Bei Herstellung von Würzgelatine setzt man vor dem Erhitzen das Weiße von einem Hühnerei, mit etwas Würze angerührt, hinzu und erhitzt im kochenden Wasserbade, bis deutlicher Bruch eingetreten ist. Dann wird durch einen Heißwassertrichter filtriert, in kleinere, trocken sterilisierte Gefäße, besonders Freudenreich-Kölbchen, gefüllt und eine Stunde in strömendem Dampf sterilisiert. Die Nährgelatinen haben den Vorzug, daß sie bei höherer Temperatur flüssig sind, beim Abkühlen aber erstarren. Durch längeres Erhitzen geht das Erstarrungsvermögen der Gelatine zurück.

Agar-Agar. Ein aus verschiedenen Algen der ostasiatischen und malayischen Meere gewonnenes Produkt, das als fast farblose häutige Streifen oder als Pulver in den Handel kommt. Agar besteht hauptsächlich aus Polysacchariden. Man verwendet meistens 1 bis 1,5proz. Lösungen, die in siedendem Wasser hergestellt werden, da Agar erst bei ungefähr 100° C sich auflöst. Die Lösung gibt in der Regel eine schwach alkalische Reaktion.

Für Pilzkulturen vielfach verwendete Nährböden sind ferner in Schnitte zerteilte, nicht ganz weich gekochte Kartoffeln sowie Scheiben von Weißbrot, welche mit Wasser oder bestimmten Nährlösungen getränkt werden.

3. Kulturmethoden.

§ 51. Bei Herstellung von Pilzkulturen ist es von größter Bedeutung, daß nicht zu viele Keime ausgesät werden.

Die Verdünnung kann auf sehr verschiedene Weise erfolgen. Zu der z. B. in einem Freudenreich-Kölbchen befindlichen Flüssigkeit mit den auszusäenden Pilzen wird so viel sterile Nährflüssigkeit oder steriles Wasser zugesetzt, als nötig ist. Oder man kann auch mit einer Nadel eine Spur von der keimhaltigen Flüssigkeit oder von den auf dem Nährsubstrat befindlichen Sporen in ein anderes Freudenreich-Kölbchen mit frischen sterilen Nährstoffen übertragen.

Dabei nimmt man das Kölbchen, aus dem übertragen werden soll, zusammen mit dem neuen Kölbchen in die linke Hand, ersteres oben, letzteres unten haltend. Die Kappen werden erst im Arbeitskasten abgenommen und im Innern der rechten Hand gehalten, während man mit der Nadel rasch etwas Flüssigkeit aus dem oberen in das untere Kölbchen überträgt (Abb. 37) und sogleich beide wieder schließt.

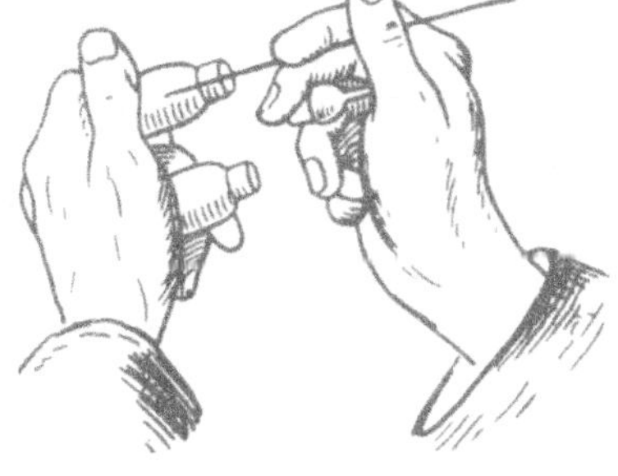

Abb. 37. Überimpfen aus einem Freudenreich-Kölbchen in ein anderes.

In anderen Fällen empfiehlt es sich, im Arbeitskasten die auszusäenden Keime in einem Tropfen Flüssigkeit, der sich auf einem

Objektträger befindet, zu verteilen, und, falls es nötig ist, eine Spur dieses Tropfens auf einen zweiten zu übertragen und dieses zu wiederholen, bis der richtige Grad der Verdünnung erreicht ist.

Eine der einfachsten Kulturmethoden ist die in Reagenzgläsern, Erlemeyer-Kolben, Freudenreich-Kölbchen usw., welche ¼ bis ½ mit den betreffenden Nährsubstanzen angefüllt werden. Mit einer Nadel oder Platinöse wird eine geringe Menge des zu kultivierenden Pilzes auf oder in das Nährsubstrat übertragen.

§ 52. Gelatineplatte. Von großer Bedeutung für alle Arbeiten mit Pilzen ist die von Koch[1]) 1883 angegebene Gelatineplatte, da dieselbe es ermöglicht, sowohl mit bloßem Auge als auch mit dem Mikroskop, wenigstens mit schwacher Vergrößerung, die Entwicklung der ausgesäten Pilze zu verfolgen.

Zur Herstellung einer Gelatineplatte bringt man im sorgfältig desinfizierten Arbeitskasten eine geringe Menge des zu kultivierenden Pilzes vermittels einer Nadel oder Platinöse vorsichtig in die sterile, bei 35° C verflüssigte Nährgelatine eines Freudenreich-Kölbchens. Falls die zu übertragende Menge zuviel Keime enthält, muß dieselbe vorher verdünnt werden. Dann schüttelt man vorsichtig die geimpfte flüssige Gelatine, damit die Keime sich möglichst gleichmäßig verteilen, und gießt dieselbe rasch in den unteren Teil einer Petri-Schale, die dann sofort mit dem oberen Teile zugedeckt wird. Die Schale wird auf eine ebene Fläche gestellt, damit sich die Gelatine gleichmäßig verteilt, bevor sie erstarrt.

Um das Austrocknen der Gelatine zu verhindern, stellt man die Petri-Schalen in einen besonderen Halter und setzt diesen in ein größeres, durch einen Deckel verschließbares zylindrisches Glasgefäß, das sterilisiert oder desinfiziert worden ist und durch mit sterilem Wasser getränktes Fließpapier feucht gehalten wird.

In vielen Fällen müssen die auf einer Gelatineplatte zur Entwicklung gelangten Kolonien gezählt werden. Wenn zahlreiche Kolonien vorhanden sind, erleichtert man sich die Arbeit dadurch, daß man mit einem Fettstift die Oberfläche der Schale vermittelst sternförmiger Linien in 4, 8 oder mehr Teile zerlegt oder eine derartige Zeichnung auf Papier unter die Schale legt.

§ 53. Feuchte Kammer. Für die Kultur von vielen Pilzen ist die feuchte Kammer (Abb. 38) von Wichtigkeit. Diese beruht darauf, dem Pilz die notwenigen Nährstoffe und genügende Feuchtigkeit darzubieten in einem Raum, der nicht von außen her durch Keime verunreinigt werden kann.

Ein großer Vorteil der feuchten Kammer besteht darin, daß man das Deckglas jederzeit abnehmen kann, ohne die Kulturen zu beeinflussen oder gar zu zerstören und so von der heranwachsenden Kultur überimpfen kann.

---

[1]) Robert Koch, Prof. Dr., einer der Begründer der modernen Bakteriologie, besonders verdienstvoller Forscher auf dem Gebiete der krankheitserregenden Arten. Geboren 1843, gestorben in Berlin 1910.

Die einfachste Form der feuchten Kammer besteht in einem hohlen Objektträger und einem Deckglase. Auf das letztere bringt man im Arbeitskasten einen Tropfen der keimhaltigen Nährflüssigkeit, dreht es um und legt es über die Höhlung des Objektträgers, welche man vorher etwas angehaucht hat, um die nötige Feuchtigkeit zu schaffen. Man bezeichnet diese Methode als „hängenden Tropfen".

Wenn der Tropfen dick ist, so können sich die heranwachsenden Pilze ziemlich weit vom Deckglase entfernen, indem sie abwärts wachsen. Dies erschwert die Beobachtung unter dem Mikroskop, besonders für stärkere Vergrößerungen. Um dies zu verhindern, trägt man nur eine dünne Schicht der keimhaltigen Flüssigkeit auf das Deckglas auf. Diese Abänderung nennt man Adhäsionskultur.

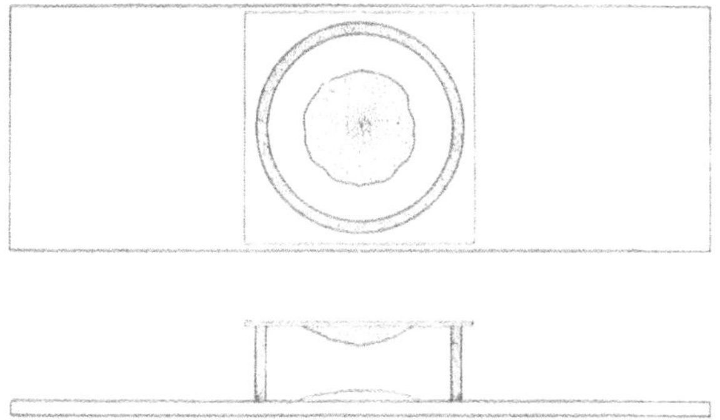

Abb. 38. Feuchte Kammer. Ansicht von oben und Längsschnitt.

Einen Ersatz für hohle Objektträger kann man in folgender Weise herstellen: Durch einen Ring oder viereckigen Wall von Wachs, Paraffin, Vaselin usw. schafft man eine entsprechend hohe Stütze für das in der angegebenen Weise vorbereitete Deckglas.

Zur Herstellung einer anderen, besonders für Schimmelpilzkulturen viel verwendeten feuchten Kammer gehören ein Objektträger, ein Glasring und ein Deckglas, welches größer als der Ring ist. Man benutzt hauptsächlich Glasringe von 18 und von 30 mm Durchmesser. Der Glasring wird entweder auf dem Objektträger fest gekittet oder nur mit Vaselin befestigt. Auf den Boden der so abgegrenzten Kammer wird ein Tropfen steriles Wasser gebracht und auf das Deckglas ein nicht zu großer Tropfen der Nährsubstanz, z. B. Würzegelatine, welche die richtige Menge von Keimen des zu kultivierenden Pilzes enthält. Dann dreht man das Deckglas um, so daß der Tropfen sich auf der Unterseite desselben befindet, und legt es auf den Glasring, dessen oberer Rand wiederum mit Vaselin bestrichen ist zum Zwecke des Abschlusses nach außen (Abb. 38).

Die Beobachtung der sich in dem „hängenden Tropfen" entwickelnden Pilze geschieht so lange als möglich mit schwacher Vergrößerung. Stärkere Vergrößerungen müssen vorsichtig gehandhabt werden wegen der Gefahr des Zerdrückens für das Deckglas beim Einstellen. Will man das Wachstum des Pilzes beschleunigen, so bringt man ihn in einen auf sein Optimum eingestellten Thermostaten (§ 55).

Eine wichtige Anwendung der feuchten Kammer werden wir bei der Herstellung der Hansenschen Reinkultur von Hefe kennenlernen (§ 135).

§ 54. Tropfen- und Tröpfchenkulturen. Eine Methode, welche es ermöglicht, gleichzeitig zahlreiche Pilzkeime zur Entwicklung kommen zu lassen, ist die Tropfenkultur (Abb. 39). Man zieht in eine sterile Pipette einige cm^3 der die Keime enthaltenden Flüssigkeit und verteilt dieselbe tropfenweise auf die beiden inneren Flächen einer Petri-Schale, welche man zudeckt und, wenn nötig,

Abb. 39. Tropfenkultur in einer Petrischale.

mit einem Gummiring abdichtet. Alsbald entwickeln sich die Keime, was sich auch unter dem Mikroskop verfolgen läßt; die dicken Wände der Petri-Schalen gestatten aber nur schwache Vergrößerung.

Der letztere Nachteil wird aufgehoben durch die von Lindner eingeführte Tröpfchenkultur (Abb. 40). Die keimhaltige Flüssigkeit wird im Arbeitskasten möglichst gleichmäßig in einem Uhrglase verteilt und, wenn nötig, entsprechend verdünnt, die Bierprobe jedoch nur aufgeschüttelt. Dann taucht man eine durch kurzes Erhitzen in der Flamme keimfrei gemachte Zeichenfeder in die so vorbereitete Flüssigkeit und bringt damit reihenweise angeordnete Tröpfchen auf das schwach angefettete und rasch durch eine kleine Flamme gezogene Deckglas, kehrt es um und legt es auf einen

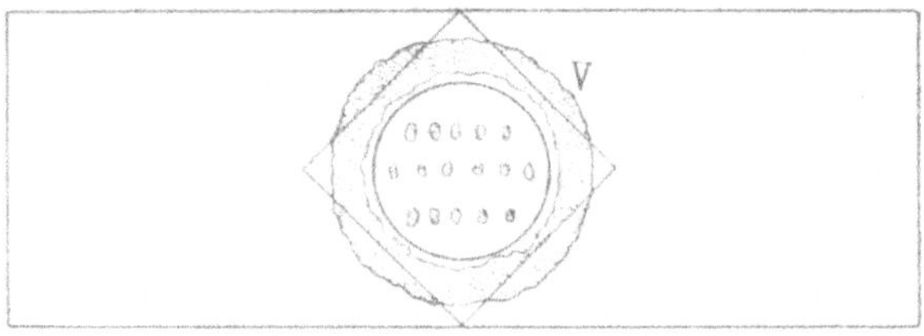

Abb 40. Tröpfchenkultur. Ansicht von oben und Längsschnitt. V Vaselinering.

hohlen Objektträger, dessen Höhlung mit einem Ring von Vaselin umgeben wurde. Der diagonale Durchmesser des Deckglases muß ebenso groß sein wie die Breite des Objektträgers (also 26 bzw. 28 mm), damit man das Deckglas leicht aufheben kann. Die verwendete Flüssigkeit soll so beschaffen bzw. so weit verdünnt sein, daß in jedem aufgetragenen Tröpfchen sich nur ein oder wenige Keime befinden. Anstatt der Tröpfchen kann man auch kurze Striche oder Linien auf dem Deckglase machen.

Bei der Herstellung von mehreren Tröpfchenpräparaten zu gleicher Zeit, wie dies im Betriebe infolge der serienweisen Probenahme die Regel ist, beachte man folgende Punkte:

1. Man reibt eine Glasplatte mit Alkohol ab und legt einen ebenso behandelten ca. 20 cm langen, 0,5 cm dicken Glasstab auf dieselbe.

2. Man bereitet so viele hohlgeschliffene Objektträger vor, als man benötigt (ein bis zwei mehr als Proben vorliegen, damit man bei Mißlingen eines Präparates nicht aufgehalten ist). Zu diesem Zwecke führt man die sauber abgewischten Objektträger mit dem Hohlschliff nach unten 4- bis 5 mal durch eine mittelhohe Flamme (der Wasserdampfbeschlag muß verschwunden sein) und legt sie nebeneinander mit einer kürzeren Kante auf den Glasstab, so daß die hohlgeschliffene Seite der Glasplatte zugekehrt ist.

3. Man richtet die Deckgläschen her, indem man sie nach dem Putzen auf einer Seite mit einer Spur gelber Vaseline einfettet und diese mit einem feinen Tuch wieder so weit abreibt, bis nur ein schwacher Hauch Fett zu sehen ist. Die Deckgläschen legt man nebeneinander an den Rand der Glasplatte, gefettete Seite nach oben und eine Ecke vorstehend, so daß man sie leicht mit der Pinzette aufnehmen kann.

4. Nun macht man die Flamme klein, stellt den Vaselintopf neben die Flamme, nimmt mit der linken Hand den Objektträger auf und zieht mit der rechten mit Hilfe des kleinen Pinsels einen Ring warmer, flüssiger Vaseline um den Hohlschliff. Dann nimmt man mit einer Pinzette das Deckgläschen, zieht es, gefettete Seite nach unten, dreimal in verschiedener Richtung, rasch durch die kleine Flamme und legt es lose auf den Vaselinring auf (Abb. 40).

5. Nachdem alle Präparate in dieser Weise vorbereitet sind, sterilisiert man die Zeichenfeder. Man kann auch mehrere Federn vorbereiten. Die sauber mit Wasser abgespülte Feder wird mit der Pinzette in die kleine Flamme gehalten, so daß nur die breite Seite, nicht aber die Spitze in die Flamme kommt. Dann taucht man diese Feder sowie den Halter evtl. Glasstab oder Eisennagel bei Federn mit Rohransatz, in Alkohol, setzt die Feder unter Benutzung der Pinzette über den Halter und entzündet den anhängenden Alkohol an der Flamme. Man läßt denselben außerhalb der Flamme ruhig abbrennen.

6. Während die Feder in der Hand (ohne irgendwo angestoßen zu werden) erkaltet, schüttelt man die Probe auf. Man taucht die

Feder ein, schnickt auf den Fußboden aus, taucht nochmals ein und hebt nun, während man die Feder zwischen Zeigefinger und Mittelfinger der rechten Hand hält, das Deckgläschen von dem flach auf der Glasplatte liegenden Objektträger auf, indem man es langsam an der Ecke fassend und mit dem Daumen von der unteren Ecke dagegendrückend, hochzieht. Man dreht es herum und setzt nun durch Hin- und Herfahren mit der Feder die Tröpfchen in diagonal gerichteten Reihen auf. Am besten 3 bis 4 Reihen zu je 4 bis 5 Tröpfchen. Die Größe der Tröpfchen sei so bemessen, daß sie unter dem Mikroskop mit Objektiv 3 und Okular IV betrachtet (80- bis 100-fache Vergrößerung) noch gerade in das Gesichtsfeld hineingehen. Man muß ihren Inhalt bei dieser Vergrößerung auf einmal überblicken können. Alsdann stellt man die Feder in Wasser, haucht die Tröpfchen an, legt das Deckglas mit den Tröpfchen an der Unterseite auf den Vaselinring zurück, drückt mit der Pinzette dessen Kanten leicht auf die Vaseline und prüft genau, ob das Präparat ringsherum luftdicht abgeschlossen ist. Evtl. dichtet man es mit neuer Vaseline unter Zuhilfenahme einer erhitzten Stahlnadel vollends ab.

Die Tröpfchen müssen wie Tautröpfchen hängen und glänzen. Weiteres siehe in den §§ 98 und 99.

Wenn man unter dem Mikroskop festgestellt hat, daß ein bestimmtes Tröpfchen nur einen Keim enthält, kann man dieses durch einen Ring von Tusche oder Tinte auf der Oberseite des Deckglases bezeichnen und dann sicher und leicht die Entwicklung dieses Pilzes verfolgen sowie auch denselben als Ausgangspunkt für eine Reinkultur nehmen (vgl. § 136).

Einige besondere Kulturmethoden (z. B. Gipsblockkulturen der Hefe (§ 73), Kultur der Hefe auf festen Nährböden (§ 77), Versand und Aufbewahrung von Reinhefe (§ 140, 141), Vaselineinschlußpräparat (§ 114)) sind an den betreffenden Stellen näher beschrieben.

§ 55. Der Brutschrank (Abb. 41). Das Wärmebedürfnis der Lebewesen ist sehr verschieden, bewegt sich aber für die einzelnen Arten meistens zwischen ziemlich feststehenden Grenzen. Als obere Vegetationsgrenze oder Maximum[1]) und als untere Vegetationsgrenze oder Minimum[2]) bezeichnet man die Temperaturen, bei welchen die Lebenstätigkeit aufhört. Heimat und Lebensgewohnheiten, ererbte Eigenschaften und Anpassung sind in dieser Hinsicht für die einzelnen Organismen von weitgehender Bedeutung. Auch je nach dem allgemeinen Zustand der betreffenden Pflanzen oder ihrer Teile wirken die Temperaturen verschieden auf sie ein. Wasserreiche Zellen oder Pflanzenteile sind empfindlicher gegen extreme Temperaturen als wasserarmes Plasma, besonders wenn letzteres durch zweckentsprechende Einrichtungen (dicke Zellwände, schützende äußere Gewebepartien usw.) gegen die schädlichen äußeren Einflüsse geschützt ist. Beispiele hierfür sind die Dauersporen der Pilze,

[1]) *Maximum* (lateinisch) das größte.
[2]) *Minimum* (lateinisch) das kleinste.

Samen und Früchte der höheren Pflanzen, in der Winterruhe befindliche Sprosse unserer Holzgewächse, ferner Wurzelstöcke, Knollen, Zwiebeln usw.

Die Tötungstemperaturen für die Lebewesen weichen dementsprechend auch sehr voneinander ab. Wasserreiche Zellen werden in der Regel durch eine Temperatur von 60 bis 70° C getötet.

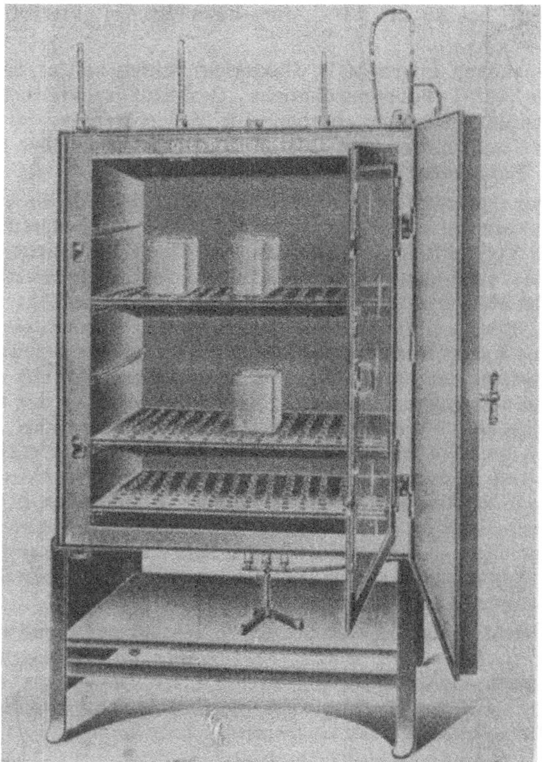

Abb. 41. Brutschrank oder Thermostat.

Besonders widerstandsfähige Zellen aber können nicht nur 100° C einige Zeit aushalten, sondern sterben erst durch längeres Einwirken von 120 bis 150° C (§ 47) ab.

Ebenso verhält es sich mit der Einwirkung niederer Temperaturen. Die meisten Pflanzen heißer Gegenden ertragen nicht den Gefrierpunkt und müssen daher vor Beginn unseres Winters in entsprechend geheizten Gewächshäusern untergebracht werden. Manche Algen dagegen gedeihen noch auf dem schmelzenden Schnee, und mehrere Arten von Bakterien haben 6 Monate lang einer künstlich erzeugten Kälte von 200 bis 250° C widerstanden.

Anderseits hat sich gezeigt, daß es für alle Lebewesen eine Temperatur gibt, welche bei gleichzeitiger vorteilhafter Gestaltung aller übrigen Lebensbedingungen (Ernährungsverhältnisse, Luft, Licht usw.) die üppigste und rascheste Entwicklung bedingt. Diese wird als das Optimum[1]) bezeichnet. Dasselbe liegt z. B. für die Brauereihefe bei 25 bis 28° C, für die meisten Bakterien bei 33 bis 35° C.

Bei manchen Pilzen (z. B. Bakterien) führen höhere Temperaturen als 40° C außergewöhnliche Gestaltungsverhältnisse der Zellen, Involutionsformen, herbei. Die Zellen werden viel größer und länger und ändern ihre Gestalt bedeutend gegenüber den bei normaler Temperatur gewachsenen Zellen (§ 76).

Da das Optimum der meisten Pilze höher liegt als die üblichen Zimmertemperaturen von 16 bis 20° C, so hat man für deren Kultur besondere Vorrichtungen geschaffen, um die erforderliche höhere Temperatur auch unabhängig von Wetter und Jahreszeit herzustellen und stets gleichmäßig zu erhalten. Dies geschieht in dem Wärmeschrank (Brutschrank) oder Thermostaten[2]), einem aus Eisen- oder Kupferblech bestehenden doppelwandigen Schrank. Der Raum zwischen den beiden Wänden ist mit Wasser gefüllt und die Außenseite mit Linoleum bekleidet. Im Innenraum, in den ein von außen ablesbares Thermometer durch ein Rohr eingeführt ist, befinden sich mehrere Abteilungen, deren Boden durchlocht ist. Der Schrank wird meistens vermittels zweier Türen geschlossen, die innere aus Glas, die äußere eine Doppelwand aus Blech (Abb. 41). Als Wärmequelle dient entweder eine Gasflamme oder ein elektrischer Heizkörper. Den Namen Brutschrank führt der Thermostat, weil derartige Apparate auch zum künstlichen Ausbrüten von Hühnereiern usw. verwendet werden.

Zur Herstellung der gleichmäßigen Temperatur dient eine besondere Vorrichtung, der Wärmeregler oder Thermoregulator, deren es eine große Anzahl gibt. Derselbe wird in das Wasser zwischen der Doppelwand eingelassen. Ein solcher Apparat reguliert die Temperatur selbsttätig. Für Gasheizung ist der Soxhletsche Thermoregulator besonders empfehlenswert.

4. Allgemeine Lebensverhältnisse der Pilze.

§ 56. Bau und Beschaffenheit der Pilzzellen. Der vegetative Körper vieler Pilze, besonders der Schimmelpilze, hat eine schlauchförmige Gestalt und heißt dann Myzel[3]). In der Regel ist dasselbe reich verzweigt. Die einzelnen Zellfäden werden

---

[1]) *Optimum* (lateinisch) das beste.
[2]) *Thermos* (griechisch) Wärme, *statis* (griechisch) Verweilen, Stehen.
[3]) Wissenschaftlich *mycelium*, von *mykos* (griechisch) Schleim, Pilz.

als Hyphen[1]) bezeichnet. Das Myzel besteht entweder aus einer einzigen Zelle oder es wird durch Bildung von Querwänden vielzellig.

Der Aufbau der Pilzzellen ist im allgemeinen derselbe wie bei den höheren Pflanzen. Das Fehlen des Blattgrüns bedingt, daß die Pilze sich nicht direkt von anorganischen Substanzen ernähren können. Sie brauchen organische Verbindungen als Nahrung, sind also Schmarotzer oder Fäulnisbewirker. Infolgedessen kommt in den Zellen der Pilze Stärke nicht vor. Dieselbe wird in der Regel durch ein verwandtes Kohlenhydrat, das Glykogen[2]), ersetzt, welches auch im Tierreich weit verbreitet ist. Zum Unterschied von Stärke färbt sich das Glykogen mit Jod braun. In bezug auf die Ernährungsverhältnisse zeigen die Pilze überhaupt vielfach Annäherung oder auch Übereinstimmung mit niederen tierischen Organismen.

Bezüglich des Protoplasmas ist nichts Wesentliches hervorzuheben. Ein Zellkern ist meistens vorhanden, in vielen Fällen aber erst nach schwierigen und langwierigen Behandlungsweisen (Fixieren, Färben) sichtbar. Bei den kleinsten und niedrigsten Pilzen ist es zum Teil noch nicht gelungen, den Kern mit Sicherheit nachzuweisen. Bei großen, reich verzweigten Pilzzellen, z. B. dem einzelligen Myzel der Köpfchenschimmel (§ 63) treten zahlreiche Kerne auf.

In der Zellwand der Pilze tritt die Zellulose sehr zurück. Verwandte Stoffe (Pilzzellulose) bilden den Hauptbestandteil der Zellwand. Die Pilzzellulose gibt erst nach längerer Behandlung mit Säuren die charakteristischen Reaktionen der Zellulose (§ 35). In anderen Fällen (z. B. Bakterien) sind es Substanzen, die verwandt sind mit dem Chitin, welches bei den Tieren sehr verbreitet ist.

In vielen Fällen verschleimt die Zellwand mehr oder weniger. Die betreffenden Zellen bleiben dann leicht aneinander haften und bilden so zusammenhängende Massen oder Häute. Eine besonders charakteristische Erscheinung ist eine hautartige Bildung auf der Oberfläche von Flüssigkeiten, die Kahmhaut. Diejenigen Pilze, welche diese Erscheinung zeigen, werden daher als Kahmpilze bezeichnet (§ 76, 86).

§ 57. Geschlechtliche und ungeschlechtliche Fortpflanzung der Pilze. Zur Fortpflanzung oder Vermehrung den Pilze dienen in der Regel besondere Zellen, die bei allen Pilzen Sporen genannt werden. Dieselben können auf geschlechtlichem oder ungeschlechtlichem Wege entstehen. Bei der geschlechtlichen Fortpflanzung sind es stets zwei meist ganz bestimmte und besonders organisierte Zellen, deren Kern und Plasma miteinander verschmelzen müssen, um eine neue Zelle zu bilden. Die ungeschlechtliche Vermehrung dagegen kann durch eine von den übrigen oft kaum verschiedenen Zelle erfolgen. Ungeschlechtlich entstandene Sporen herrschen bei den Pilzen vor; ihre Entstehungs-

[1]) *Hyphe* (griechisch) Verbindung, Faden.

[2]) Von *glykos* (griechisch) süß, *gennao* (griechisch) ich erzeuge, wegen des süßen Geschmackes.

weise ist außerordentlich verschieden. Bei vielen Pilzen kennt man überhaupt nur ungeschlechtliche Fortpflanzung (unvollkommen bekannte Pilze) (§ 86). Im nachfolgenden sollen die häufigsten Vermehrungsweisen kurz beschrieben werden.

Als Zweiteilung bezeichnet man diejenige Vermehrungsweise, bei der in der Mitte der Zelle eine neue Wand auftritt. Der Vorgang wird durch Teilung des Zellkerns eingeleitet, welcher sich nach vielfachen Umlagerungen und Veränderungen seiner Grundsubstanzen in zwei Hälften (Tochterkerne) teilt. Diese rücken auseinander und zwischen ihnen, also in der Mitte der Mutterzelle, bildet sich die neue Wand, die anfangs sehr zart ist, aber bald doppelschichtig wird. Die beiden nun selbständigen Tochterzellen bleiben entweder in festem Verbande miteinander oder sie trennen sich alsbald, wie bei den meisten Bakterien, und bilden einzellige Organismen; man spricht daher auch von der Spaltung der Zellen. Die Bakterien, welche sich auf diese Weise vermehren, heißen deshalb auch Spaltpilze.

Die Zellvermehrung durch Sprossung sowie die Entstehung der Sproßverbände ist in § 17 an der Hefe beschrieben.

Bei der freien oder endogenen[1]) Zellbildung im Innern der Mutterzelle teilt sich der Zellkern wiederholt, bis die charakteristische Anzahl von Tochterkernen erreicht ist, also 2, 4, 8, 16. 32 usw. Plasmamassen sammeln sich dann um die so entstandenen Kerne und bilden je eine neue Zelle, die sich alsbald mit einer Wand umgibt. Die Membran der Mutterzelle nimmt an der Neubildung keinen Anteil. Sie umschließt und schützt die Tochterzellen zunächst noch; letztere werden erst durch Auflösung oder Zerreißung derselben frei. Die bei den Hefen und Bakterien auf diese Weise entstandenen Sporen werden daher Endosporen genannt.

Sporen, welche durch Sprossung oder Abschnürung am Ende eines Myzelfadens sich entwickeln oder durch Zerfall eines solchen entstehen, werden als Konidien[2]) bezeichnet. Bisweilen übernehmen bestimmt gestaltete, oft reich verzweigte Myzelfäden die Ausbildung der dann um so zahlreicher entstehenden Konidien und heißen Konidienträger. In manchen Fällen sprossen die Konidien auch seitlich an beliebigen Stellen einer Zelle hervor.

Gemmen oder Chlamydosporen[3]) entstehen dadurch, daß eine Hyphe sich durch Querwände in viele kurze Zellen teilt. Einzelne derselben schwellen stark an, in ihrem Innern sammeln sich Reservenährstoffe (Fettröpfchen, Glykogen usw.) an, und die Zellwand verdickt sich bedeutend.

Von den zahlreichen Fällen der geschlechtlichen Vermehrung sei hier nur die Bildung der Brückensporen oder Zygosporen[4])

---

[1]) Von *endon* (griechisch) drinnen, *gennao* (griechisch) ich erzeuge.

[2]) Von *konos* (griechisch) Kegel, wegen der oft kegelförmigen Gestalt.

[3]) *Gemma* (lateinisch) die Knospe; *chlamys* (griechisch) Hülle, weil diese Sporen meist eine dicke widerstandsfähige Wand haben.

[4]) *Zygon* (griechisch) Steg, Brücke.

der Köpfchenschimmel (§ 63) erwähnt. Wenn Hyphen zweier verschiedener Myzele in unmittelbare Nähe kommen, so wachsen zwei Äste derselben aufeinander zu, bis sie sich mit den Spitzen berühren. Diese schwellen dann stark an und verwachsen dabei vollkommen miteinander. Das äußerste Ende jedes Astes wird durch eine Querwand abgegrenzt. Nachdem die trennende Wand aufgelöst worden ist, vereinigen sich die Kerne und das Plasma der beiden Zellen: nun ist eine einzige Zelle vorhanden, welche Reservenährstoff aufspeichert und allmählich eine sehr starke Wand ausbildet.

Die meisten Sporen sind dünnwandig und führen wasserreiches Plasma mit wenig Nährstoffen. Dieselben müssen in kurzer Zeit zur Entwicklung gelangen, anderfalls sterben sie ab. Bei Temperaturen von 60 bis 70° C gehen sie meist zugrunde.

Als Dauersporen bezeichnet man diejenigen Fortpflanzungszellen, welche wegen ihrer dicken und oft eigenartig beschaffenen Wand und wegen ihres wasserarmen, aber an Reservenährstoffen reichen Zellinhalts imstande sind, ungünstigen Lebensbedingungen (Nahrungsmangel, große Kälte oder Hitze, Trockenheit oder übermäßige Feuchtigkiet) lange Zeit zu widerstehen, ohne ihre Lebenskraft zu verlieren. Beispiele hierfür sind die Endosporen der Bakterien und Hefen sowie die Gemmen und Brückensporen.

Sporen und lebende Zellen von den verschiedensten Mikroorganismen sowohl des Tier- wie des Pflanzenreichs, sogenannte Keime, finden sich überall in der Luft, im Wasser, in der Erde usw. und werden besonders durch die Bewegung der Luft verbreitet. Daher spricht man von dem Keimgehalt des Wassers, der Luft usw. Wo derartige lebende Zellen die für ihre Entwicklung günstigen Bedingungen finden, d. h. Nährstoffe bei genügender Feuchtigkeit, und die für sie notwendigen Wärmemengen, da kommen sie in der Regel rasch zur Entwicklung.

§ 58. Enzymwirkungen der Pilze. Im Leben der Pilze spielen mannigfaltige Enzymwirkungen eine bedeutende Rolle. Enzyme rufen die Gärung hervor, machen unlösliche Nährstoffe assimilierbar[1]) oder dienen als Schutzmittel gegen das Aufkommen fremder Mikroorganismen. In manchen Fällen entstehen bei diesen Vorgängen charakteristische Produkte, wie Alkohol, Milchsäure usw., welche der betreffenden Organismenart nützlich sind im Wettbewerb und Daseinskampf gegenüber anderen, fremden Arten (vgl. § 60 und 131). Die Verflüssigung der zu Kulturzwecken angewendeten Nährgelatine durch bestimmte Organismen beruht auf der Ausscheidung von eiweißzersetzenden Enzymen. Agar-Agar wird nur sehr selten verflüssigt. In der Natur sind Gärung, Fäulnis und Zersetzung organischer Substanzen ohne Mithilfe von Pilzen nicht möglich.

§ 59. Da Pilze kein Blattgrün haben, fällt für sie die Bedeutung des Sonnenlichtes als Energiequelle für die Kohlenstoffumwandlung

[1]) Diastatische Kraft mancher Mucor-Arten.

fort (§ 19). Viele Pilze verhalten sich daher gleichgültig zum Lichte, sofern dasselbe nicht sehr stark oder direkt ist; auf viele andere, besonders Bakterien, wirkt Sonnenlicht entwicklungshemmend, oft sogar direkt tödlich.

Bei der Mehrzahl der Pilze wird die für die Lebensvorgänge notwendige Energie ebenso wie bei den übrigen Pflanzen durch Sauerstoffatmung (§ 26) gewonnen; in manchen Fällen jedoch wird diese Verbrennung durch einen anderen chemischen Prozeß, die Gärung, ersetzt. Manche Arten sind imstande, sich den Verhältnissen derart anzupassen, daß sie je nach den Lebensbedingungen bald die eine, bald die andere Energiequelle benutzen, also bei Abwesenheit von Sauerstoff zur Gärung schreiten oder umgekehrt.

Pilze, welche unbedingt des Sauerstoffs der Luft zu ihrer normalen Entwicklung bedürfen, nennt man aerobe; diejenigen, welche ohne direkten Luftzutritt gedeihen, anaerobe[1]). Einige Bakterien leben sogar ganz ohne Sauerstoff, welcher deshalb bei der Kultur derselben ferngehalten werden muß.

§ 60. Misch- und Reinkulturen der Pilze. Die Vegetation einer natürlichen Wiese oder eines Waldes setzt sich aus zahlreichen Pflanzenarten zusammen, die sehr verschieden sind, je nach der Bodenbeschaffenheit, den Feuchtigkeitsverhältnissen, dem Zutritt von Sonnenlicht usw. Wenn der Landwirt seinen Acker bestellt, so wird er eine bestimmte Pflanzenart aussäen und ihre Entwicklung durch richtige Kulturmethoden zu begünstigen suchen. Unkräuter und unbrauchbare Arten wird er bekämpfen und so einen möglichst hohen Grad der Reinheit seiner Kulturen anstreben. Ebenso sind die künstlich aufgeforsteten Fichten- und Kiefernwälder Reinkulturen in großem Maßstabe. Ähnlich verhält es sich mit den Kulturen der Pilze.

Wenn wir ein Stück Brot oder Scheiben von gekochten Kartoffeln, Mohrrüben usw. auslegen oder eine Schale mit flüssigen oder festen Nährstoffen aufstellen, so werden diejenigen Keime dort zur Entwicklung kommen, die durch den Luftzug oder andere Zufälle dorthin gelangten. Wir werden also Mischkulturen bekommen, deren Zusammensetzung je nach den Verhältnissen sehr verschieden ist. Es wird bei diesen Kulturen bald ein heftiger Kampf der einzelnen Pilze untereinander entstehen; diejenigen Arten, welche die günstigsten Bedingungen finden, werden sich am raschesten entwickeln und viele andere unterdrücken, die immer mehr zurückbleiben und schließlich vielleicht ganz eingehen.

Um alle Eigenschaften eines Pilzes genau und sicher untersuchen zu können, muß man denselben für sich allein haben, und dieses kann man nur durch sogenannte Reinkultur erreichen. Diese herzustellen gibt es hauptsächlich zwei Methoden: die physiologische und die mechanische. Bei der physiologischen Methode

[1]) *Aer* (lateinisch) die Luft; *a* oder *an* (griechisch) als Vorsilbe drückt die Verneinung aus.

werden die Lebensbedingungen möglichst eingehend der rein zu züchtenden Art angepaßt und dadurch nach und nach alle übrigen Arten zurückgedrängt. Dies wird erreicht durch zweckentsprechende Zusammensetzung, Reaktion und Konsistenz des Nährbodens, durch Schaffung der günstigsten Temperatur, durch richtige Luftzufuhr usw. Wenn nahe verwandte Arten oder verschiedene unter ähnlichen Bedingungen lebende Arten in Betracht kommen, ist die Heranzucht von einer derselben nach der physiologischen Methode sehr schwierig oder gar nicht möglich. Die Praxis arbeitet in vielen Fällen mit solchen physiologischen Methoden. z. B. im Gärbottich. Streng genommen handelt es sich hier also nicht um eine Reinkultur. sondern um die auf Begünstigung beruhende Vermehrung und Anhäufung eines bestimmten Pilzes.

Die mechanische Methode bezweckt. die betreffenden Kulturen von einer einzigen Zelle ausgehen zu lassen und diese absolut rein weiterzuzüchten, so daß weder durch die Nährstoffe noch aus der Luft Keime in dieselbe gelangen können. Diese Methode führt sicher zum Ziel, ist aber auch viel umständlicher und erfordert eine Reihe von Einrichtungen und Vorkehrungen, welche wir in dem Abschnitt Reinkultur (§ 130) ausführlich kennen lernen werden.

5. Einteilung und Beschreibung der wichtigsten in Brauereien vorkommenden Pilze.

§ 61. Die Pilzkunde ist ein außerordentlich großes Gebiet, welches vielfach als Spezialstudium betrieben wird. In den meisten Fällen beschäftigt sich ein Forscher sogar nur mit bestimmten Familien oder Gruppen, diese aber dann um so gründlicher bearbeitend. So haben Louis Pasteur in Paris (gestorben 1895) und später Emil Chr. Hansen (gestorben 1909) im Karlsberg-Laboratorium in Kopenhagen die Mikroorganismen, welche zum Brauereigewerbe Beziehung haben, bearbeitet.

Die hier interessierenden Pilze gehören drei Gruppen an:

1. **Schimmelpilze.** Mit meist stark entwickeltem Myzel und seh verschiedener Fortpflanzung, besonders durch Konidien. Hauptsächlich aerob lebend.
2. **Sproßpilze** oder **Saccharomyzeten.** Vermehrung hauptsächlich durch Sprossung. In der Regel einzellige Organismen. seltener myzelartige Bildung. Vielfach treten Endosporen auf, und zwar 1 bis 10 in je einer Zelle.
3. **Bakterien** oder **Schizomyzeten.** Vermehrung hauptsächlich durch Scheidewandbildung. In der Regel 1, seltener 2 Endosporen. Häufig Eigenbewegung durch peitschenförmige Organe (Geißeln).

§ 62. Schimmelpilze. Als Schimmelpilze werden hier zusammengefaßt verschiedene Formen, die in Gestalt von lockeren. meist weißlichen Fäden das jeweilige Nährsubstrat bedecken. Sie treten überall rasch auf, wo tote organische Stoffe feucht lagern und zerstören dieselben allmählich teils allein, teils in Gemeinschaft mit anderen Pilzen, besonders Bakterien.

Die Schimmelpilze sind ausgezeichnet durch ein meist stark entwickeltes und reich verzweigtes Myzel, welches schon frühzeitig solche Größe erreicht, daß die Schimmelkolonie mit bloßem Auge wahrnehmbar ist. Anfangs bilden die Schimmelpilze meist weißliche oder graue Massen, Rasen genannt. Später, besonders nach Eintritt der Sporenbildung, werden dieselben oft farbig: blaugrün, grau, rot, gelb usw.

Das Myzel ist bei der großen Gruppe der Köpfchenschimmel (§ 63) zwar reich verzweigt, aber dennoch bis zum Eintritt der Sporenbildung nur einzellig, bei den anderen Gruppen dagegen infolge des Auftretens von Querwänden vielzellig.

Die Vermehrung geschieht durch ungeschlechtliche auf verschiedene Weise entstehende Sporen, hauptsächlich in Form von Konidien; ferner treten Gemmenbildungen und durch freie Zellbildung entstehende Sporen auf. Seltener kommt geschlechtliche Fortpflanzung vor (z. B. Zygosporen, § 57).

Die meisten Schimmelpilze leben aerob und daher **auf** organischen Substanzen. Sie befallen deshalb auch leicht die Rohmaterialien des Brauers, entwickeln sich besonders häufig auf schlecht keimender Gerste und zerbrochenen Körnern, auf feuchten Wänden und Decken, auf der Außenseite von Bottichen und Fässern, in ungenügend gepichten Fässern, auf den Korken, kurz überall, wo sich auch nur Spuren von organischer Substanz vorfinden.

Schimmelwucherungen können den Braumaterialien einen eigenartigen unangenehmen Geruch und Geschmack verleihen, gelegentlich aber auch Entwicklungsherde für solche Pilze abgeben, welche Bierkrankheiten hervorrufen.

Zur mikroskopischen Untersuchung von Schimmelpilzen bringt man am einfachsten mit Nadeln oder Pinzette eine geringe Menge derselben direkt auf den Objektträger. Ist dieses wegen der Hinfälligkeit des Myzels nicht möglich, so muß man den Pilz kultivieren.

Da die Mehrzahl der Schimmelpilze areob lebt, werden in erster Linie Kulturen in Petri-Schalen und in feuchten Kammern angefertigt (§ 52, 53). Weil viele Arten sich aber auch in Flüssigkeiten entwickeln können und dann oft sehr abweichende Gestaltungsverhältnisse zeigen, müssen auch Kulturen in Freudenreich-Kölbchen usw. angelegt werden; außerdem wird man auch feststellen, ob der betreffende Pilz Gärung hervorbringt, welche Zuckerarten er vergärt, und wieviel Alkohol er in einem bestimmten Zeitraum bildet. Würze und Würzegelatine sind die geeignetsten Nährböden für solche Kulturen.

§ 63. Köpfchenschimmel, *Mucor*[1]) (Abb. 42). Das Myzel ist reich verzweigt, besteht aber nur aus einer Zelle, da Querwände

[1]) *Mucor* (lateinisch) Schimmel.

in dem vegetativen Zustand vollkommen fehlen. Diese außergewöhnlich große Zelle enthält jedoch zahlreiche Zellkerne.

An den Enden von senkrecht sich erhebenden Myzelzweigen entsteht durch Abgrenzung vermittels Querwand eine nach und nach kugelig anschwellende Zelle, der Sporenbehälter (Sporangium), welcher meist dunkel gefärbt ist und ein 1 bis 2 mm großes Köpfchen bildet. Diesem Merkmal verdankt der Schimmel seinen Namen.

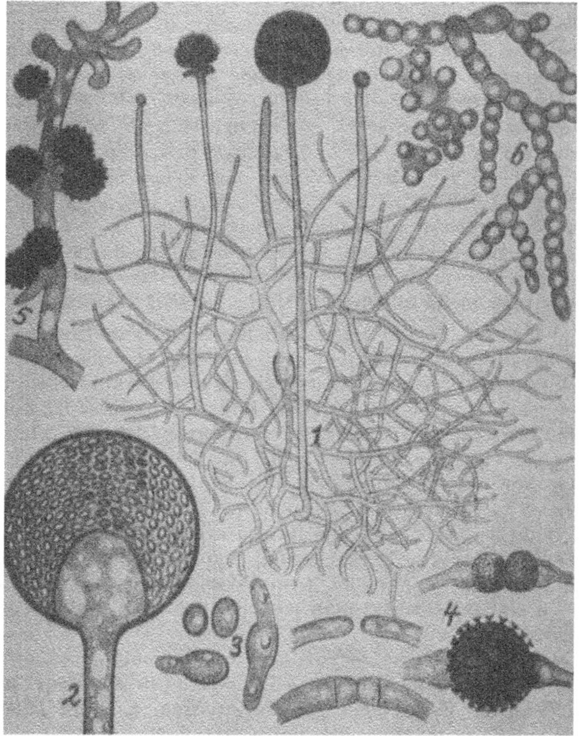

Abb. 42 Köpfchenschimmel (Mucor).
1 Zu einem Mycel ausgewachsene Spore, selbst wieder Sporenköpfchen tragend, *2* Schnitt durch ein Sporenköpfchen, *3* keimende Sporen, *4* Bildung einer Brückenspore, *5* ungeschlechtliche Brückensporenbildung, *6* gärende, hefeähnliche Mucorzellen.

Durch endogene Zellbildung (§ 57) entstehen im Innern des Sporangiums zahlreiche Sporen. Die Querwand wölbt sich in den Sporenbehälter hinein und wird als Kolumella bezeichnet. Die Sporen werden schließlich durch Zerreißen der Sporangiumwand frei, und der Wind verbreitet sie überallhin. Sie sind wenig widerstandsfähig und verlieren bald ihre Keimkraft. Auf Würzegelatine und anderen Nährböden keimen sie rasch, und es entwickeln sich ein oder in der Regel mehrere Keimschläuche, die in wenigen Tagen ein auf dem Nährsubstrat nach allen Richtungen ausgebreitetes lockeres Myzel bilden, an welchem in kurzer Zeit die Sporenbehälter entstehen. Bei Kulturen in Petri-Schalen läßt sich die Entwicklung sowohl mikroskopisch wie auch makroskopisch[1]) gut verfolgen.

Wenn manche Mucor-Arten in flüssigen Nährböden, z. B. zuckerhaltigen Lösungen, kultiviert werden, die Pilze also eine anaerobe Lebensweise führen müssen, so entstehen zunächst Myzelien von normaler Beschaffenheit, d. h. einzellige. Nach kurzer Zeit treten aber zahlreiche Querwände auf, so daß ein Myzelfaden nun aus vielen kurzen Zellen besteht. Einzelne oder auch zahlreiche dieser Zellen schwellen stark an, runden sich ab, bekommen stark lichtbrechenden Inhalt (Fett, Glykogen usw.) und umgeben sich mit einer meist sehr dicken Wand. Sie haben sich zu Gemmen ausgebildet (§ 57).

In Flüssigkeiten entstehen ferner sowohl an den vielzelligen Myzelfäden als auch an den Sporen neue Zellen durch Sprossung in derselben Weise wie bei der eigentlichen Hefe. Die Zellen haben aber hier eine mehr kugelige Gestalt. Es tritt Gärung ein.

Die meisten *Mucor*-Arten sind imstande, anhaltende Alkoholgärung hervorzurufen, die jedoch so langsam vor sich geht, daß sie von keiner praktischen Bedeutung ist. *M. mucedo* kann bis 3 Gew.%, *M. racemosus* bis 6 Gew.% Alkohol bilden. Letzterer ist auch noch dadurch bemerkenswert, daß er Saccharose vergärt, weil er das Enzym Invertase bildet, welche die Saccharose in vergärbaren Invertzucker umwandelt.

Mucor (*Amylomyces*) *Rouxii* sowie mehrere Rhizopus-(*Mucor stolonifer*) Arten werden wegen ihrer starken diastatischen Kraft an Stelle des Malzes zur Verzuckerung von stärkehaltigen Produkten in der Brennerei verwendet (Amyloverfahren). Zu der darauffolgenden Gärung benützt man jedoch Hefen, weil die Mucorgärung zu lange dauern würde.

Die geschlechtliche (sexuelle) Fortpflanzung geschieht durch Brücken- oder Zygosporen (§ 57), welche in der Regel aber nur bei bestimmten Nährböden gebildet werden, z. B. in Pferdemist.

Der gemeine Köpfchenschimmel, *Mucor mucedo*[2]) ist häufig auf feuchtem Brot, Mist, faulenden Früchten, auf Getreidekörnern, Malz, Hefe usw. Er bildet seidenglänzende Rasen und unverzweigte Sporangienträger mit bei der Reife schwärzlichen Köpfchen. Die Sporen sind oval, hellbraun, 7 bis 12 μ lang und 4 bis 6 μ breit.

Mucor racemosus[3]) unterscheidet sich von der vorigen Art durch verzweigte Sporangienträger. Am Ende derselben befindet sich ein

[1]) *Makros* (griechisch) groß, *skopeo* ich sehe; was man mit bloßem Auge sehen kann.

[2]) *Mucedo* (lateinisch) Schleim, Schimmel.

[3]) *Racemosus* (lateinisch) traubenartig, wegen der traubig verzweigten Sporangienträger.

großer und an den kurzen Seitenzweigen kleinere Sporenbehälter. Auch diese Art tritt häufig auf verschiedenen Nahrungsmitteln auf, schneeweiße Rasen bildend.

Der ausläufertreibende Köpfchenschimmel, *Mucor stolonifer Rhizopus nigricans*[1]) erscheint bisweilen massenhaft auf Grünmalz, dieses in kurzer Zeit mit zarten weißen Fäden spinngewebeartig überziehend. Seine Vermehrung ist so außerordentlich stark, weil er lange ausläuferartige Myzelzweige nach allen Richtungen aus-

Abb. 43. *1* und *2* Pinselschimmel (*Penicillium*), *3* und *4* Kolbenschimmel (*Aspergillus*) nebst Entwicklungsstadien der Konidiek.

sendet, welche sich mit besonderen Ästen (Hafthyphen) auf dem Substrat befestigen. An diesen Stellen entstehen dann rasch die zahlreichen anfangs wasserhellen, bei der Reife schwarzen Sporangien.

§ 64. Pinselschimmel, *Penicillium*[2]) (Abb. 43). Das Myzel dieser wie aller folgenden Schimmelpilze ist vielzellig, da zahlreiche Querwände vorhanden sind. Die Schimmelrasen sind anfangs weißlich; werden aber später infolge der massenhaft auftretenden Konidienträger blaugrün. Diese verzweigen sich an ihrem oberen Ende und jeder der bald quirlförmig, bald unregelmäßig gestellten Zweige teilt sich wiederum mehrere Male. Der ganze Konidienträger hat

[1]) *Stolo* (lateinisch) Ausläufer; *ferre* (lateinisch) tragen; *rhiza* (griechisch) Wurzel; *pus* (griechisch) Fuß; *nigricans* (lateinisch) schwärzlich.

[2]) Verkleinerung von *peniculus* (lateinisch) Pinsel.

daher eine ungefähr pinsel- oder besenartige Gestalt, weshalb diese Pilze den Namen Pinselschimmel führen.

Die Endzelle (Sterigme) der letzten Verzweigung des Konidienträgers schnürt die meistens blaugrünen rundlichen 2,5 bis 5 μ großer Konidien ab, indem sie in einen feinen Fortsatz ausläuft, welcher an seiner Spitze kugelig anschwillt, sich rasch vergrößert und so zur ersten Konidie wird. Unter dieser zeigt sich alsbald eine zweite Anschwellung, die wiederum zur Konidie heranwächst, und so geht es weiter; es kommt dadurch eine kettenförmige Anordnung der Konidien zustande. Die ersten, als die obersten der Kette, sind im Laufe der Zeit reif geworden und fallen ab, während jüngere von unten her immer wieder nachrücken.

Außerdem bilden die Pinselschimmel, wenn auch sehr viel seltener, gelbliche Fruchtkörper von Form und Größe kleiner Stecknadelköpfe. In ihrem Innern kommen nach längerer Ruhezeit langgestreckte Zellen (Schläuche, lateinisch *asci*) zur Ausbildung. Diese enthalten je 8 Sporen, welche durch freie Zellbildung im Innern des Schlauches entstehen. Daher gehört diese Gattung in die große Klasse der Schlauchpilze (*Ascomycetes*).

Die Pinselschimmel sind reich an Enzymen; sie bilden Amylase, Maltase und Invertase, auch Enzyme, welche Eiweißverbindungen und Fette umwandeln.

Der gemeine Pinselschimmel, *Penicillium glaucum* = *P. crustaceum*[1]), ist der verbreitetste und lästigste Schimmel, welcher überall auftritt, in der Brauerei besonders auf Grün- und Darrmalz, auf an der Luft stehender Würze und Hefe, in Leitungen, auf nicht genügend gereinigten Geräten, Bottischen, Fässern usw. Er kann Schimmel- und Stopfengeruch und -geschmack des Bieres verursachen.

Pinselschimmel bedingen den eigenartigen pikanten Geschmack mancher französischen und norditalienischen Käse.

§ 65. Kolbenschimmel, *Aspergillus*[2]). Das Myzel ist vielzellig. Die Schimmelrasen sind anfangs weißlich oder gelblich, später werden sie meistens farbig. Die teils unverzweigten teils gabelig verzweigten aufrecht emporragenden ½ bis 2 mm hohen Konidienträger sind am oberen Ende zu einem kugeligen Kolben angeschwollen. Hier finden sich zahlreiche strahlig angeordnete, kurz kegel- oder flaschenförmige Sterigmen, an denen sich Konidienketten entwickeln. Die Konidien messen 3 bis 15 μ.

Die Kolbenschimmel bilden diastatische und invertierende Enzyme. Sie kommen mit den vorigen Arten zusammen vor, in Brauereien besonders auf zerbrochenen, beschädigten oder nicht keimfähigen Gerstenkörnern.

---

[1]) *Glaucum* (lateinisch) blaugrün; *crustaceus* (lateinisch) krustenbildend.

[2]) Von *aspergo* (lateinisch) ich spritze an, wegen der Ähnlichkeit der Konidienträger mit einem Sprengwedel.

Diese Pilze gehören ebenfalls zu der Klasse der Schlauchpilze, da sie auch Fruchtkörper mit in Schläuchen entstehenden Sporen bilden können.

Von den zahlreichen Arten sind die häufigsten:

Der grüne Kolbenschimmel, *Aspergillus glaucus*, dessen Rasen anfangs weißlich, später grün sind und schließlich durch Bildung gelber Schlauchfrüchte (*Perithecien*) gelbgrün werden. Die Konidienträger sind etwa 0,5 mm lang, die Konidien 7 bis 15 μ groß.

Der schwarze Kolbenschimmel, *Aspergillus niger*[1]), bildet anfangs gelbliche Rasen, die später schwarzbraun werden infolge der dunklen Farbe der Konidienketten. Konidienträger schlank, einige mm hoch. Konidien 3 bis 4,5 μ. Diese Art ist dadurch von Interesse, daß sie in Flüssigkeiten, welche Zuckerarten oder chemisch verwandte Substanzen enthalten, Oxalsäurebildung in größerem Maßstabe hervorzurufen imstande ist.

Bemerkenswert ist ferner der japanische Reisschimmel, *Aspergillus oryzae*[2]), welcher wegen seiner kräftigen diastatischen Wirkung in Japan zur Herstellung des Reisbieres (Sake) allgemein Verwendung findet.

Die Sporen des Pilzes werden auf gedämpften Reis ausgesät; es entsteht „Koji", d. h. Reis, welcher vom Myzel des Pilzes ganz durchwuchert ist, was schon nach 3 Tagen bei 36° C der Fall ist. Die Rasen des Pilzes sind weiß; infolge der Sporenbildung werden sie gelblichgrün und später braun. „Koji" wird dann nochmals mit gedämpftem Reis und Wasser vermengt. Durch das diastatische Enzym wird die Stärke verzuckert. Zugleich beginnt auch die Entwicklung der Hefe, die in den Gärgefäßen vorhanden ist. Nun wird wieder gedämpfter Reis und Wasser hinzugegeben, alles zu einem Brei zusammengerührt und in den Bottichen sich selbst überlassen. Jetzt findet hauptsächlich die Verzuckerung der Stärke statt, und zwar wird auch zunächst Maltose und Dextrin gebildet, diese aber sogleich in Dextrose zerlegt, welche dann vergoren wird („Moromi"). Die Hefe gehört zu der Gattung *Saccharomyces* wie unsere Kulturhefe. Nach etwa 2 Wochen wird das Ganze durch ein Leintuch geseiht und zum Zwecke der Haltbarmachung auf etwa 60° C erhitzt.

In bezug auf die Herstellung aus einem stärkemehlhaltigen Samen verhält sich Sake wie unser Bier, aber wegen seines hohen Alkoholgehalts (12 bis 14 Gew.%) und seiner sonstigen Eigenschaften, z. B. der Extraktarmut, gleicht es dem Wein. Daher spricht man auch von Reiswein.

Was bei uns die Diastase des Malzes bewirkt, vollzieht in Japan der an Diastase reiche Schimmelpilz und ersetzt den kostspieligen Malz- und Maischprozeß. Außerdem gehen dort die beiden Prozesse der Verzuckerung und der Gärung unmittelbar nebeneinander in

[1]) *Niger* (lateinisch) schwarz.

[2]) *Oryza sativa*, lateinischer Name für den Reis.

demselben Behälter vor sich, indem die entstehende Dextrose sogleich vergoren wird.

§ 66. Unvollkommen bekannte Schimmelpilze. Die seither beschriebenen Arten sind ihrer ganzen Entwicklung nach bekannt und können daher in bestimmte Klassen des natürlichen Systems eingereiht werden. Von zahlreichen ähnlichen Pilzen kennt man aber nur Konidien erzeugende Zustände, während höher organisierte Fruchtkörper bis jetzt noch nicht beobachtet worden sind. Die Stellung solcher Pilze ist daher im System unsicher. und sie werden als unvollkommen bekannte Pilze (*Fungi imperfecti*) zusammengefaßt. Einige, welche häufig in der Brauerei vorkommen und zu den Schimmelpilzen Beziehungen haben, d. h. ein typisches Myzel bilden und aerob leben, seien hier erwähnt.

§ 67. Milchschimmel, *Oidium lactis*[1]) (Abb. 44 *3*). Dieser Pilz ist dadurch ausgezeichnet, daß das aus vielzelligen und unregelmäßig verzweigten Hyphen bestehende Myzel in kurzzylindrische, fast rechteckige, nur an den Ecken etwas abgerundete Zellen zerfällt, welche Konidien darstellen. Dieser Vorgang vollzieht sich besonders an den Enden, seltener in der Mitte der Hyphen.

Der Milchschimmel kommt häufig auf Milch und Rahm, aber auch auf Brauereihefe vor und bildet meist einen feinfädigen Anflug oder Flaum, seltener einen mehlig trockenen oder schleimigen Überzug. Bei künstlicher Zucht erscheint er dagegen als weißer dichtfilziger, pelziger Belag des Nährbodens, der immer weiß bleibt.

Dieser Schimmel entwickelt nur eine ganz schwache Gärtätigkeit; es entsteht in 3 Monaten etwa 1% Alkohol. Er besitzt auch ein proteolytisches Enzym, denn Gelatine wird durch ihn verflüssigt, und zwar besonders leicht bei saurer Reaktion.

§ 68. Roter Malzschimmel, *Fusarium roseum*[2]) (Abb. 44 *5*). Die rote Färbung von Grünmalz wird durch diesen Pilz hervorgerufen; er greift aber nur verletzte Körner an. Er scheint Stärke umwandeln zu können, bildet aber keinen Alkohol.

Zuerst ist das Myzel weißlich, färbt sich aber später rot. Die Konidienträger sind verzweigt. Die sichelförmigen, anfangs ein-, später mehrzelligen Konidien entstehen endständig und einzeln. Auch Gemmenbildung ist beobachtet worden.

§ 69. Kräuterschimmel, *Cladosporium herbarum*[3]) (Abb. 44 *4*). Das Myzel ist anfangs wasserhell, später olivgrün, zuletzt braun und bei Gelatineplatten auch auf der Rückseite dunkel gefärbt. Die Konidienträger sind reich verzweigt und aufrecht. Die Konidien sind von eiförmiger Gestalt, braun, 1- oder 2- bis 5zellig, bis 25 μ lang und 10 μ breit; sie werden meist an der Spitze der Hyphen, aber auch seitlich abgeschnürt.

---

[1]) *Oidium* von *oon* (griechisch) Ei, wegen der oft eiförmigen Gestalt der Konidien; *lac, lactis* (lateinisch) Milch.

[2]) Von *fusus* (lateinisch) Spindel, wegen der bisweilen spindelförmigen Konidien; *roseum* (lateinisch) rot.

[3]) *Klados* (griechisch) Zweig, *herba* (lateinisch) Kraut.

Dieser Pilz ist auf toten und lebenden Pflanzen sehr häufig. In Brauereien tritt er besonders auf Malz und Hopfen sowie an den Kellerwänden auf. Er kommt auch auf Korkstopfen vor.

§ 70. Schleimpilz, *Dematium pullulans*[1]) (Abb. 44 *1*). Dieser Pilz ist in den Kellern der Brauerei sehr verbreitet. Er nimmt immer eine schleimige Beschaffenheit an (Kellerschleim), und hat anfangs

Abb. 44. Verschiedene Pilze.
1 Schleimpilz (*Dematium*) *2* Mycelhefen verschiedener Formen, welche zwischen den Schimmelpilzen und den Hefen stehen und teilweise als Nachgärungshefen eine Rolle spielen, *3* Milchschimmel (*Oidium*), *4* Kräuterschimmel (*Cladosporium*), *5* roter Malzschimmel (*Fusarium*).

eine weiße, oft gelblich, später braune und bei ganz alten Kulturen dunkelbraune Farbe. Man findet neben Myzelteilen zahlreiche Konidien von hefeähnlicher, jedoch spitz zulaufender Gestalt, welche sich weiterentwickeln bis der Nährboden erschöpft ist. Später werden Zellen des Myzels durch Anschwellen der Zellwand

[1]) *Dema* (lateinisch) Bündel, *pullulans* sprossend.

zu Gemmen, speichern fettes Öl im Innern auf und färben sich dunkelbraun, fast schwarz. Der Schleimpilz ruft keine Gärung hervor, macht aber Würze fadenziehend und kann entfärbend wirken.

§ 71. Botrytis, grauer Malzschimmel. Bildet ein lockeres, weißes Myzel, welches später mausgrau wird. Seine Konidienträger sind baumartig verzweigt und wenn die Konidien noch festsitzen, von traubenförmigem Aussehen. Da dieser Schimmel nicht nur in der Mälzerei sowie auf faulenden Pflanzenteilen, sondern besonders auch auf Beeren und Trauben vorkommt, nennt man ihn auch Traubenschimmel. Eine besondere Art ruft die Fäule der Weintrauben hervor. Die Konidien sind sehr groß und eiförmig. Bei gewissen Ernährungsverhältnissen, z. B. im Freudenreichkölbchen oder im Tröpfchenpräparat bildet das Myzel charakteristische, quastenförmige Büschel, welche als Haftorgane angesehen werden. In der Brauerei ist der graue Malzschimmel selten und kommt besonders in warmen Tennen und zu wärmerer Jahreszeit vor. An verletzten Körnern mit hohem Wassergehalt siedelt er sich besonders gern an.

§ 72. Weißer Fruchtschimmel, *Monilia candida*[1]). Diese Art findet sich häufig auf faulenden Früchten, Mist, abgestorbenen Pflanzenteilen usw. Sie kommt aber auch in und auf zuckerhaltigen Flüssigkeiten vor.

Die Hyphen sind verzweigt und bilden meist dichte, weiße Rasen, welche an vielen Stellen konidientragende Äste entsenden. Die Konidien sind ei- oder zitronenförmig und bilden Ketten.

In jungen Kulturen haben die meist einzeln auftretenden Zellen ein hefeähnliches Aussehen; ihre Vermehrung erfolgt auch durch Sprossung. Diese Zellen unterscheiden sich aber von der eigentlichen Hefe durch das Vorhandensein von stark lichtbrechenden Körpern in den Vakuolen.

Nach und nach nehmen die Zellen eine mehr längliche Gestalt an. In alten Kulturen entwickelt sich schließlich ein charakteristisches Myzel, und es kommt auf der Oberfläche eine weißliche Schimmelvegetation zustande. An diesen Myzelfäden entstehen sowohl seitlich wie an den Enden zahlreiche Konidien von hefeähnlicher Gestalt, welche sich dann wiederum durch Sprossung eine Zeitlang vermehren. Man nennt derartige Pilze auch Myzelhefen (Abb. 44 *2*). Hohe Temperaturen schaden dem Pilz wenig; bei 40° C entwickelt er sich noch kräftig.

Bemerkenswert ist, daß junge kräftige Zellen dieses Pilzes eine langsame, aber doch lebhafte Gärung hervorrufen, da auch Dextrin vergoren wird; es wurden in 26 Monaten bis zu 5,2 Gew.% Alkohol beobachtet. Hervorzuheben ist ferner, daß dieser Pilz Saccharose vergärt. Das in Betracht kommende Enzym ist hier an

---

[1]) *Monile* (lateinisch) Perlschnur, wegen der Gestalt und Anordnung der Konidien; *candida* (lateinisch) weiß.

das Plasma der Zelle gebunden und die Invertierung der Saccharose geht somit im Innern der Zelle vor sich; daher ist äußerlich hiervon nichts wahrzunehmen.

Monilia lebt hauptsächlich aerob und ist ein Kahmpilz (§ 86); er bildet oft eine gefaltete schleimige Haut auf der Oberfläche.

Ein ähnlicher Pilz ist Chalara Mycoderma mit runden Konidien, welche man leicht mit Hefezellen verwechseln kann (Klöcker, Gärungsorganismen, 3. Auflage, S. 335).

Die beschriebenen Schimmelpilze sind einige der bei uns am häufigsten vorkommenden Arten; es gibt aber deren außerordentlich viele. Oft ist ihre Bestimmung nicht leicht und erst nach Kultivierung auf verschiedenen Nährböden und unter verschiedenen Lebensbedingungen möglich.

§ 73. Sproßpilze, Hefepilze, Saccharomyzeten[1]). Die hierher gehörigen Pilze sind dadurch ausgezeichnet, daß sie sich hauptsächlich durch Sprossung vermehren und in den meisten Fällen einzellige Organismen darstellen. Ein typisches Myzel fehlt. Unter besonderen Lebensbedingungen kommen höchstens myzelartige Bildungen in geringem Maßstabe vor. Unter bestimmten Bedingungen bilden sie Endosporen, und zwar 1 bis 10 in je einer Zelle.

Sehr viele Hefepilze besitzen die Fähigkeit, alkoholische Gärung hervorzurufen. Dieselbe Eigenschaft kommt aber auch vielen Schimmelpilzen und Bakterien zu. Im allgemeinen leben die Hefen anaerob; vielfach können sie sich auch an aerobe Lebensweise anpassen.

§ 74. Echte Hefen, *Saccharomyces*. Der Bau der Hefezellen und ihre Vermehrung durch Sprossung wurden in § 17 beschrieben. Die Gestalt der Zellen ist rundlich eiförmig, länglich bis wurstförmig. Sehr langgestreckte Formen kommen in den auf der Oberfläche der Flüssigkeiten entstehenden Hautbildungen vor. Die Zellform gestattet im allgemeinen keinen sicheren Schluß auf eine bestimmte Art oder Rasse, da sie veränderlich ist und besonders von äußeren Einflüssen abhängt; solange diese die gleichen bleiben, pflegt meist auch die Gestalt der Zellen für eine bestimmte Rasse charakteristisch zu sein.

§ 75. Das wichtigste Merkmal der echten Hefearten besteht in der Bildung von Endosporen; meist werden 1 bis 4 Sporen gebildet. Diese kommen nur ausnahmsweise in der Nährflüssigkeit zur Ausbildung. In den meisten Fällen tritt die Sporenbildung nur dann ein, wenn wenig Nährstoffe, reichlicher Luftzutritt und genügende Feuchtigkeit vorhanden sind. Diese Bedingungen werden am besten erfüllt bei der Kultur auf dem Gipsblock (Abb. 45).

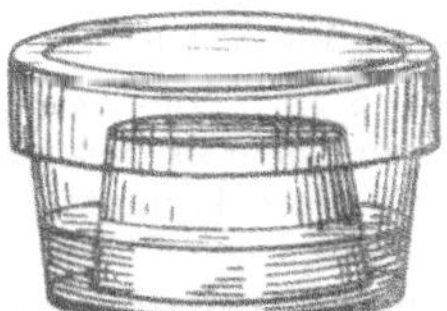

Abb. 45. Schale mit Gipsblock in Wasser.

[1]) *Saccharum* (lateinisch) Zucker; *myceles* (griechisch) Pilze.

Der Gipsblock ist etwa 3 cm hoch, hat einen Durchmesser von 4 bis 5 cm und zylindrische oder schwach kegelförmige Gestalt. Man stellt Gipsblöcke her durch Einfüllen von mit Wasser angerührtem Gips in eine Messingform.

Die Formen werden zweckmäßig vorher mit etwas Glyzerin eingerieben. Nach dem Erstarren des Gipses werden die Formen schwach erhitzt, so daß sich die Blöcke loslösen. Nach dem Trocknen bei mäßiger Wärme legt man die Blöcke in entsprechend geformte und mit Deckel versehene Glasschalen, wickelt sie in Papier ein und sterilisiert sie bei 150° C 1 ½ Stunden lang.

Eine Gipsblockkultur von Hefe wird vorbereitet, indem man den Bodensatz der zu untersuchenden Hefe zweimal hintereinander in Kölbchen mit frischer Würze überimpft, um so junge kräftige Zellen zu bekommen, denn diese sind für die Sporenbildung am meisten geeignet. Von der Bodensatzhefe des letzten Kölbchens bringt man eine dünne Schicht auf die obere Fläche des Gipsblockes, läßt einsaugen und füllt die Schale neben dem Gipsblock zur Hälfte mit sterilem Wasser. Um den Luftzutritt zu erleichtern, legt man auf den Rand der Schale ein Stückchen Papier, so daß der Deckel nicht fest schließt. Der beschickte Gipsblock wird dann im Wärmeschrank bei bestimmten Temperaturen, z. B. 25 oder 15° C, gehalten.

Die Endosporen entstehen meist zu 4, es kommen aber 1 bis 3 vor. Das Plasma der Mutterzelle wird bei der Sporenbildung nicht vollkommen verbraucht; ein Teil desselben bleibt erhalten und heißt Periplasma. In diesem sind die Sporen eingebettet (Abb. 46).

Die Sporen, welche große Widerstandsfähigkeit besitzen, werden frei durch Bersten oder Auflösung der Zellwand der Mutterzelle. Die Mutterzelle, in welcher die Sporenbildung vor sich geht, nennt man einen *Ascus* (Schlauch); dieser ist hier von der vegetativen Zelle nicht verschieden. Die Hefepilze gehören deswegen zu den Schlauchpilzen (*Ascomycetes*).

Das Optimum für die Vermehrung und das Wachstum der Hefepilze ist 22 bis 27° C, für die meisten Arten 25° C (für Bakterien 33 bis 36° C). Infolgedessen hält man Kulturen von Hefen im Thermostaten im allgemeinen bei 25° C. Die untere Vegetationsgrenze liegt etwa bei 1 bis 2° C (die der für die Brauerei wichtigen Bakterien bei 4 bis 6° C).

§ 76. Die *Sacchyromyces*-Arten sind Anaeroben, da sie im allgemeinen in zuckerhaltigen Flüssigkeiten leben. Bei vielen echten Hefepilzen kommt es aber dennoch zu einer Hautbildung, wenn die vergorene Flüssigkeit bei geeigneter Temperatur unter genügendem Luftzutritt längere Zeit ruhig steht. Einzelne Hefezellen gelangen an die Oberfläche der Flüssigkeit und kommen hier mit der Luft in Berührung. Sie wachsen dann zu länglichen Zellen aus und vermehren sich durch Sprossung, längere Ketten und Sproßverbände bildend, die Ähnlichkeit mit echten Myzelien haben (Abb. 46 *3*). So entstehen zunächst auf der Oberfläche der Flüssigkeit kleine weißliche Flecke, welche sich nach und nach zu einer zusammenhängenden Haut vereinigen. Oder die Hautbildung beginnt an der Wandung des Gefäßes und breitet sich von hier über die Flüssigkeit aus. Wenn die Haut außerdem an der Gefäßwandung emporsteigt, so spricht man von **Heferingbildung**.

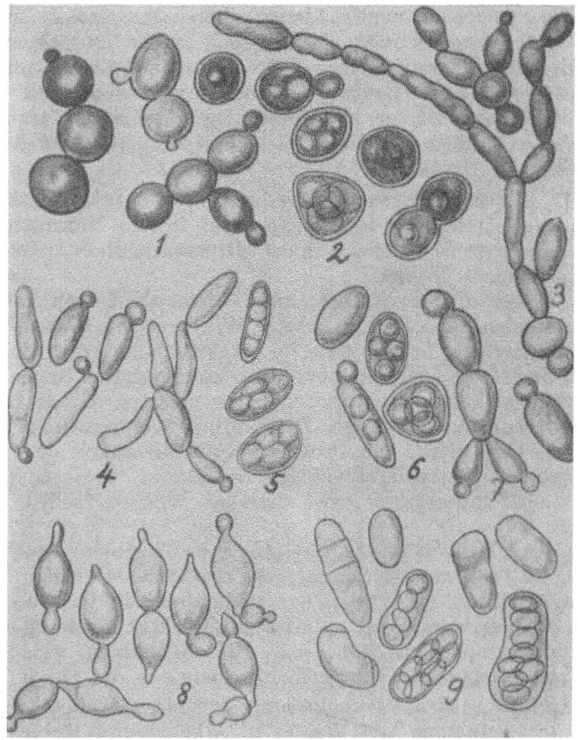

Abb. 46. Verschiedene Hefen mit Sporen.
1 Kulturhefe, *2* dieselbe mit Sporen, *3* dieselbe mit langgestreckten Luftformen, *4* wilde Hefe (*Pastorianus*), *5* dieselbe mit Sporen, *6* und *7* wilde Hefe (*Ellipsoidens*). mit Sporen, *8* Spitzhefe (*Apiculatus*), *9* Spalthefe (*Schizosaccharomyces octosporus*) mit bis zu 8 Sporen in einer Zelle.

Die Zeit der Hautbildung ist je nach der betreffenden Hefeart und den äußeren Bedingungen verschieden und wechselt zwischen 1 bis 15 Wochen. Ebenso ist die Gestalt der Hautzellen bei den einzelnen Arten verschieden; diese Unterschiede treten am meisten bei 13 bis 15° C hervor. Die Haut der *Saccharomyces*-Arten ist kreideweiß oder gelblichweiß und ausgezeichnet durch die sehr langsame Entwicklung.

Bei untergärigen Hefen kommen in der Hautvegetation sogenannte Dauerzellen vor, die durch dicke Wände, geringe Vakuolenbildung und Reichtum an Öltröpfchen und Glykogen ausgezeichnet sind und lange Lebensdauer sowie große Widerstandsfähigkeit besitzen.

Durch Lüftung kann die Vermehrung der Hefe im Bier sehr stark angeregt werden, so daß auch in fertig vergorenem Getränk noch eine erhebliche Trübung eintreten kann. Auch in der Tröpfchenkultur zeigt sich infolge der unnormalen Berührung des Bieres mit Luft ein außergewöhnlich starkes Hefewachstum. Man muß daher fertiges Bier möglichst vor der Einwirkung von Luft schützen. Besonders beim Abfüllen des Bieres ist hierauf zu achten und Kohlensäure besser als Druckluft.

§ 77. In charakteristischer Art und Weise entwickeln sich die verschiedenen Hefearten oder Rassen auf festem Nährboden; es entstehen dann große weißliche, in der Mitte stark erhöhte Kolonien, Riesenkolonien genannt.

Zur Anlage solcher Kulturen sind Erlemeyer-Kolben mit einer etwa 2 cm hohen Schicht von 10proz. Würzegelatine geeignet. Mit einer Kapillarröhre bringt man im Arbeitskasten eine Spur der reinen Hefe auf die Gelatine, ohne diese zu verletzen. In genügend großen Kolben kann man zum Vergleich mehrere solcher Riesenkolonien nebeneinander anlegen. Die Kulturgefäße werden am besten bei 9 bis 20° C gehalten. Die Entwicklung der Riesenkolonien ist eine sehr langsame. Bis zu ihrer völligen Ausbildung vergehen je nach den Arten, Temperaturen usw. mehrere Wochen, selbst einige Monate.

Die Verschiedenheit der fertigen Riesenkolonien, welche bis einige cm im Durchmesser und mehrere mm Höhe erreichen, beruht auf dem Aussehen, der Farbe, der Beschaffenheit der Oberfläche und des Randes, der Höhe und Gestaltung ihres mittleren Teiles, der Form der einzelnen Zellen usw. Die Zellformen, welche sich hier finden, entsprechen im allgemeinen denen in der Haut.

§ 78. Hefe bewirkt Alkoholgärung, d. h. sie verwandelt Zuckerarten unter Aufnahme von Wasser in Alkohol und Kohlensäure, wobei auch noch geringe Mengen Glyzerin und Hefezellulose entstehen.

Diese Alkoholgärung tritt ein, wenn Hefe in einer Lösung eines gärfähigen Zuckers arbeitet. Ist kein gärfähiger Zucker vorhanden, jedoch Wasser und Luft, so tritt eine Atmung an Stelle der Gärung. Diese beiden Vorgänge sind als Abschnitte eines und desselben Lebensvorganges anzusehen und nicht voneinander zu trennen[1]).

Man hat Alkohol synthetisch aus Azetylen herstellen gelernt, jedoch kann man niemals mit chemischen Mitteln Alkoholgärung hervorbringen. Dieselbe wird ausschließlich durch ein Enzym bedingt, welches von dem lebenden Plasma der Hefezellen gebildet

---

[1]) F. Schönfeld, Brauerei und Mälzerei I, S. 469.

wird. 1897 ist es *Ed. Buchner* gelungen, durch Zerreiben und Auspressen der Hefe unter hohem Druck einen Saft zu gewinnen, der dieselben Eigenschaften besitzt wie die lebende Hefe, weil er Zymase[1]) enthält.

Die Tätigkeit der Enzyme in der Hefe ist eine sehr vielseitige. Rohrzucker wird außerhalb der Zelle durch die Invertase gespalten in Dextrose und Laevulose. Diese beiden dringen in das Innere der Zelle ein und werden durch die Zymase zerlegt zu Kohlensäure und Alkohol. Die Maltose wird ebenfalls von der Zelle aufgenommen und durch die Maltase im Zellinnern gespalten in zwei Moleküle Dextrose, welche dann ebenfalls von der Zymase zu Kohlensäure und Wasser zerlegt wird[2]).

Biologisch ist die Alkoholgärung wahrscheinlich als ein Kampfmittel der Hefen im Wettbewerb mit anderen Mikroorganismen aufzufassen. Die Hefen haben sich dem Leben in alkoholischen Flüssigkeiten so angepaßt, daß sie 12 bis 14 Gew.% Alkohol ertragen, während alle anderen in zuckerhaltigen Flüssigkeiten auftretenden Mikroorganismen durch einen Alkoholgehalt bis 10 Gew.% in ihrer Tätigkeit und Entwicklung gehindert werden.

In freier Natur kann es niemals zu höherem Alkoholgehalt kommen, da derselbe leicht verdunstet oder durch andere Mikroorganismen weiter verarbeitet wird; Bakterien verwandeln ihn z. B. zu Essigsäure und diese wiederum zu Kohlensäure und Wasser (vgl. § 111).

Das Temperaturoptimum der alkoholischen Gärung liegt für die meisten Hefen bei 30 bis 35° C, das Minimum bei 0° C, das Maximum bei 50 bis 55° C.

Das Optimum des Extraktgehaltes der Bierwürze ist je nach den Hefen 8 bis 12% Ball.

§ 79. Zur sicheren Bestimmung einer Hefeart oder Rasse müssen folgende Merkmale in Betracht gezogen werden:

1. Mikroskopisches Aussehen der Zellen der Bodensatzhefe.
2. Zeit der Sporenbildung und Aussehen der Sporen.
3. Art und Weise der Hautbildung, Gestalt und Beschaffenheit der Hautzellen.
4. Aussehen der Riesenkolonien.
5. Gärungserscheinungen.
6. Aussehen und Verhalten in Tröpfchenkulturen.

§ 80. Es sind zunächst 3 Gruppen der Hefepilze zu unterscheiden:

Kulturhefen, welche durch uralte Kultur veredelt worden sind und bei der Bierbereitung für sich allein die Haupt- und Nachgärung in bestimmter Weise durchführen.

Wilde Hefen, welche Krankheiten des Bieres in Form von schlechtem Geschmack und Geruch, Trübung, ungeeigneten Gärungserscheinungen usw. bedingen können.

---

[1]) Von *zymoo* (griechisch) ich bringe in Gärung.

[2]) Schnegg, Mikr. Prakt. 1922, S. 299.

Nachgärungshefen. Fremde Hefen. welche im Faßgeläger und bei Zwickelproben vorkommen, aber das Bier in keiner Weise schädigen. (§ 99.)

Das Aussehen der Sporen liefert die besten Merkmale, um wilde Hefe und Kulturhefe unter dem Mikroskop zu unterscheiden (Abb. 46). Bei den wilden Hefen ist der Zellinhalt der Sporen stark lichtbrechend und gleichartiger. die Wand tritt weniger deutlich hervor. Bei den Kulturhefen dagegen hebt sich die Wand schärfer vom Zellinhalt ab, dieser ist weniger lichtbrechend und weniger gleichartig; hier sind die Sporen auch meist etwas größer, und ihre Ausbildung erfordert bei derselben Temperatur in der Regel längere Zeit, d. h. bei 25° C mehr als 40 Stunden, bei 15° C mehr als 72 Stunden.

Auch bei den einzelnen Arten der wilden Hefen bestehen nicht unwesentliche Unterschiede in bezug auf die Temperatur, bei der die Sporenbildung beginnt, das Optimum derselben usw. sowie auf das Aussehen und die Beschaffenheit der Sporen. Zum Teil stützen sich die Unterscheidungen der Arten hauptsächlich auf diese Merkmale, welche am beständigsten sind, während alle übrigen, besonders die Gestalt der Zellen, von Zufällen, äußeren Lebensbedingungen, Alter usw. sehr abhängen.

§ 81. Kulturhefen, *Sacchyromyces cerevisae.* Diejenigen Hefepilze. welche im Laufe von Jahrhunderten so verändert und veredelt worden sind, daß sie bei der Bierbereitung für sich allein die Haupt- und Nachgärung in bestimmter Weise durchzuführen imstande sind, heißen Kulturhefen im Gegensatz zu den wilden Hefen, welche dies nicht können und meist sogar Schädigungen (Krankheiten) des Bieres hervorrufen.

Kulturhefen sind in der freien Natur nicht beobachtet worden; ihr Ursprung ist wie bei vielen seit alten Zeiten in Kultur befindlichen Pflanzen und Tieren nicht mit Sicherheit festzustellen. Im Laufe der Zeit ist eine große Anzahl von Rassen oder Stämmen von Kulturhefen gezüchtet worden; meist werden sie in den verschiedenen Laboratorien mit fortlaufenden Nummern bezeichnet. Auch für die Hefen der Brennerei, Hefefabrikation und Weinbereitung gebraucht man die Bezeichnung Kulturhefe.

Abgesehen von den angeführten Merkmalen unterscheiden sich die Heferassen durch ihre physiologischen Eigenschaften (Gärungserscheinungen), welche bei gleichen Lebensbedingungen, besonders bei gleicher Ernährungs- und Behandlungsweise, im allgemeinen große Beständigkeit zeigen.

Die wichtigsten dieser Eigenschaften der Kulturhefen beruhen auf ihrem Verhalten und ihrer Wirksamkeit zunächst bei der Hauptgärung, dann bei der Klärung und dem Absetzen, bei der Nachgärung, ferner in bezug auf die Haltbarkeit im allgemeinen, auf Geschmack und Geruch, Schaumhaltigkeit usw. Ändern sich die Ernährungsverhältnisse der Hefe. d. h. wird die Zusammensetzung der Würze eine andere oder muß sich die Gärung bei anderen Temperaturen vollziehen als es normalerweise der Fall ist, oder werden andere Behandlungsweisen usw. eingeführt, so können dadurch die charakteristischen Eigenschaften einer bestimmten Heferasse sehr beeinflußt und verändert werden.

Die Kulturhefen leben im allgemeinen anaerob; wenn auch anfangs Luft in den zu vergärenden Flüssigkeiten in größerer oder geringerer Menge vorhanden ist, so wird diese bzw. der Sauerstoff bald verbraucht. Die über den Gärbottichen lagernde schwerere Kohlensäure läßt Luft nur in geringem Maße an die Oberfläche der Flüssigkeit gelangen. Das Lüften, d. h. die Zuführung von Luft zu der gärenden Flüssigkeit bald nach dem Einlaufen der Würze in den Gärbottich, bewirkt bei Unterhefe eine reichlichere Vermehrung durch Sprossung, es wird also mehr Hefe gebildet, und infolgedessen ist die Vergärung vollständiger.

Nach ihrem Verhalten bei der Gärung unterscheidet man untergärige und obergärige Hefen (§ 17, Abb. 13, 14). Erstere sinken im Verlaufe der Hauptgärung zu Boden, und die Gärung vollzieht sich bei verhältnismäßig niedrigen Temperaturen in 8 bis 10 Tagen. Bei der Obergärung bleibt die Hefe dagegen in der Würze schwebend und kommt an die Oberfläche. Die Schaumdecke trägt dann eine dicke Schicht von Hefe. Die Hauptgärung ist hier schon in 2 bis 3 Tagen beendet und vollzieht sich bei höheren Temperaturen (20 bis 24° C). Charakteristische obergärige Biere sind Berliner Weißbier, Leipziger Gose, Lichtenhainer, Münchener Weizenbier usw.

Dr. J. Wassermann[1]) nimmt zur Feststellung obergäriger Hefe im Laboratorium Glasröhren von ca. 40 cm Länge und 3 bis 4 cm Durchmesser, füllt sie etwa bis $^3/_4$ ihrer Höhe mit Würze und läßt sie nach erfolgter Einimpfung der Hefe bei ca. 25° C so lange stehen, bis sich der Gärschaum gut ausgebildet hat, was meist nach 24 Stunden der Fall ist. Alsdann stellt er die Röhren bei Zimmertemperatur hin. Am 2. bis 3. Tag sieht man dann bei Obergärung zwischen den Schaumblasen eine dicke Hefeschicht, die an der Glaswand einen Ring bildet.

Ursprünglich waren alle Gärungen obergärige. Nach P. Ildefons Boll[2]) liegt die erste bestimmte Nachricht über Untergärung aus dem Jahre 1420 vor, und zwar in einer Polizeiordnung des Münchener Stadtrates. Erst ums Jahr 1600 setzte sich in Bayern die Untergärung durch, wozu strenge Vorschriften vom Landesfürsten erlassen wurden. Diesem Umstande verdankt Bayern seinen Aufstieg zum Bierland.

Nach dem Vergärungsgrade werden 3 Gruppen von unter- und obergärigen Hefen unterschieden:

Hochvergärende Rassen bedingen langsame Klärung, erzeugen aber feineren Geschmack und Geruch; das Bier ist haltbarer und eignet sich besonders für den Export. Mittelvergärende Rassen führen ziemlich schnelle Klärung herbei. Das Bier ist stark schaum-

[1]) Allg. Anzeiger, Mannheim 1928, Nr. 44.
[2]) Tageszeitung für Brauerei. 1927, Nr. 225.

haltig, aber weniger haltbar. Niedrigvergärende Rassen verursachen sehr schnelle Gärung und schöne Gärungserscheinungen; das Bier ist stark schaumhaltig, jedoch nicht sehr haltbar.

Man beachte aber, daß die Höhe des Vergärungsgrades in erster Linie bestimmt wird durch das Malz, das Maischverfahren und die Arbeitsweise im Gärkeller.

In der Literatur findet man verschiedene Typen von Kulturhefen häufig genannt, und einige verdienen daher hier auch Erwähnung.

Die Hefe Frohberg stammt aus der Brauerei Frohberg in Grimma in Sachsen und ist eine Unterhefe. Die Hefe Saaz, welche in der Betriebshefe einer Saazer Brauerei als Nebenrasse enthalten war und daraus rein gezüchtet wurde, zeigt ebenfalls alle morphologischen Merkmale (einschließlich der Sporenbildung) der Brauereikulturhefe. Sie gibt jedoch, im Betriebe verwendet, keine normale Gärung und kann daher nicht zu den Kulturhefen gerechnet werden.

Stellt man im Laboratorium mit gleicher Würze Versuche mit Hefe Frohberg und mit Hefe Saaz an, so bleibt letztere immer im scheinbaren Vergärungsgrad um 8 bis 12% hinter Frohberghefe zurück.

Die Reinhefen, welche man jetzt in den untergärigen Brauereien als Betriebshefe verwendet, gehören ausschließlich zum Typus Frohberg; nach ihrem Verhalten im Betriebe werden dieselben, wie oben näher ausgeführt ist, in hoch-, mittel- und niedrigvergärende Rassen eingeteilt.

Die Karlsberg-Unterhefen Nr. 1 und 2 sind deshalb von Interesse, weil sie von Hansen als erste Reinkulturen dargestellt wurden und als solche 1883 in der Karlsberg-Brauerei in Kopenhagen zum erstenmal praktische Verwendung fanden.

Die wichtigsten Eigenschaften dieser beiden Hefen sind folgende:

Nr. 1 (= *Saccharomyces Carlsbergensis*): Zellen meistens länglich, Sporenbildung langsamer als bei Nr. 2; Kräusen niedrig, Klärung langsam; Bodensatzhefe gewöhnlich mehr flüssig; stärker vergärend als Nr. 2.

Nr. 2 (= *Saccharomyces Monacensis*): Die Zellen kurz, oval, einige fast kugelig; Sporenbildung schneller und reichlicher als bei Nr. 1; Kräusen fest und hoch, es bildet sich eine dicht zusammenhängende Decke; Klärung verhältnismäßig schnell; der Bodensatz liegt fest im Bottich; schwächer vergärend als Nr. 1; Bier weniger haltbar.

Wilde Hefen.

§ 82. Gewöhnlich bezeichnet man mit dem Worte „Wilde Hefe" jede fremde, zwischen der verwendeten Kulturhefe (Reinkultur) vorkommende andere Hefeart. Da aber der Ausdruck „wild" auf eine schädliche Wirkung solcher Hefe hinweist, anderseits aber sehr viele fremde Hefen für das Bier durchaus harmlos sind (Kahmhefen, Torulaarten, Myzelhefen), ja sogar den guten Charakter eines

Bieres mitbestimmen können (*Brettanomyces*, *Saccharomyces validus*, Lambic-Aromahefe), macht man am besten eine Unterabteilung: Nachgärungshefen. Eine sichere Trennung in „eigentliche, wilde Hefen" und „unschädliche bzw. nützliche Nachgärungshefen" ist jedoch nicht möglich, da ein und dieselbe fremde Hefe in verschiedenen Bieren oder unter verschiedenen Lebensbedingungen schädlich oder harmlos auftreten kann. Für ein und denselben Betrieb aber gilt diese allgemeine Beurteilung der Nachgärungshefen nicht, denn für eine bestimmte Arbeitsweise unter bestimmten örtlichen Verhältnissen und genauer Kenntnis der „Hausflora" dieses Betriebes, kann es sehr wohl möglich sein, die unschädlichen Nachgärungshefen von den schädlichen wilden Hefen zu unterscheiden. Besonders dient hierzu das Tröpfchenpräparat (vgl. § 98, 99).

Eigentliche wilde Hefen sind solche Arten, die die normalen Gärungsvorgänge stören oder Schädigungen des Bieres, wie scharfen und bitteren Geschmack, unangenehmen Geruch, Trübung usw. herbeiführen können. Die grundlegenden Arbeiten über die wichtigsten Krankheitshefen rühren von Hansen her, welcher die Lebensverhältnisse vieler Arten sehr genau untersuchte. Die beiden wichtigsten Sammel-Arten sind *Saccharomyces Pastorianus*, welcher meist mehr langgestreckte, sogenannte wurstförmige Zellen bildet und *Saccharomyces ellipsoideus* mit mehr eiförmigen, fast elliptischen Zellen. Im einzelnen unterschied Hansen drei Arten *Pastorianus* und zwei Arten *Ellipsoideus*, welche er mit Nummern bezeichnete.

Diese im ganzen fünf Arten von eigentlichen wilden Hefen unterscheiden sich zum Teil wesentlich durch Abweichungen in bezug auf das Temperaturoptimum und die Zeit der Sporenbildung, Zeit und Beschaffenheit der Hautbildung bei verschiedenen Temperaturen, Aussehen der Hautzellen, durch die Gärungserscheinungen, durch ihr Verhalten bei Kulturen auf festem Nährboden (Riesenkolonien), bei Tropfen- oder Tröpfchenkulturen sowie in und auf dünner Gelatineschicht. Die Gestalt der in der Würze sich entwickelnden Zellen ist auch hier nicht entscheidend.

In Tröpfchenkulturen sind die Kolonien der wilden Hefen lockerer gebaut und erscheinen mehr lichtbrechend, während die der Kulturhefen mehr zusammenhängend und dunkler sind.

Die wichtigsten Unterschiede zwischen Kultur- und wilden Hefen liegen, wie schon in § 75 erwähnt wurde, in den Sporen. Dieselben sind bei den wilden Hefen stark lichtbrechend, ihr Inhalt ist gleichmäßig und die Wand wenig deutlich. Außerdem geht die Sporenbildung meistens rascher vor sich als bei den Kulturhefen, d. h. in weniger als 40 Stunden bei 25° C und weniger als 72 Stunden bei 15° C.

Bei der Gärung setzen sich die wilden Hefen im allgemeinen nicht so rasch ab wie die Kulturhefen. Wegen des geringeren Bodensatzes ist es bei ihnen etwas langwieriger, das nötige Material für Gipsblockkulturen zu erhalten.

Die Schädigungen, welche die wilden Hefen in Würze und Bier anrichten, besonders schlechter Geschmack oder Trübung, hängen weitgehend von der Zusammensetzung der Würze und der Arbeitsweise ab. Eine Pastorianushefe kann ihre Eigenschaft, dem Biere einen bitteren Geschmack zu verleihen, durch längeres Züchten bei möglichst hohen Temperaturen verlieren, während anderseits auch bisher unschädliche wilde Hefen durch Änderung der äußeren Lebensbedingungen Schädigung herbeiführen können. Daher soll man alle fremden Hefen, welche sich durch Sporenbildung, Wachstum und Haltbarkeitsproben als schädliche, eigentliche wilde Hefen erweisen, durch peinliche Sauberkeit und öfteres Einführen guter Reinhefe aus dem Betriebe entfernen bzw. fernhalten.

§ 83. Nachgärungshefen sind andere Formen als Kulturhefe, unterscheiden sich aber von dieser und den eigentlichen wilden Hefen durch ihr sehr langsames Wachstum in Würze und Bier (§ 99). Infolge dieses langsamen Wachstums führen sie nie zu Biertrübungen und rufen auch bei langer Lagerung des Bieres keinerlei unangenehmen, in einzelnen Fällen aber einen erwünschten, aromatischen Geschmack herbei[1]. Für unsere heutigen untergärigen Biere reicht im allgemeinen die Kulturhefe aus, um Haupt- und Nachgärung zu vollziehen. Es ist aber sehr wohl möglich, daß die charakteristischen Unterschiede zwischen den Bieren einzelner Brauereien des gleichen Ortes, die in früheren Zeiten stark hervortraten, auf die Anwesenheit von besonderen Nachgärungshefen in den Lagerfässern (die „Hausflora") zurückgeführt werden kann. Die Betriebssicherheit, welche heutzutage über allem steht, fordert den Verzicht auf solche Charaktereigenschaften eines Bieres.

Brettanomyces ist eine nicht sporenbildende Hefe, welche das charakteristische Aroma des englischen Porterbieres hervorbringt (Hjelte Claussen). Sie bildet anfangs kurze Zellen von stark differierenden Formen, später auch langgestreckte Myzelfäden. Auch aus belgischem Lambikbier ist eine ähnliche, stark Aroma bildende Nachgärungshefe isoliert worden[2].

Myzelhefen sind langgestreckte Formen, welche im Bier langsames Wachstum zeigen und entweder zu den Hefeschimmeln[3] (*Monilia*, *Dematium*) oder zu den Kahmhefen (*Willia*)[4] zu zählen sind. *Willia anomala* wurde von Hansen in einer Brauereihefe aus Bayern gefunden; gärt in Würze und neigt zu Hautbildung. Die Zellform variiert stark zwischen oval und wurstförmig und kann nicht zur Bestimmung herangezogen werden. Dagegen erkennt man diese Hefen an ihren Sporen, welche sich sehr leicht bilden und an einem feinen Estergeruch (Aroma), welches die Kulturen aussenden. Die Sporen sind hutförmig und geben die Zugehörigkeit dieser

---

[1]) Lindner, Betriebskontrolle 1930, S. 500.
[2]) Klöcker, Gärungsorganismen 1924, S, 322.
[3]) Schnegg, Betriebskontrolle 1928, S. 338 und 23
[4]) Lindner, Betriebskontrolle 1930, S. 510 ff.

Kahmhefengruppe zu den echten Hefen zu erkennen. Man kann schon in den Hautzellen Sporen beobachten.

§ 84. Besondere Hefen. Die im Brauereibetriebe vorkommenden Hefearten sind nicht alle erforscht. Man kann im besten Falle feststellen, zu welcher Gruppe eine fremde Hefe gehört. In Würze trifft man bei unreinen Leitungen und Apparaten häufig Apiculatushefe an.

Hansenia (Saccharomyces) apiculata[1]. Spitzhefe. Besonders in jungen Kulturen, haben die Zellen eine ungefähr zitronenförmige Gestalt, d. h. entweder oben und unten oder auch nur an einem Ende findet sich eine kleine Zuspitzung. Deswegen wird diese Art Spitzhefe genannt. Die Zellen sind 2 bis 8 μ, meistens 7 μ lang und 2 bis 3 μ breit, also kleiner und besonders schmäler als die der Kulturhefen. In älteren Kulturen werden die Zellen noch schmäler und länger. Die Sprossung geht nur an den Enden der Zellen vor sich und die Tochterzellen klappen oft rechtwinklig um.

Diese Art ist eine Unterhefe; sie vergärt nicht Maltose und bildet auch kein Invertase, kann also auch nicht Saccharose vergären. In Dextrose gibt sie bis 4 Gew.% Alkohol.

Der ganze Entwicklungsgang dieser Hefe ist lückenlos von Hansen in der freien Natur verfolgt worden, da sie ihrer außergewöhnlichen Gestalt wegen mit Sicherheit unter dem Mikroskop zu erkennen ist. Die Spitzhefe findet sich häufig auf Trauben und Obst; sie überwintert in der Erde der Weinberge und Obstgärten. Sie ist besonders für die Weingärung von Interesse, weil sie mit den Trauben in den Most gelangt und als erster Gärungserreger hier auftritt. Nach ihr gären die Wein-Kulturhefen.

§ 85. Spalthefen oder Schizosaccharomyzeten[2]. Diese unterscheiden sich von den echten Sproßpilzen dadurch, daß ihre Vermehrung nicht durch Sprossung, sondern durch Scheidewandbildung erfolgt. In der Mutterzelle tritt eine neue Wand auf, wodurch 2 Tochterzellen entstehen. Außerdem bilden sie Endosporen, und zwar 1 bis 8.

Schizosaccharomyces octosporus erhielt seinen Artnamen „achtsporig", weil meistens 8 Sporen auftreten. Dieselben entwickeln sich leichter auf festem Nährboden als auf dem Gipsblock. Die Zellen sind zylindrisch oder oval, 7 bis 13 μ lang und etwa 5 μ breit. Diese Art wurde auf kleinasiatischen Korinthen gefunden.

Schizosaccharomyces Pombe stammt aus dem „Pombe" genannten durch natürliche Gärung entstehenden Hirsebier der Neger Ost- und Mittelafrikas, welches etwa 2,4% Alkohol enthält. Die Zellen sind 5 bis 9 μ lang und 4 bis 9 μ breit. Es entstehen 1 bis 4 Sporen von etwa 4 μ Größe verhältnismäßig leicht im Bodensatz der Flüssigkeiten, sogar im hängenden Tropfen. Die Sporenbildung beginnt nach etwa 7 Tagen.

[1]) Nach Emil Christian Hansen benannt; *apiculata* (lateinisch) zugespitzt, von *apex* die Spitze.

[2]) *Schizo* (griechisch) ich trenne, spalte.

Unvollkommen bekannte Sproßpilze.

§ 86. Einige Gattungen von Pilzen vermehren sich ausschließlich durch Sprossung, während Sporenbildung bei ihnen noch nicht beobachtet worden ist. Da sie die meisten Beziehungen zu den Sproßpilzen haben, werden sie am besten diesen angeschlossen.

Kahmhefen, *Mycoderma*[1]). Sie sind ausgesprochen aerob und bringen oft in kurzer Zeit auf zuckerhaltigen Flüssigkeiten eine typische Kahmhaut hervor, und zwar eine trockene, matte, gefaltete Decke. Den oft zu Sproßverbänden vereinigten Zellen haftet stets Luft an, und dies ist die Ursache, warum die Zellen an der Oberfläche der Flüssigkeiten bleiben, obwohl sie spezifisch schwerer sind als diese.

In Tröpfchenkulturen erkennt man die *Mycoderma*-Arten in der Regel an dem stärkeren Glanz der Zellen wegen der ihnen anhaftenden Lufthülle.

Für den Brauereibetrieb kommt besonders *M. cerevisiae*[2]) in Betracht, eine Sammelart. Die Zellen der Kahmhefen erreichen 8 bis 11 μ Länge bei etwa 5 μ Breite. Sie sind besonders daran zu erkennen, daß im Plasma 1 bis 3 lichtbrechende Körperchen, wahrscheinlich fettartiger Natur, auftreten. Diese werden daher auch als Ölkörperchen bezeichnet. Die Zellen treten bald einzeln auf, bald bilden sie Sproßverbände. Zusammenhängende Zellen grenzen meistens mit der ganzen Fläche aneinander; die gemeinschaftliche Wand rundet sich also nicht sehr rasch ab.

Kahmhefen kommen häufig in Brauereien vor, sind aber im allgemeinen ohne Bedeutung, da sie infolge des Luftbedürfnisses nicht Zeit und Gelegenheit finden, sich in großem Maßstabe zu entwickeln. Bei 50 bis 60° C gehen die Zellen zugrunde.

Kugelhefen, *Torula*[3]). Die Zellen sind meistens kugelig, bisweilen auch länglich und 2 bis 8 μ groß; sie enthalten in der Regel ein, seltener mehrere Ölkörperchen, die aber nicht immer direkt sichtbar sind. Einzelne Zellen sind oft sehr viel größer als die übrigen und werden als Riesenzellen bezeichnet.

Die Vermehrung findet nur durch Sprossung statt; Bildung von Endosporen ist nicht beobachtet worden.

Es sind zahlreiche Arten beschrieben und werden meistens mit Nummern bezeichnet.

In der Natur finden sie sich auf faulenden Früchten in Weinbergen und Obstgärten, aber auch sonst auf in Verwesung begriffenen Pflanzenteilen. Sie treten daher besonders häufig von Juli bis November auf und überwintern im Erdboden.

In den Brauereien kommen sie nicht selten vor, sind aber von keiner Bedeutung, da die meisten Arten nur Dextrose und Laevulose vergären und keine wesentlichen Krankheitserscheinungen hervorrufen.

---

[1]) *Mykos* (griechisch) Schleim, Pilz; *derma* (griechisch) Haut.
[2]) *Cerevisia* (lateinisch) das Bier.
[3]) *Torula* (lateinisch) Knötchen.

Die sogenannten rosa und roten Hefen gehören hierher, ebenso einige aromabildende Nachgärungshefen (§ 83).

§ 87. Spaltpilze oder Bakterien, Schizomyzeten[1]). Die Spaltpilze sind entweder einzellige Organismen oder zu Zellreihen bzw. Zellkörpern vereinigt. Die Größe der Bakterien schwankt sehr; die meisten für die Brauerei in Betracht kommenden Arten sind 1 bis 4 μ lang; sehr kleine Formen entziehen sich wahrscheinlich noch der direkten Beobachtung. Zum eingehenden Studium der Bakterien sind deshalb starke Vergrößerungen notwendig; für die Untersuchung der kleinsten Formen und des feineren Baues der Bakterien bedarf man außer großer Erfahrung sehr guter Mikroskope sowie vieler optischer und technischer Hilfsmittel.

Das Protoplasma enthält Vakuolen und Granulationen. Fettröpfchen treten besonders bei älteren Zellen und in Dauersporen auf. Viele Arten sind imstande, Farbstoffe zu erzeugen, sie heißen chromogene[2]) Bakterien; ihre Kolonien erscheinen bei voller Entwicklung rot, gelb, blau, violett usw. gefärbt. Die Farbstoffe finden sich entweder im Plasma oder werden nach außen in Form von Körnchen abgeschieden.

Der Zellkern ist nicht leicht sichtbar und in vielen Fällen, entsprechend der Kleinheit der Zellen, überhaupt schwer zu beobachten.

Die Zellwand ist in der Regel dünn und enthält meist Eiweißstoffe. Bei vielen Arten verschleimt die Zellwand; die betreffenden Zellen, Zellfäden usw. bilden dann eine Gallerte, bleiben leicht aneinander haften und bilden so entweder eine meist farblose zähschleimige oder lederartige Haut (§ 57) oder größere Klumpen, Zooglöen[3]) genannt.

Viele Bakterien besitzen eigene Bewegung. Dieselbe wird meist bedingt durch besondere Organe, Geißeln oder Zilien[4]), sehr zarte und daher nicht leicht sichtbare Fortsätze des Plasmas, welche die Zellwand durchsetzen. Anzahl und Verteilung der Geißeln sind bei den einzelnen Arten verschieden. Bald finden sich nur eine, bald mehrere an dem einen Ende, oder beide Enden tragen Geißeln; dieselben treten ferner an bestimmten Zonen oder an allen Teilen der Bakterienzelle auf. Die Eigenbewegung der Bakterien wird durch verschiedene Bedingungen gefördert oder gehemmt. Säuregehalt und Sauerstoffmangel können z. B. die Bewegung, das Schwärmen, aufheben.

Die vegetative Vermehrung der Bakterien vollzieht sich durch Spaltung, d. h. Zweiteilung der Zellen (§ 85), weshalb diese Gruppe den Namen Spaltpilze oder Schizomyzeten führt. Die Teilung geschieht bei einigen Arten unter den günstigsten Lebensverhält-

[1]) Von *schizo* (griechisch) ich spalte; *mycetes* (griechisch) Pilze.
[2]) *Chroma* (griechisch) Farbe; *gennao* (griechisch) ich erzeuge.
[3]) Von *zoon* (griechisch) Geschöpf, Lebewesen, und *gloios* (griechisch) klebrige Masse.
[4]) *Cilia* (lateinisch) Wimper, feines Haar.

nissen schon nach einer Viertelstunde, bei vielen nach einer Stunde. In letzterem Falle können sich aus einer einzigen Zelle in 24 Stunden über 16 Millionen Zellen entwickeln.

Zur Verbreitung der Bakterien dienen bei den meisten Arten, abgesehen von den vegetativen Zellen, ungeschlechtlich entstehende Endosporen, welche in der Regel in der Einzahl, seltener zu zweien in einer Zelle auftreten. Ihre Entstehung hängt oft mit ungünstigen Lebensverhältnissen zusammen. Sie sind durch eine dicke Wand und reichliche Reservenährstoffe, besonders Fettröpfchen und Glykogen, ausgezeichnet, zeigen also alle Eigenschaften der Dauersporen.

Die Endosporen vieler Arten halten Siedetemperatur einige Zeit aus (vgl. den Heupilz § 88 und können erst durch längere Einwirkung von 120° C oder sogar 150° C mit Sicherheit getötet werden. Ebenso vertragen sie hohe Kältegrade und starkes Eintrocknen. Auch gegen chemische Gifte sind sie sehr widerstandsfähig. diese Sporen sind die wesentlichste Ursache, weshalb die Sterilisation oder Desinfektion in so weitgehendem Maße ausgeführt werden muß.

Die Spore wird nach voller Reife durch Verquellung und schließliche Auflösung der Mutterzellwand frei und bleibt sehr lange Zeit lebensfähig. Bei der Keimung der Spore wird ihre Wand gesprengt, und es entwickelt sich entweder eine mit Geißeln versehene Zelle, welche kürzere oder längere Zeit schwärmt, oder es geht sogleich die charakteristisch geformte Bakterienzelle aus der Spore hervor, die sich dann durch Zweiteilung vermehrt.

Die Spaltpilze gedeihen im allgemeinen am besten auf neutralem oder schwach alkalischem Nährboden. Für künstliche Kulturen von Bakterien eignet sich besonders schwach alkalische Fleischsaftgelatine, Agar usw. (§ 50).

Manche Arten verflüssigen durch Ausscheidung von Enzymen bestimmte Nährböden, andere nicht.

Das Optimum der hier in Betracht kommenden Bakterien liegt für die Mehrzahl der Arten bei 33 bis 35° C, die untere Vegetationsgrenze bei 4 bis 6° C; beide sind also höher als bei den Hefepilzen. Durch die niedere Temperatur des Lagerkellers wird daher die Entwicklung von Bakterien möglichst zurückgehalten.

Bakterien treten überall auf und oft in ungeheurer Anzahl. Manche Arten sind Erreger der schwersten Krankheiten des Menschen. Derartige gesundheitsschädliche Bakterien können durch Bier nicht verbreitet werden (wie durch Milch, Wasser usw.), da sie in demselben nicht gedeihen. Der Kohlensäure- und Alkoholgehalt töten in kurzer Zeit die vorhandenen Zellen; Cholera- und Typhusbazillen sterben in frischem Lagerbier bei 10° C bereits nach 5 Minuten ab.

Die meisten Bakterien führen saprophytische Lebensweise (§ 22); sie leben entweder als Gärungserreger und oxydieren hauptsächlich Kohlenhydrate, oder sie sind Fäulnisbakterien und spalten stickstoffhaltige tierische und pflanzliche Substanzen unter Abscheidung übelriechender Gase. Als Stoffwechselprodukte treten bei manchen Bakterien Säuren sehr verschiedener Art auf; dieselben spielen ohne Zweifel eine Rolle als Waffe im Kampf ums Dasein zwischen den einzelnen Arten, von denen viele in sauren Nährböden nicht fortkommen.

Die den Rohmaterialien anhaftenden und etwa in der Maische sich entwickelnden Bakterien werden durch das Kochen der Würze getötet. Späteres Hinzukommen von Bakterien läßt sich nicht vermeiden; diese haben aber in der Regel keine praktische Bedeutung. Die außerordentlich energischen Vorgänge bei der Hauptgärung lassen Bakterien kaum zu nennenswerter Entwicklung kommen. Günstigere Bedingungen finden sich bei der Nachgärung und besonders im Bier während des Transports. Der natürliche Säuregehalt des Bieres bildet bis zu einem gewissen Grade einen wirksamen Schutz gegen Bakterien. In noch höherem Maße gilt dies für die dem Hopfen entstammenden Bitterstoffe. Daher ist die Zahl der im Brauereibetriebe unter normalen Verhältnissen wirkliche Schädigung herbeiführenden Bakterienarten verhältnismäßig gering. Hoher Alkoholgehalt (über 7%) hemmt ganz allgemein die Entwicklung von Bakterien (Wein).

Gelegenheit für Bakterieninfektionen bietet sich z. B. bei zu langem Verweilen der Würze auf dem Kühlschiff, ferner im Gärkeller. In der Maische können sie auftreten bei Temperaturen von 50° C abwärts. Hauptsächlich aber finden sie sich in Bier- und Würzeresten, in Leitungen, Apparaten usw., ferner in ruhender Hefe.

Die Bierkrankheiten, welche durch Bakterien hervorgerufen werden, sind: unangenehmer Geruch und Geschmack, Trübung, Entfärbung, Säure- und Schleimbildung usw. Die wichtigsten werden in § 89 behandelt.

Einteilung der Bakterien.

§ 88. Die Bakterienarten (Abb. 47) haben im allgemeinen eine charakteristische Gestalt. Auf der Form der Zellen beruht hauptsächlich die systematische Einteilung derselben. Nachfolgende Übersicht bringt die wichtigsten für den Brauereibetrieb in Betracht kommenden sowie einige allgemein interessierende Gattungen und Arten:

Kugelbakterien, *Coccaceae*. Zellen ungefähr kugelig. Teilung nach einer, zwei oder drei Richtungen des Raumes.

Micrococcus. Keine scharf ausgeprägten Wuchsformen; bald kurze Ketten, bald Häufchen, bald paarweise (Diplokokken) oder einzeln (Kokken). Zellen unbeweglich.

Pediococcus. Teilungswände kreuzweise in den beiden Richtungen der Ebene abwechselnd, die Zellen daher zu vieren (Tetraden) oder zu Täfelchen zusammengelagert. Keine Ketten. Meistens 0,9 bis 1,5 μ groß. Es gibt farblose, grünlich und gelbgefärbte Arten. Diese Farben sind nur makroskopisch auf Gelatinekulturen zu erkennen. — *P. cerevisiae* und andere sind die Ursache der Sarzina-

Krankheit; die Pediokokken werden in der Praxis in der Regel als *Sarcina* bezeichnet. *P. viscosus* bildet Schleim.

Sarcina. Teilungswände in drei Richtungen des Raumes; so entstehen paketartige Wuchsformen von meist 8 Zellen (Oktaden). Außerdem auch Tetraden, Diplokokken oder einzelne Zellen. Es gibt farblose, rote, gelbe, orangefarbene Arten. — *S. maxima kommt* z. B. in Hefe vor.

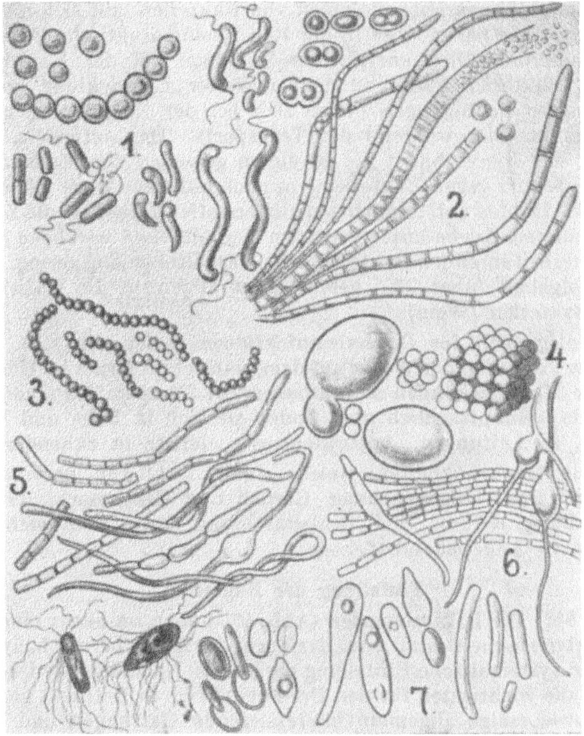

Abb. 47. Verschiedene Bakterien.
1 Kokken, Stäbchen, Kommabazillen, Spirillen, 2 Fadenbakterien, 3 Kugelbakterien, 4 Sarzinabakterien mit Hefezellen zum Größenvergleich, 5 und 6 Essigsäurebakterien mit Involutionsformen, 7 selten vorkommende Bakterienformen.

Stäbchenbakterien, *Bacillaceae.* Zellen zylindrisch, ellipsoidisch, eiförmig oder verschiedenartig gewunden. Teilung senkrecht zur Längsachse, daher unverzweigte Ketten.

Bacterium (Kurzstäbchen). Unbeweglich, Stäbchen wenig länger als breit. Häufig mit Übergang zu der nächsten Gattung und zu den Kugelbakterien. — *B. aceti, Pasteurianum, Kuetzingianum* und andere sind die Erreger der Essigsäuregärung (§ 89). *B. lactis acidi* ist die Ursache der natürlichen Säuerung der Milch, *B. termo* ist ein Sammelname für zahlreiche fäulniserregende Arten, so daß daraus die Gattung *Termobacterium* gebildet wurde (§ 89). *B. prodigiosus*, 1 μ lange, oft kokkenähnliche Stäbchen, auf feuchten, kohlenhydrathaltigen Substanzen in Form von blutroten Flecken. *B. phosphoreum* verursacht das „Leuchten" des Fleisches toter Schlachttiere, Würste usw., eine in Schlachthäusern, Metzgerläden, Fleischaufbewahrungsräumen häufige Erscheinung. Sein Minimum liegt etwas unter 0° C, das Optimum bei 16 bis 18° C, das Maximum bei 28° C; 30° C wirkt bereits tödlich. Diese Bakterien sind unschädlich für Menschen und auch das Fleisch leidet nicht. Das Leuchten von Seefischen wird von verwandten Arten hervorgerufen.

Bacillus (Langstäbchen). Zellen meist viel länger als breit, zylindrisch, beweglich. Geißeln über die ganze Zelle zerstreut. Form der Stäbchen bei der Sporenbildung unverändert. — *B. subtilis*, Heupilz (siehe unten). *B. acidi lactici* und andere, die Erreger der Milchsäuregärung (§ 89). *B. viscosus* führt Schleimbildung herbei (§ 89). *B. butylicus* bedingt Alkoholgärung, und zwar bildet sich Butylalkonol. *B. tuberculosis*, *diphtheriae*, *typhi* usw. sind gefährliche Krankheitserreger.

Clostridium. Lange, spindel- oder tonnenförmige Zellen. Eine Spore in der Mitte oder an einem Ende. Beweglich; Geißeln rund herum. — *C. butyricum* ist der wesentlichste Erreger der Buttersäuregärung (§ 89).

Vibrio, Stäbchen mit schwacher Krümmung. — *V. cholerae*, Kommabazillus, der Erreger der asiatischen Cholera.

Spirillum. Schraubig gebogene Zellen. — *S. volutans* ist eine der größten Bakterienarten; es bildet 30 bis 50 μ lange und 2 bis 2,5 μ dicke Schrauben mit 3 bis 5 Windungen und 10 bis 15 μ Höhe.

Fadenbakterien, *Trichobacteriaceae*. Verzweigte oder unverzweigte Zellfäden, deren Glieder sich als Schwärmzellen ablösen.

Crenothrix. Unverzweigte von einer Scheide umschlossene Fäden, deren Glieder zu kugelförmigen Schwärmzellen werden. — *S. Kühniana*, Brunnenpest. Festsitzende, leicht zerbrechende Fäden, die in solchen Massen in Brunnen und Wasserleitungen auftreten, daß die Röhren verstopft werden und das Wasser ungenießbar wird.

Bei manchen Bakterienarten ist die Gestalt der Zellen nicht beständig. Außergewöhnliche Lebensbedingungen, z. B. hohe Temperaturen, eigenartige Ernährungsverhältnisse usw., bringen Zellen von ganz abweichender Gestalt hervor, sogenannte Involutionsformen (vgl. § 89). In anderen Fällen ändert sich die Zellform mit den Entwicklungsstadien, z. B. bei *Crenothrix* oder nach und nach können verschiedene Zellformen bei derselben Art beobachtet werden wie beim Heupilz (siehe unten).

Anderseits reichen oft wegen der Kleinheit der Bakterien die Merkmale, welche die Gestalt und die sonstigen mit dem Mikroskop wahrnehmbaren Eigenschaften der Zellen bieten, nicht aus zur Unterscheidung der Arten, Unterarten, Rassen usw. Ebenso wie bei den Hefepilzen sind sehr verschieden sich verhaltende Formen äußerlich ähnlich, und es müssen daher vielfach auch die physiologischen Eigenschaften für die genauere Unterscheidung der Bakterien in Betracht gezogen werden. Derartige Untersuchungen lassen sich aber nur an Reinkulturen ausführen, deren Herstellung daher ebenfalls eine der ersten Aufgaben bei dem Studium von Spaltpilzen ist (vgl. § 130ff.).

Von großer Wichtigkeit für die Unterscheidung der Arten ist das Verhalten der Bakterienzellen gegen bestimmte Farbstoffe, weshalb die Färbetechnik in der Bakteriologie eine besonders wichtige Rolle spielt.

Bei allen bakteriologischen Untersuchungen im Betriebe empfiehlt es sich, den Präparaten vorsichtig etwas 10proz. Natron- oder Kalilauge zuzusetzen. Dadurch werden Eiweißpartikelchen (Glutinkörper), die bisweilen den Bakterien ähnlich sehen, gelöst und so schützt man sich vor Täuschung. Gleichzeitig nehmen die Bakterien durch Aufquellung an Größe zu und treten meist auch schärfer hervor, so daß sie dann leichter zu erkennen sind.

Der Heupilz, *Bacillus subtilis.* Ein Spaltpilz, der leicht und sicher zu beschaffen und zu züchten ist, mehrere charakteristische Zellformen zeigt und ohne Mühe in allen seinen Entwicklungsstadien beobachtet werden kann, ist der Heupilz.

Man übergießt Heu oder die Überreste desselben mit wenig kaltem Wasser und läßt diesen Aufguß 4 Stunden in einem Wärmeschrank bei 36° C stehen. Die Flüssigkeit wird dann abgegossen und, wenn zu konzentriert, mit sterilem Wasser verdünnt. Hierauf wird dieselbe in einem mit Watte verschlossenen Kolben eine Stunde lang gekocht und dann bei 36° aufbewahrt. Nach 1 bis 2 Tagen hat sich auf der Oberfläche der Flüssigkeit eine zarte graue Kahmhaut des Heupilzes gebildet. Bei Zimmertemperatur dauern alle diese Vorgänge etwas länger. Die Untersuchung einer kleinen Menge dieser Kahmhaut zeigt bei starker Vergrößerung, daß dieselbe aus langen, parallel verlaufenden Ketten besteht, welche durch eine farblose Gallerte zusammengehalten werden. Die Ketten setzen sich zusammen aus zylindrischen Stäbchen, welche meist 2 bis 3mal länger als breit sind und sich mit Chlorzinkjodlösung braungelb färben, wodurch sie auch viel deutlicher werden. Bei mindestens tausendfacher Vergrößerung kann man auch die Teilung der Stäbchen direkt verfolgen, welche bei günstigen Ernährungs- und Temperaturverhältnissen in etwa einer halben Stunde vor sich geht.

Bringt man eine Spur der Kahmhaut in einen hängenden Tropfen einer feuchten Kammer (§ 53), so tritt nach Erschöpfung der Nährstoffe im Verlaufe von 6 bis 8 Stunden Bildung von Endosporen ein, welche 1,7 bis 1,9 μ lang und 0,83 bis 0,94 μ breit sind, meist einzeln in der Mitte der Zelle liegen und durch ihre starke Lichtbrechung sehr auffallen. Nach einem Tage werden dieselben aus der Mutterzelle frei und sinken auf den Grund des hängenden Tropfens.

In frische Nährlösung gebracht, keimen die Sporen leicht auch bei Zimmertemperatur; das Vorteilhafteste ist, die Sporen 5 Minuten lang schwach zu kochen und dann langsam abzukühlen. So lassen sich die Anfänge der Keimung nach 2 bis 3 Stunden beobachten. Die Sporenwand öffnet sich seitlich, und ein 1 bis 2 μ langes Stäbchen entwickelt sich senkrecht zur Längsrichtung der Spore, in dieser mit seinem hinteren Ende stecken bleibend. Nach etwa 12 Stunden erfolgen die ersten Teilungen des Stäbchens.

In der Regel werden aus dem Keimstäbchen bald Schwärmer, welche vor der Kahmhautbildung die ganze Flüssigkeit erfüllen. Diese werden 1 bis 2 μ lang und sind vorwiegend von zwei aneinanderhängenden Stäbchen gebildet. Die Geißeln, welche erst nach umständlicher Behandlungsweise sichtbar gemacht werden können, sind bei dem Heupilz zahlreich und über die ganze Oberfläche des Stäbchens verteilt. Alsbald sammeln sich die Schwärmer an der Oberfläche an und kommen zur Ruhe. Aus ihnen entsteht dann die Kahmhaut, die wir zuerst kennengelernt haben.

Der Heupilz ist überall sehr häufig, ohne jedoch eigentlichen Schaden anzurichten. Im Laboratorium tritt er z. B. auch auf Gipsblockkulturen auf.

§ 89. Sarzina-Krankheit. Als Ursache dieser durch unangenehm scharfen Geschmack und Geruch ausgezeichneten, meist mit Trübung, oft auch mit Verfärbung und Schleimbildung (Fadenziehen) verbundenen Krankheit des Bieres und auch der Würze kommen weniger typische *Sarcina*-Arten als besonders verschiedene Pediokokken in Betracht. Mikroskopisch lassen sich diese nur sehr schwer unterscheiden; mit Sicherheit ist dies erst möglich durch ihr physiologisches Verhalten. Bei Reinkulturen verflüssigen einige Arten den Nährboden, z. B. Fleischsaftgelatine und auch Nähragar, andere tun dies nicht. Einige bilden eine Haut, andere nicht. Die wichtigsten Unterschiede bestehen in den verschiedenen Krankheitserscheinungen in Würze und Bier. Alle sind auch Säurebildner. Man kennt keine Dauerzellen; die Zellen sterben bei etwa 60° C schon nach kurzer Zeit ab.

Infektionen können von außen her leicht erfolgen, da Pediokokken in der freien Natur sehr häufig sind, z. B. im Straßenschmutz und Mälzereistaub; Brutstätten für manche Arten sind auch Düngerhaufen, Pferdeharn usw. Am häufigsten dürfte die Infektion aber bei nicht genügender Reinlichkeit im Gärkeller selbst erfolgen, da sich hier vielfach Gelegenheit für die Entwicklung der Sarzinen bietet, wie in den Fugen des Fußbodens, den Unebenheiten der Wände, der Außenseite der Bottiche usw. Auch durch die Schuhsohlen und Kleider der im Gärkeller arbeitenden Menschen können die Keime verschleppt werden. Am häufigsten werden Sarzinen wohl mit der Anstellhefe eingeschleppt bzw. von einem zum andern Betriebe übertragen (§ 94, 96, 114).

Biere aus schlecht verzuckerter Würze sind für die Sarzina-Krankheit empfänglicher als solche aus normal verzuckerter. Kräftige Gärung im Lagerfaß begünstigt die Entwicklung der Sarzinen, indem die Bakterien emporgerissen werden und so wieder mit der Luft in Berührung kommen, wodurch ihre Schädlichkeit stärker wird. Diese hängt ab von dem Alter der Zellen, von Temperaturverhältnissen, Zusammensetzung des Bieres usw. Dieselbe Art kann sich also unter verschiedenen Bedingungen verschieden verhalten.

Stark gehopfte Biere sind im allgemeinen weniger der Sarzina-Krankheit ausgesetzt als andere. Manche Heferassen sind wahrscheinlich imstande, Stoffe auszuscheiden, welche für Bakterien, besonders für Pediokokken, schädlich sind.

Wenn die Pediokokken sehr zahlreich im Bier oder in der Hefe vorhanden sind, so sind sie meist schon durch direkte mikroskopische Untersuchung festzustellen. Ist die Infektion aber nur gering, so liefert ein Vaselineinschlußpräparat mit der Nährlösung von Bettges und Heller gute Resultate (vgl. § 116). Über neuere Methoden zum Nachweis der Sarzina siehe § 116, 117. Über die Beurteilung der Schädlichkeit der Sarzina siehe § 96.

Häufige und gefährliche Arten sind: *Pediococcus cerevisiae*, Trübung, scharfer Geschmack und Geruch; ein schwacher Säurebildner. *P. perniciosus*, Trübung, *P. damnosus*, Bodensatz, scharfer Geschmack und Geruch.

Essigsäuregärung. Von den verschiedenen Stoffen, welche durch die Lebenstätigkeit der Bakterien entstehen, sind die Säuren von besonderer Wichtigkeit für den Brauereibetrieb, und zwar kommen hauptsächlich Essig-, Milch- und Buttersäure in Betracht.

Die Essigsäuregärung ist ein Oxydationsprozeß, der ebenso wie die durch die Hefe bedingte Alkoholgärung durch ein Enzym verursacht wird. Mit Hilfe des Sauerstoffs der Luft wird der Alkohol zunächst zu Aldehyd und Wasser umgewandelt, etwa nach der Formel:

$$C_2H_6O + O = C_2H_4O + H_2O$$

und dann das Aldehyd zu Essigsäure:

$$C_2H_4O + O = C_2H_4O_2.$$

Wenn dieser Vorgang nicht unterbrochen wird, setzt sich die Oxydation fort, und die Essigsäure wird in Kohlensäure und Wasser verwandelt:

$$C_2H_4O_2 + 4\,O = 2\,CO_2 + 2\,H_2O.$$

So erklärt es sich, daß der Essigsäuregehalt einer infizierten Flüssigkeit für eine Reihe von Tagen zunimmt, dann aber nach und nach bis fast auf Null sinkt.

Infektionen durch essigbildende Bakterien können zunächst auf dem Kühlschiff erfolgen, sind aber ohne Bedeutung, da sie hier keinen Alkohol vorfinden, den sie oxydieren können. Während der Hauptgärung finden die Essigbakterien auch keine günstigen Lebensbedingungen, einmal wegen der stürmischen Vorgänge bei der Gärung und dann, weil durch die starke Kohlensäureentwicklung der Sauerstoff der Luft abgehalten wird, denn sie sind ausgesprochen areob. Erst im Lagerfaß und besonders im fertigen Bier können sie sich entwickeln, besonders wenn das Bier schal ist.

Die Essigbakterien sind sehr widerstandsfähig; in Lagerbier können sie sich 7 bis 10 Jahre, in trockenem Zustand 5 bis 10 Monate lebend erhalten.

Der Nachweis der Essigsäure erfolgt am besten durch den Geruchssinn. Geringe Mengen, welche von unseren Nerven noch nicht wahrgenommen werden können, werden durch Essigfliegen angezeigt, welche herbeikommen, um ihre Eier an der Oberfläche der Flüssigkeit abzulegen.

Die Unterscheidung der zahlreichen Essigbakterien ist schwierig. Die wichtigsten Arten sind: *Bacterium aceto*[1]), *Bacterium Pasteurianum* und *B. Kuetzingianum*[2]).

Milchsäuregärung. Milchsäuregärung kann ein Umschlagen des Bieres herbeiführen, indem dasselbe nach und nach trüber wird und einen veränderten, an Weißbier erinnernden Geruch bekommt. Erst ein Alkoholgehalt von 7% schützt gegen diese Bakterien.

Die Milchsäure entsteht besonders aus Zuckerarten, z. B.:

$$C_{12}H_{22}O_{11} + H_2O = 4\ C_3H_6O_3;$$

bei Monosacchariden vielleicht auch nach der Formel:

$$C_6H_{12}O_6 = 2\ C_3H_6O_3.$$

In einer mit etwas Wasser übergossenen Probe von Malz- oder Roggenschrot, die bei 50° C gehalten wird, stellt sich in der Regel sehr bald eine reine Milchsäuregärung ein.

Die häufigsten und wichtigsten hier in Betracht kommenden Arten gehören zu der Gattung *Bacillus*, sind also Langstäbchen.

Buttersäuregärung. Buttersäure kann durch die Tätigkeit von bestimmten Bakterien direkt aus Maltose und Dextrose oder aus Milchsäure entstehen, indirekt aus Stärke usw. mit Hilfe anderer Bakterien. Dextrose wird in Buttersäure, Kohlensäure und Wasserstoff zerlegt, etwa nach der Formel:

$$C_6H_{12}O_6 = C_4H_8O_2 + 2\ CO_2 + 4\ H.$$

Diese Bakterien sind ausgesprochen anaerob. Sie stellen sich besonders leicht ein in Maische, die längere Zeit bei etwa 40° C bleibt.

Keime in Form von Sporen finden sich überall in der Luft, in Erde, Kot, Wasser usw., haften auch den frischen Schalen von Gerste und Weizen, den Samenschalen der Hülsenfrüchte usw. an.

---

[1]) *Acetum* (lateinisch) Essig.

[2]) Nach Fr. P. Kützing, verdienstvoller Erforscher der niedern Pflanzen. Geboren 1807, gestorben 1893.

Besonders schädlich können Buttersäurebakterien der Maische in den Brennereien werden, wo man sie deshalb durch Milchsäurebakterien bekämpft.

Man erhält mit großer Sicherheit Buttersäuregärung, wenn man Malzschrot oder auch ganze Erbsen mit der vierfachen Menge von Wasser übergießt und einen Tag bei 40° C stehen läßt. Man erkennt das Auftreten der Buttersäurebakterien an dem Geruch nach ranziger Butter.

Die häufigste Art der Buttersäurebakterien ist *Clostridium butyricum*, dessen spindel- oder tonnenförmige Stäbchen 3 bis 6 μ lang, 1,2 μ dick und rund herum mit Geißeln bedeckt sind. In der Mitte oder an einem Ende findet sich eine 2 μ lange und 1 μ dicke Spore.

Schleimbildung, Trübung usw. Schleimbildung (Fadenziehen oder Langwerden) von Bier oder Würze beruht, abgesehen von Schimmelpilzen (§ 82), auf der Tätigkeit von Spaltpilzen, deren Zellwände sehr stark aufgequollen sind. Diese Krankheit ist besonders für obergärige, schwach gehopfte Biere gefährlich.

Hier in Betracht kommende Arten sind: *Pediococcus viscosus*[1]), welcher besonders im Berliner Weißbier vorkommt. Brutstätten dieser Art sind Düngerhaufen und Pferdeharnpfützen. *Bacillus viscosus*, 2,5 μ lang und bis 0,8 μ breit, oft zu Ketten vereinigte Stäbchen. Die Infektion kann durch Wasser erfolgen.

Biertrübungen können außer durch *Pediococcus* auch durch verschiedene andere Bakterien herbeigeführt werden.

Termobacterium-Arten sind Stäbchenbakterien, welche besonders auf dem Kühlschiff in die Würze gelangen, können sich in dieser sehr stark vermehren, wenn sie lange ohne Hefe bleibt; schließlich kann sogar die Entwicklung der Hefe und die Gärung durch solche Spaltpilze schädlich beeinflußt werden (§ 99). Sie treten in vielen Wässern auf, wirken aber nicht verderblich, wenn man dafür sorgt, daß die kalte Würze sobald als möglich mit Hefe angestellt wird.

V. Die biologische Betriebskontrolle.

§ 90. Zweck der biologischen Betriebskontrolle. Die biologische Betriebskontrolle soll die Reinheit aller Kellerarbeiten garantieren, so daß die Haltbarkeit des Bieres eine ständig gute ist und der Wohlgeschmack desselben gleichmäßig und charaktervoll bleibt. Während in langen Jahrhunderten alter Braukunst verschiedene Organismen die Eigenschaften eines Bieres bestimmten, ist seit Einführung der Reinhefe sein Charakter durch die Eigenschaften der verwendeten Hefe von der biologischen Seite her festgelegt. Wenn auch dadurch die Biere im allgemeinen gleichförmiger

[1]) *Viscosus* (lateinisch) schleimig.

geworden sind, so ist doch anderseits die Betriebssicherheit in einem solchen Maße gehoben worden, daß man in einem geordneten Betrieb heute nicht mehr mit irgendwelchen Verlusten in dieser Hinsicht zu rechnen braucht. Zu dieser Ordnung im Betrieb gehört eine der Größe desselben angepaßte Betriebskontrolle.

Haltbarkeit und Wohlgeschmack eines Bieres stehen in einem gewissen Gegensatze zueinander. Auch die Schaumhaltigkeit, welche heutzutage von jedem Biere verlangt wird, steht häufig im Widerspruch mit einer guten Haltbarkeit. Ein haltbares Bier muß im allgemeinen hochvergoren sein, wodurch aber seine Vollmundigkeit und seine Schaumhaltigkeit nachteilig beeinflußt werden. Man erkennt hieraus, daß die biologische Betriebskontrolle sich niemals in das Laboratorium zurückziehen darf, sondern daß sie Hand in Hand mit der brautechnischen Praxis unter Einschluß des Verkehrs mit dem Publikum zu arbeiten hat, um den richtigen Weg zu finden. Man kann die Haltbarkeit eines Bieres durch brautechnische Maßnahmen, welche die chemische Zusammensetzung des Bieres festlegen, nur bis zu einer durch den Geschmack des Publikums vorgeschriebenen Grenze steigern. Ein übriges muß die biologische Betriebskontrolle tun durch ständige Beaufsichtigung der Gärungen, der Hefe, der Apparate, wie überhaupt durch ständige Überwachung aller Infektionsmöglichkeiten.

§ 91. Infolge der vielen Berührungspunkte mit dem technischen Betrieb ist die Stellung desjenigen, der eine biologische Betriebskontrolle ausführen und für die Haltbarkeit des Bieres garantieren soll, eine sehr schwierige. Er bedarf des Vertrauens und der täglichen offenen Aussprache mit dem Braumeister und muß sich zurückhalten können im Verkehr mit den Brauern. Das gegenseitige Vertrauen zwischen Braumeister und Betriebskontrolleur muß ein unbegrenztes sein, wenn der letztere zum Nutzen des Betriebes tätig sein soll. Jeder muß sich in oft jahrelanger treuer Pflichterfüllung dieses Vertrauen seines ihm unter allen Umständen vorgesetzten technischen Betriebsleiters zuerst erwerben.

Die biologische Betriebskontrolle hat noch eine zweite persönliche Seite, nämlich die individuell erzogenen Sinnesempfindungen und ihre Anwendung auf dem täglichen Betriebsrundgang. Mit Auge, Nase und Zunge muß der Betriebskontrolleur in erster Linie zu arbeiten lernen. Das Mikroskop bestätigt ihm dann seine Beobachtungen im Betrieb. Er muß ohne Aufsehen zu erregen, ohne den Betrieb zu stören, am besten während der Arbeitspausen seine Beobachtungen anstellen und kann nicht genug bestrebt sein, seinen Geschmack und seinen Geruch weiter zu verfeinern. Hierbei hat er zwei Dinge wohl zu berücksichtigen: 1. Sein Geschmack gewöhnt sich mit der Zeit an das eigene Bier derart, daß er Geschmacksfehler gar nicht mehr wahrnimmt. 2. Im großen und ganzen kommt es nicht auf seinen eigenen Geschmack an, sondern auf denjenigen seines Publikums. Diese beiden Tatsachen sollen den mit der

Betriebskontrolle Beauftragten veranlassen, nicht immer das eigene Produkt zu trinken, sondern so oft als möglich die Konkurrenzbiere zum täglichen Bedarf zu wählen. Kleine Kostproben der Konkurrenzbiere haben nicht viel Wert. Besonders aber soll er während seines Urlaubs kein eigenes Bier zu sich nehmen, damit er nach seiner Rückkehr eine scharfe Kritik am eigenen Erzeugnis üben und in der Morgenfrühe des ersten Arbeitstages durch alle Räume mit scharfer Nase gehen kann. Auf diese Weise wird es ihm gelingen, wenigstens von der biologischen Seite her das unter den gegebenen Umständen bestmögliche Bier zu machen.

Alle Beobachtungen müssen vom ersten Tage an in ein Journal eingetragen werden. Auch momentan für unwichtig gehaltene Dinge gehören als Tagebuchnotiz festgehalten, damit man später darauf zurückgreifen kann. Insbesondere müssen alle Resultate mikroskopischer Untersuchung sowie die Beobachtungen der Haltbarkeitsproben und die Wahrnehmungen auf dem Betriebsrundgang sorgfältig notiert werden. Der Betriebskontrolleur weiß häufig nicht, daß er seinen Behauptungen nur dann die notwendige Glaubwürdigkeit geben kann, wenn er sie schwarz auf weiß besitzt. Seinem Braumeister und besonders aber seinem kaufmännischen Direktor gegenüber kann er sich häufig nur dann Geltung verschaffen, wenn er die Beweise seiner Erfahrungen vorzulegen imstande ist.

§ 92. Eine zweckmäßige biologische Betriebskontrolle muß Infektionen im Keim ersticken helfen. Dazu muß sie die wichtigsten Einfallsstellen stets im Auge behalten. Als solche kommt normalerweise niemals die Luft in Betracht, es sei denn, daß sie durch Insektenschwärme, unangenehme Gerüche oder Staub vom Trebertrockenapparat oder der Malz- und Gerstenputzerei verunreinigt wird. Auch das Wasser ist nur höchst selten Ursache einer Infektion, denn man wird schon aus Appetitlichkeitsgründen ausschließlich reines Quell- oder Brunnenwasser im ganzen Betriebe verwenden. Fluß- oder Teichwasser sollte schon mit Rücksicht auf das natürliche Appetitlichkeitsgefühl des Publikums auch dann nicht genommen werden, wenn moderne Theorien es als für sehr geeignet zu Brauzwecken erklären möchten. Eine wichtige Einfallstelle ist dagegen die Anstellhefe. Aus einer anderen Brauerei bezogen, bringt sie häufig eine Infektion durch wilde Hefe, Milchsäurestäbchen oder Sarzina in den Betrieb hinein. Daher ist ihrer regelmäßigen Untersuchung ein besonders hoher Wert beizumessen. In jeder Brauerei sind aber auch gefährliche Infektionsherde gegeben in der Nähe des Trebertrockenapparates, in allen Abflüssen für Glattwasser, Retourbier, Bierreste, auch Düngerhaufen, soweit sie nicht in Rohre gefaßt sind. An Schuhsohlen, Händen, Kleidern usw. tragen die Brauer unzählbare Mengen von bierschädlichen Organismen mit sich herum und bringen sie besonders im Gärkeller in die Bottiche, ohne etwas davon zu merken. Die Betriebseinrichtung sollte im Verein mit strengen Vorschriften auch diese Infektionsquelle beseitigen.

1. Ständige, regelmäßige Arbeiten.

§ 93. Die Probenahme. Zur biologischen Betriebskontrolle sind außer den in § 46 erwähnten Gefäßen noch besonders notwendig weiße Probeflaschen von ca. 300 cm³ Inhalt mit Patentverschluß und Erlemeyer-Kolben von ca. 200 cm³ Inhalt mit Watteverschluß. Die ersteren werden mit Soda und Bürste gereinigt und mit Alkohol sterilisiert, wobei man den Gummi abnehmen, reinigen und nach Waschen mit Alkohol wieder aufsetzen muß. In gleicher Weise verfährt man mit Betriebsflaschen, welche man für manche Zwecke verwendet, wobei man einen neuen Gummi verwendet. Ein Alkoholrest bleibe stets in der Flasche und wird erst vor der Probenahme entfernt. Die Erlemeyer-Kolben mit Watteverschluß sterilisiert man bei 150° C im Heißluftsterilisator (§ 47) während dreier Stunden. In diesem fängt man die Würzeproben in Gestalt des ersten Anlaufes aus Leitungen und Schläuchen auf (§ 104).

Will man Bottichbierproben entnehmen für Tröpfchenpräparate und Gipsblockkulturen, so bedient man sich ebenfalls der Erlemeyer-Kolben. Man bläst die Decke des am nächsten Tag zum Schlauchen kommenden Bieres weg, läßt etwa 50 cm³ Bottichbier von der Oberfläche weg in den Kolben laufen, verschließt wieder mit Watte und macht ohne Zeitverlust, bevor im warmen Laboratorium eine weitere Vergärung und ein festes Absitzen der Hefe vor sich gegangen ist, die Tröpfchenpräparate. Alsdann impft man in Würze in Freudenreich-Kölbchen über für die Gipsblockkulturen. Zur Prüfung der Bottichbiere auf Haltbarkeit, Sarzina und Stäbchen entnimmt man die Proben in Patentfläschchen, welche man etwa handbreit unter der Bieroberfläche ³/₄ vollaufen läßt. Zur Vermeidung eines allzuhohen Druckes lüftet man nach 1 bis 2 Tagen den Verschluß.

Bei der Probenahme aus den Lagerfässern verfährt man in gleicher Weise wie bei Bottichbier, je nachdem man Tröpfchenpräparate und Gipsblockkulturen bzw. Haltbarkeitsproben anstellen will. Metallzwickel sind sorgfältig mit Alkohol zu reinigen. Es ist reichlich Bier vorschießen zu lassen und wenn wegen zu hohen Spundungsdruckes die Fläschchen nicht vollgemacht werden können, so genügt es im allgemeinen, wenn dieselben nach dem Zusammenfallen des Schaumes mehr als halbvoll sind.

Zur täglichen Kontrolle der Haltbarkeit und Reinheit füllt man in gleicher Weise je ein steriles Patentfläschchen vor dem Filter, hinter dem Filter und am Sammelkessel des Faßabfüllapparates. Eine Betriebsflasche aus dem Vorratsraum mit ausgesucht gutem Gummi vervollständigt dann die Haltbarkeitsproben.

Es ist sehr zweckmäßig, sich für die Haltbarkeitsproben Holzkästchen machen zu lassen mit festem, mit passenden Löchern versehenem Deckel, in welche die täglichen Proben hineingestellt werden. 31 solcher Kästchen, mit Nummern versehen, werden in einem Schrank oder Regal untergebracht. Man hebt die Proben einen Monat lang bei Zimmertemperatur (16 bis 18° C) zur Beobachtung auf. In einem mittleren Betrieb von 20 bis 100000 hl genügt es dann, an jedem Tag, an dem Bier abgefüllt wird, zu nehmen:

1. Eine Bottichbierprobe.
2. Eine oder zwei Zwickelproben.
3. Probe vor dem Filter.
4. Probe hinter dem Filter.
5. Vom Faßabfüllapparat.
6. Betriebsflasche.

Über die Beobachtung und Untersuchung dieser Proben siehe § 95.

Eine eigene Art der Probenahme ist anzuwenden für die Filtermasse, worüber Näheres in § 103 ausgeführt wird.

§ 94. Die Untersuchung der Würze. Irrtümlicherweise schicken Brauereien manchmal Würzeproben an die Versuchsstation ein und erwarten eine bestimmte Nachricht, ob nun die in ihrem Betrieb vorhandene Infektion schon in der Würze an dieser oder jener Stelle vorhanden war. Ein solcher Nachweis ist in dieser Weise nicht zu erbringen, weil die Würze stets durch massenhaftes Auftreten aller möglichen Mikroorganismen verdirbt. Besonders Termobakterien verwischen das Gesamtbild und machen den Nachweis der als wirklich schädlich in Betracht kommenden Arten unmöglich. Auch sterben in der durch Bakterien verdorbenen Würze die Hefen zum großen Teil ab. Eine solche Untersuchung kann daher nur an Ort und Stelle in der Brauerei selbst ausgeführt werden, zu welchem Zwecke man sich evtl. sterile Petri-Schalen und sterile, gehopfte Bierwürze sowie Würzegelatine von einer Versuchsstation schicken lassen muß. Der zu untersuchende Würzeanlauf, d. h. die nach dem Rubwasser zuerst laufende und an ihrer gelblichen Farbe erkennbare Würze, wird sofort verwendet zur Herstellung von Plattenkulturen mit einem, drei oder sechs Tropfen sowie zur Herstellung eines Tröpfchenpräparates. Der Rest bleibt mit Watte verschlossen im Erlemeyer-Kolben zur Beobachtung stehen, so daß man die Stundenzahl ermitteln kann, nach welcher bei + 25° C die Würze trüb geworden ist bzw. in Gärung überging. Es wachsen in der Würze gewöhnlich Myzelhefen, Schimmelpilze, Oidium, Termobakterien, Essigsäurebakterien und Milchsäurestäbchen. Wilde Hefe und Kulturhefe gehen selten an, da sie meist nur in sehr geringer Menge vorhanden sind gegenüber z. B. den Termobakterien. Sarzina entwickelt sich fast nie, wenigstens nicht diejenige Sarzina, welche als Bierschädling in Frage kommt. Man war seither der Meinung, daß die Sarzina akklimatisiert sein müsse, um im Bier eine Infektion hervorzurufen und daß sie daher nur durch Anstellhefe oder Bierreste in den Betrieb gelangen könne. Eine neue Ansicht geht dahin, daß auch die in der Luft enthaltenen und meist aus Pferdeharn stammenden Sarzinaarten sich bald akklimatisieren könnten und daher zu fürchten seien. Stockhausen hat eine eigene Methode ausgearbeitet, mittels welcher die Sarzina durch Zusatz von Alkohol und Hefeautolysat unter Niederhaltung aller anderen Organismen in Würze zur Entwicklung gebracht werden kann.

Im allgemeinen ist bei ordnungsmäßigem Arbeiten eine Infektion der Würze nicht gut möglich. Ordnungsmäßiges Arbeiten besteht darin, daß man die Würze nicht länger auf dem Kühlschiff läßt, als nötig ist, also 3 bis 4 Stunden, daß die Kühlschiffschüssel stets eingekalkt wird, daß die Würzeleitung nach dem Kühlapparat gedämpft und von Zeit zu Zeit zum Bürsten mit Soda und evtl. auch Putzsand auseinandergenommen wird. Die Würze kommt auf dem Wege bis über den Kühlapparat nur mit Metall in Berührung, welches unbedingt sauber gehalten werden kann. Bei schweren Verstößen gegen die allgemeinen Reinlichkeitsvorschriften (§ 120) kommt besonders im heißen Sommer eine Termobakterieninfektion auf dem Kühlschiff oder im Gärbottich vor. Letzteres allerdings nur dann, wenn mit dem Anstellen der Würze zu lange gewartet wird.

§ 95. Die Haltbarkeit des Bieres. Neben dem Geschmack ist die Haltbarkeit die wichtigste Eigenschaft des Bieres. Sie muß daher dauernd kontrolliert und im Auge behalten werden. Die Proben, deren Entnahme und Aufbewahrung (siehe § 93 u. 95) beschrieben worden ist, werden täglich betrachtet, und es wird täglich in das Journal eingetragen, von welchem Tage das Bier etwa einen beginnenden Bodensatz hat oder einen gerade erkennbaren Schleier zeigt. Am einfachsten hebt man die Proben bei Zimmertemperatur (16 bis 18° C) auf und sorgt dafür, daß diese Temperatur im Sommer und Winter möglichst eingehalten wird. In jeder Brauerei wird man leicht einen geeigneten Platz für den Haltbarkeitsschrank finden. Von den Bottichbierproben verlangt man, daß sie einen Monat lang vollkommen blank bleiben und einen festen Hefebodensatz aufweisen. Ebenso soll es bei den Zwickelproben sein. Die hinzukommende Abfüllapparatur mit ihren Schläuchen, Verschraubungen usw. gibt die Möglichkeit einer stärkeren Infektion, und zwar besonders durch Milchsäurebakterien. Hierdurch würde das Bier im Laufe der Beobachtungszeit einen Schleier bekommen, und zwar je nach der Stärke der Infektion und der Empfindlichkeit des Bieres meist in 3 bis 10 Tagen. Die Betriebsflasche interessiert am meisten. Man soll dieselbe ebensowenig wie die anderen Proben umkehren oder schütteln, weil sonst die Beobachtungsresultate verwischt werden. Es gelingt auch bei dunklem Glas durch Dahinterschalten einer Glühbirne, den beginnenden Bodensatz oder die Trübung zu erkennen. In einem tadellos geführten Betrieb bleibt die Betriebsflasche bei Zimmertemperatur den ganzen Beobachtungsmonat hindurch vollkommen blank. Es bildet sich lediglich ein kleiner, fester Bodensatz, der sich nur schwer aufschütteln läßt. Die Zeit, die verstreicht, bis man die ersten weißen Pünktchen bzw. den ersten Anflug am Boden der Flasche wahrnimmt, ist verschieden je nach der Schärfe der Filtration. Man soll mit Rücksicht auf den Geschmack und die Schaumhaltigkeit des Bieres nicht allzu scharf filtrieren und soll es als ein sehr zufriedenstellendes Resultat bezeichnen, wenn die Betriebsflasche im Beobachtungsschrank 14 Tage unverändert bleibt. Für gleichmäßige Temperatur (18° C) zur Aufbewahrung der Proben ist besonders bei extremen Außentemperaturen zu sorgen. Je früher ein Bodensatz auftritt, um so schlechter ist die Haltbarkeit und am schlechtesten ist sie, wenn das Bier trüb wird, ohne geschüttelt worden zu sein. Die sterile Probe hinter dem Filter sowie die sterile Probe am Abfüllapparat bleiben bei tadelloser Betriebsführung oft die 4 Wochen hindurch blank und ohne jeden Bodensatz.

Manche Biere sind besonders empfindlich gegen Schütteln auf dem Transport und scheiden infolge dieser Behandlung leichter und schneller Eiweiß aus. Man muß in diesem Falle Haltbarkeitsproben einem Bierführer auf den Wagen mitgeben, um sie täglich zu prüfen und mit den ruhig stehenden Laboratoriumsproben zu vergleichen.

Mit diesen Beobachtungen allein ist es aber nicht getan, denn es müssen nun auch täglich die erledigten Proben vom gleichen Datum des Vormonats mikroskopisch geprüft werden, und zwar Trübung und Bodensatz evtl. mit und ohne Lauge. Alle Resultate sind in das Journal einzutragen, selbst wenn sie sich das ganze Jahr gleichbleiben.

§ 96. Biertrübungen und Bodensätze. Eine Trübung der Haltbarkeitsproben ist immer gefährlich. Es kommen vor:

Eiweißausscheidung in feiner Form als weißer Schleier oder in Flocken über dem Bodensatz. Diese rühren meistens her von sonderbaren Arbeitsmethoden in Mälzerei und Sudhaus und fallen aus dem Rahmen dieses Buches heraus.

Eiweißausscheidung als Schleier in Verbindung mit Sarzina oder Stäbchen wird hervorgerufen durch Säurebildung dieser Bakterien und die hiermit veranlaßte Störung des kolloidalen Gleichgewichtes des Bieres.

Sarzinatrübung ist immer verbunden mit unangenehmem Geruch und Geschmack des Bieres und kann als die gefährlichste Bierkrankheit bezeichnet werden. In den meisten Fällen ist die Zusammensetzung der Würze nicht so, wie man sie für ein gutes, haltbares Bier notwendig hat. Nur eine „gesunde" Würze ist widerstandsfähig und da die Sarzina fast überall anzutreffen ist, kann man den Vergleich mit der Tuberkulose des Menschen als treffend bezeichnen. Einem Bier aus einer „gesunden" Würze schadet die Sarzina ebensowenig als einem Menschen mit gesundem Blut die Tuberkelbazillen. Als Hauptfehler, die zu unrichtiger Würzezusammensetzung führen können, kommen in Betracht: kurzes oder ungleichmäßiges Gewächs auf der Tenne, schlechte Auflösung, ungenügendes Kochen der Maischen, schlechte Verzuckerung, zu kurzes oder nicht genügend intensives Kochen der Würze, zu geringe Hopfengabe und zu schlechte Hopfenqualität.

Toni Unger[1]) berichtet: Laboratoriumsversuche haben ergeben, daß bei einer Hopfengabe von 500 g pro hl Würze fast in jedem Falle das Wachstum der Sarzina aufhört.

Die Schädlichkeit einer vorhandenen Sarzina-Infektion zeigt sich darin, daß das Bier im Brutschrank innerhalb von 10 Tagen trüb wird, während unschädliche Sarzina im Bodensatz oft in Massen zu finden ist bei bester Klarheit des überstehenden Bieres.

Am schnellsten verbreitet sich die Sarzina in einem Betriebe, dessen Biere eine Jodreaktion zeigen. Es kommen daher alle Ursachen der sogenannten Kleistertrübung indirekt als Ursache des Verderbens der Biere durch Sarzina in Betracht. Die wichtigsten derselben sind folgende: Schlecht verzuckerndes Malz, zu große Maischreste, zu schnelles Maischen, mangelhafte Maischwerke, Bodenteig, zu kurze Ruhezeit, zu frühes Kochen der Würze, so daß unverzuckerter Nachguß hineinläuft, falsch gehende Thermometer und zu hohe Abmaischtemperatur.

Unreinlichkeit im Betriebe kann Ursache sein, muß es aber durchaus nicht sein. Diejenige Stelle des Betriebes, an welcher sich die Sarzina am liebsten einnistet, ist das Holz der Gärbottiche. Man muß in diesem Falle auskellern, mit der Ziehklinge gut bearbeiten und sorgfältig lackieren. Wenn man dann nach jedesmaligem Waschen des Bottichs eine Desinfektion durch Ausschwefeln vornimmt, wird man vor einer Sarzinainfektion genügend geschützt sein.

Die Sarzina ist viel stärker verbreitet, als man gewöhnlich annimmt[2]). Eine im Jahre 1913 ausgeführte Prüfung durch Versenden steriler Fläschchen an 87 europäische Brauereien, welche 522 Proben heller und dunkler Biere einsandten, ergab folgende Zahlen: In Norddeutschland enthielten bei ausschließlich hellen Bieren 72% der Betriebe Sarzina; in Süddeutschland bei vorwiegend dunklen Bieren enthielten 88% Sarzina; in Elsaß-Lothringen, Hessen und Thüringen trotz vorwiegend heller Biere 88% Sarzina. Geschmacksverschlechternd traten die Sarzinen nur ganz vereinzelt, besonders bei nicht ganz jodnormalen Bieren auf und zeigten dann auffallend kleine Form. Die großen Varietäten waren immer unschädlich und nie schwebend, sondern stets im Bodensatz. Zu berücksichtigen ist bei Beurteilung obiger Zahlen, daß der Sommer 1913 infolge schwerlöslicher Malze und allgemein verbreiteten Hopfensparens schlecht haltbare Biere zeitigte.

Milchsäurestäbchen, kurze oder lange Form, als Trübung sind nicht viel weniger gefährlich als die Sarzina. Wenn sie dem Bier auch keinen üblen Geruch verleihen, so machen sie es doch sauer schmeckend, so daß es gleichfalls unverkäuflich ist. Für diese Biertrübung gilt im Grunde dasselbe, was von der Sarzinakrankheit über die Zusammensetzung der Würze gesagt wurde. Der Herd der Infektion liegt aber bei Stäbchen meist in den Gummischläuchen

[1]) Tageszeitung für Brauerei 1925, Nr. 145.
[2]) 19. Jahresbericht der Lehr- und Versuchsanstalt für Brauer in München; 1913.

(§ 123). Man muß alle alten, defekten Schläuche durch neue ersetzen. Auch Blasen in zu dickem Bierstein in modernen Gärgefäßen können eine Stäbcheninfektion herbeiführen. Sehr gefährlich und wenig beachtet sind die kleinen Schläuche an Filter und Abfüllapparat, besonders diejenigen an den Laternen für das Überlaufbier. Diese sollten mindestens alle Jahre einmal durch neue ersetzt und stets sehr sauber gehalten werden, weil man sich sonst das Restbier (§ 101) infiziert und so eine ständige Infektionsquelle schafft.

Wilde Hefe kommt in schwebender Form als Trübung nur dann vor, wenn es sich um eine kleinzellige Art handelt. Das Filter bevorzugt solche kleinzelligen Hefen ebenso wie die Bakterien, indem es in erster Linie die Kulturhefe zurückhält. Darum ist ein unreines Bier weniger zu Trübungen geneigt, wenn es unfiltriert ausgestoßen wird. Es trübt sich aber leicht bei einer nur schwachen Filtration und kann sich wieder gut halten bei einer scharfen modernen Doppelfiltration.

Bodensatzbildung ist im allgemeinen nicht gefährlich. Die Bodensätze können enthalten: Kulturhefe, wilde Hefe, Sarzina, Stäbchen und Eiweiß. Im Falle das Bier blank ist und Sarzina bzw. Stäbchen sich nur im Bodensatz, meist in Klümpchenform, vorfinden, besteht keine Gefahr, solange nicht Fehler bei der Würzeherstellung gemacht werden. Insbesondere die Sarzina kommt in sehr vielen Brauereien vor, bleibt aber in ihrem unschädlichen physiologischen Zustand und findet sich nur im Faßgeläger und in den Bierbodensätzen. Stäbchen können bei warmer Witterung leichter in den gefährlichen Zustand übergehen und sollten daher auch in Bodensätzen nicht vorkommen. Kulturhefe kann nur dann schädlich werden, wenn sie sich reichlich vermehrt und eine Nachgärung hervorruft, so daß das Bier aus der Flasche heraustreibt. Diese unerwünschte Erscheinung tritt auf bei zu niedrigem Vergärungsgrad in Verbindung mit der unabänderlichen Lüftung des Bieres beim Abfüllen. In den letzten Jahren arbeiten manche Brauereien insoferne falsch, als sie zunächst ohne Rücksicht auf die Haltbarkeit auf Zeitersparnis und Ausbeutesteigerung hinarbeiten und dann die nötige Haltbarkeit erzwingen durch sehr scharfes Filtrieren. Man spart Zeit im Sudhaus durch kurzes Maischekochen, hohe Verzuckerungstemperatur usw. und erhöht die Ausbeute durch dickes Maischen, z. B. mit 20proz. Vorderwürze, auch bei hellen Bieren. Diese Arbeitsweise führt zu süß, dick und pappig schmeckenden, nicht zum Weitertrinken anregenden Produkten, welche an sich eine schlechte Haltbarkeit haben müssen. Die Betriebssicherheit ist bei solchen Verfahren auch bei scharfer Filtration sehr gering, denn die Haltbarkeit ist nur an das tadellose Funktionieren des Filters gebunden und bei Sarzina- oder Stäbchen-Infektionen werden selbst die modernsten Filter unter Umständen versagen können.

W i l d e H e f e n im Bodensatz können gefährlich werden, wenn sie kleinzellig und fähig sind, sich im fertigen Bier zu vermehren.

Man weist die gefährlichen Arten leicht durch das Tröpfchenpräparat nach (§ 54 u. 98). Die starke Vermehrung wird einesteils hervorgerufen durch die mit dem Abfüllen verbundene Lüftung, anderseits dadurch, daß die wilden Hefen das Bier weitgehender vergären können als die Kulturhefe.

§ 97. Die Anstellhefe. Mindestens ebenso wichtig als die Auswahl der richtigen Gerste und des feinsten Hopfens ist die Wahl der besten, für den betreffenden Betrieb geeignetsten Anstellhefe. Da die Arbeitsweise des Braumeisters in direktem Zusammenhang steht mit der Tätigkeit der Hefe, so ist es leicht verständlich, wenn in vergangenen Zeiten die Braumeister „ihren Zeug" das ganze Leben hindurch behielten und bei Stellenwechsel auch mitnahmen. Es hatte sich so eine Art Symbiose herausgebildet zwischen dem Braumeister und seiner Hefe. Damals gab es noch keine Reinhefe, und man verwendete nur Rassengemische, deren jeweiliger Zustand und deren Reinheit allein vor der Arbeitsweise in Mälzerei, Sudhaus und Gärkeller abhing. Auch heute noch ist dies der Fall, wenn auch nicht in so weitgehendem Maße wie vor Einführung der Reinhefe. Delbrück nennt es die natürliche Hefereinzucht (vgl. § 131). Man muß durch sachgemäßes Arbeiten in Mälzerei und Brauerei ein Degenerieren der Anstellhefe zu verhüten wissen, d. h. man muß seiner Hefe eine Umgebung schaffen, die sie befähigt, den Kampf gegen alle Fremdorganismen siegreich zu bestehen und gleichzeitig das beste Bier hervorzubringen. Diese Bedingungen treffen aber keinesfalls zusammen mit den günstigsten Lebensbedingungen der Hefe. In letzterem Falle würde die Hefe überernährt uns müßte, wie jedes Lebewesen Spannkraft und Energie verlieren. Unter sachgemäßen, unserer Kulturhefe zuträglichem Arbeiten versteht man im Grunde genommen ein Sichbesinnen auf diejenigen Methoden, die sich seit Jahrhunderten bewährt und in der Zeit der Befestigung ihres Rufes in deutschen, speziell bayerischen Klosterbrauereien herausgebildet haben. Es gehört dazu eine Vollweiche unter Wasser, eine neuntägige Tennenzeit, ein Schwelken des Grünmalzes, ein langsames Darren bei möglichst hoher Abdarrtemperatur, ein langes Dreimaischverfahren mit mindestens halbstündigem festem Kochen jeder der drei Maischen, ein intensives Würzekochen, je nach Stärke des Bieres 2 bis 3 Stunden lang, ohne daß noch Nachguß in die kochende Würze gelangt, nicht zu niederprozentiges Glattwasser, langsame und kalte Gärführung im Bottich von 30 bis 40 hl Inhalt, denn es soll der Spruch gelten: so viel Grade, so viel Tage! Wer so arbeitet, braucht keine künstlichen Stärkungsmittel und Waschmethoden für seine Hefe. Wenn nun in Gegenden mit sehr weichem Wasser für Mälzerei und Brauerei die Beobachtung gemacht wird, daß man den Zeug nur 6- bis 8mal gehen läßt, so ist dies ein Zeichen, daß ein zu salzarmes Wasser der Hefe nicht zusagt. Man könnte es daher als ein schlechtes Brauwasser bezeichnen, ja in früheren Zeiten setzte man vielfach einem solchen Wasser Naturgips zu, um es geeigneter und für die Hefe und dadurch die

Gärung besser zu machen. Heute können sich aber solche Brauereien den auf der anderen Seite hervortretenden Nutzen eines solch weichen Wassers, nämlich helle Bierfarbe, starke Hopfengabe, hohe Haltbarkeit usw. sichern, wenn sie nur oft genug neue Hefe aus einer Brauerei mit hartem Wasser beziehen. Dies ist ein Beweis für die Behauptung, daß die günstigsten Lebensbedingungen für die Hefe nicht gleichzeitig auch das beste Bier geben.

Es ist eine der wichtigsten Aufgaben, die im Betrieb befindlichen Hefestämme zu untersuchen und zur rechten Zeit auszuschalten. Keine Hefe soll zum Anstellen verwendet werden, die nicht unmittelbar vorher mikroskopisch geprüft ist. Zu dieser Untersuchung macht man ein Präparat mit Lauge und ein solches ohne Lauge in einer Verdünnung, die jede Hefezelle einzeln in der Flüssigkeit liegend zeigt. Nun bestrachtet man mindestens 20 Gesichtsfelder bei 7- bis 800facher Vergrößerung in jedem Präparat, wobei man beim ersteren besonders auf die Anwesenheit von Stäbchen und Sarzina, beim letzteren auf das Aussehen der Hefezellen achtet. Normalerweise sieht die kurz gewässerte Hefe am besten aus, wenn sie 5- bis 10mal gegangen ist. Findet man einzelne Stäbchen oder Sarzina in der Hefe, so soll sie weggeworfen werden. Dies ist jedoch im modernen Betrieb erst nach 15- bis 20maligem Gehen der Fall. Wir die Hefe nur 4- bis 6mal geführt, wie dies in manchen Betrieben der Fall ist, so kann eine Infektion nicht aufkommen. Die Beurteilung der Anstellhefe ist ebenso eine Erfahrungssache, wie die Beurteilung von Gerste und Hopfen. Auch hier dauern die genauen Untersuchungen viel zu lange. Man kann mit dem Anstellen nicht warten bis Gipsblockkulturen gemacht sind oder die Hefe 10 Tage in sterilem Bier gestanden hat. Am meisten könnte das Vaselineinschlußpräparat zur Prüfung auf Sarzina nützen, aber selbst 24 Stunden sind zu lange. Diese Methoden unterstützen den Betriebskontrolleur, er wendet sie aber bei der Anstellhefe nur sehr selten an und verläßt sich am besten auf sein Auge. Führt man mehrere Stämme Reinhefe, so lernt man die einzelnen unterscheiden und trägt Sorge, daß die Bottichgärungen der einzelnen Stämme streng getrennt bleiben, während man sie dann im Lagerkeller möglichst gleichmäßig übereinander schlaucht. Auf diese Weise hat man den Vorteil der Hefereinzucht und zugleich aber den eines Rassengemisches, welcher darin besteht, daß die Kulturhefen im gegenseitigen Konkurrenzkampf gekräftigt bleiben und Bakterien oder wilde Hefen nicht so leicht aufkommen. Siehe ferner besondere Untersuchungen § 111 ff. u. S. 122. Besonderer Wert ist auf die richtige Behandlung der Hefe in der Hefewanne zu legen. Das Hefewaschwasser soll hart sein und muß evtl. einen Zusatz von 30 g Braugips pro hl erhalten. Die Temperatur des Wassers sei 0°. Die Zeit der Lagerung sei nicht länger, als zur Reinigung durch Abschlemmen erforderlich ist. Man soll Hefe nie länger als einige Tage unter Wasser aufbewahren. Muß man länger warten bis zu neuem Anstellen, so erinnere man sich daran, daß die alten Brauer die Hefe im Bottich unter einer handhohen Schicht Bier stehen ließen, bis sie wieder verwendet werden konnte. Das beste Aufbewahrungsmittel für Hefe ist starkprozentiges Bier. Man gibt die ungewässerte Hefe aus dem Bottich direkt in ein frisch gepichtes Transportfaß, läßt einen Tag ausgären, füllt mit Bier auf, schlägt zu und vergräbt das Faß ins Eis. Nach 4 bis 6 Wochen ist die Hefe noch wie frisch vom Bottich.

Fr. Windisch[1]) verglich mehrere Heferassen in ihrem Verhalten unter Wasser durch Bestimmung der Gärkraft. Es ergab sich sowohl für unter- als auch für obergärige Hefe, daß die Aufbewahrung unter Wasser bei 0° bis zu 4 Wochen besser ist, als die Lagerung in gepreßter Form bei 0°.

§ 98. Das Bottichbier. Die erste Bedingung, welche in einem geordneten Betriebe zu erfüllen ist, ist die vollkommene Reinheit der schlauchreifen Bottichbiere, geprüft mit Hilfe des Tröpfchenpräparates (§ 54) und durch die Haltbarkeitsproben, welche nach 4 Wochen mikroskopiert werden. Man soll daher jedesmal, wenn geschlaucht wird, eine Stichprobe nehmen zur genauen Untersuchung, denn wenn die oben genannte Bedingung erfüllt ist, dann kann man auf jeden Fall von einer guten Betriebssicherheit sprechen. Alle gefährlichen Infektionen beginnen im Gärkeller und was in Spuren im Lagerkeller oder auf dem Wege dahin in das Bier gelangen kann, hat bei kalter Lagerung keine Kraft zu starker Vermehrung. Wohl gibt es Betriebe, bei denen durch gänzlich rissige Abfüllschläuche eine starke Verunreinigung eintritt und wo diese bei warmem Wetter sogar eine Biertrübung und ein Verderben hervorrufen kann. Solche Fälle sind jedoch heutzutage Ausnahmen. Da die biologische Betriebskontrolle vor der chemischen und vor der maschinentechnischen kommt, weil sie die wichtigste Eigenschaft, nämlich die Haltbarkeit des Bieres, ohne die kein Brauereileiter etwas anfangen kann, garantieren muß, so sollen die Bottichbiere auch regelmäßig mittels der Gipsblockkultur auf wilde Hefe geprüft werden (§ 75).

Die Anwendung des Tröpfchenpräparates zur Bottichbier-Untersuchung. Die Herstellung des Tröpfchenpräparates ist § 54 beschrieben. Das wichtigste Anwendungsgebiet für dieses Präparat ist die Untersuchung der schlauchreifen Bottichbiere, weil man nach 24 Stunden das Resultat besitzt und noch beim Schlauchen auf evtl. unreine Bottiche Rücksicht nehmen kann. Die Proben werden deshalb 1 bis 2 Tage vor dem Schlauchen genommen. Bezüglich der Entnahme derselben siehe § 93. Man macht nur wenn der Betrieb sehr klein ist, ein einziges Präparat, sonst immer eine Reihe von Bottichkontrollen. Für jeden Bottich muß man aber ein eigenes Präparat machen, nicht wie von anderer Seite vorgeschlagen wurde, nur einige Tröpfchen in einer Reihe, so daß 4 Bottiche in ein einziges Präparat gingen. Man versäume nicht,

[1]) Wochenschrift für Brauerei 1929, Nr. 35.

jedesmal vor dem Eintauchen der Feder. das Bier gut umzuschütteln. Die Tröpfchen müssen so groß sein, daß sie mit Objektiv 3 und Okular 4 gerade in das Gesichtsfeld des Mikroskopes hineingehen und ohne Verschiebung zu überblicken sind. Dabei darf die Spur Vaseline, welche am Deckgläschen haftet. nicht das Bild stören. Die Tröpfchen müssen hängen wie Tautropfen. damit eine Sortierung der Organismen und eine Konzentration der Kulturhefe nach der Mitte zu erfolgen kann. Auch sollen sie schön in Reihen sitzen. um ein Verschieben von einem zum anderen Tröpfchen ohne das Auge vom Okular wegzunehmen, zu ermöglichen. 24 Stunden nach der Herstellung der Präparate erfolgt bei Aufbewahrung im Brutschrank bei 25° C die Untersuchung derselben. Man gewöhne sich daran, mit einer 80- bis 100fachen Vergrößerung auszukommen und stelle stärkere Systeme nur im Notfall ein. Hierdurch spart man viel Zeit und wird auch im Großbetrieb zur rechten Stunde mit der Untersuchung fertig. Es soll jedes Tröpfchen besonders um den Rand des zentral gelegenen Hefeklümpchens betrachtet werden, denn fremde Hefearten stören das gleichmäßige Wachstum der Kulturhefe und verursachen in die Augen fallende Unregelmäßigkeiten. Da aber im Tröpfchenpräparat nicht nur die bierschädlichen Arten, sondern infolge der Lüftung und des Kohlensäure- sowie Alkoholverlustes auch viele andere Arten wachsen, so muß man bei Beurteilung der Resultate eine gewisse Vorsicht walten lassen. Fremde Hefen, welche das Bild nur wenig stören und sich nicht stärker vermehren, als die Kulturstufe, kommen hie und da unter 12 Tröpfchen in einem vor, verlieren sich aber in der gleichen Hefe von selbst wieder. Bedenklich sind Pastorianusarten, Ellipsoideusarten und solche fremden Hefen, welche sich im Tröpfchen stark vermehren, so daß sie die Kulturhefe zu überwuchern imstande sind. Kahmhefe macht hierbei eine Ausnahme und ist leicht als solche zu erkennen, da sie in die Luft hinauswächst. Es gehört einige Übung dazu, die verschiedenen im Betriebe vorkommenden Arten zu unterscheiden, zumal jeder Betrieb seine eigene Hausflora hat. Anzustreben ist aber immer eine solche Reinheit der schlauchreifen Bottichbiere, daß unter 12 Tröpfchen nicht eines eine zweifelhafte Stelle enthält.

§ 99. Zwickelproben. Ein richtig hergestelltes Bier muß sich im Lagerfaß in 2 bis 3 Wochen so weit geklärt haben, daß man meint, es sei schade, wenn ein solches Bier filtriert wird. In dieser Zeit sollen die Hefezellen zum größten Teil zu Boden gegangen sein, so daß nur eine schwache, in der Wärme meist verschwindende Eiweißtrübung übergeblieben ist, die sich erst nach längerer Lagerung verliert. Bleibt ein Bier längere Zeit eiweißtrübe, was meist infolge der Verwendung eines schlecht gelösten Malzes der Fall ist, so besteht die Möglichkeit einer Sarzinakalamität, denn die normalerweise mit der Hefe zu Boden gehenden Sarzinazellen bleiben nun an den Eiweißteilchen hängen, schweben infolgedessen im Bier und nehmen einen gefährlichen physiologischen Zustand an. Es tritt der bekannte widerliche Geruch und Geschmack auf. Daher ist es nötig, sofort nach der Probenahme ein gewöhnliches Präparat zu machen ohne Lauge, um das Aussehen des Bieres zu beurteilen. In diesem Präparat findet man bei unreinen Würzeleitungen auch Termobakterien, welche sich zwar nach dem Einsetzen der Hefegärung nicht mehr weiter vermehrt haben, jedoch am Leben und im Biere schweben geblieben sind.

Ebenfalls sogleich nach der Probenahme, bevor noch Erwärmung und weitere Vergärung eingetreten ist, macht man ein Tröpfchenpräparat mit 12 bis 15 Tröpfchen. Dieses Präparat gibt nach 24 Stunden eine erschöpfende Antwort auf die Reinheitsfrage, allerdings unter Ausschluß der Sarzina, welche sich unter diesen Bedingungen nicht vermehrt (§ 114). Bei der Beurteilung des Resultates ist folgendes zu beachten: Je weniger Tröpfchen irgendwelche Organismen aufweisen, desto besser hat sich das Bier geklärt und desto reiner ist es. Unter den mit vermehrungsfähigen Organismen befundenen Tröpfchen unterscheidet man solche mit schwacher, träger Vermehrung oder mit geringem Wachstum und solche mit starker Vermehrung. Nur die in letzteren vorhandenen Organismen sind im allgemeinen als schädlich bzw. als Ursache von Biertrübungen anzusprechen. Es gibt kleinzellige wilde Hefen, welche bei der geringsten Lüftung des Bieres schon eine Trübung verursachen. Diese sind für Flaschenbier besonders gefährlich. Sie erfüllen nach 24 Stunden bereits $^2/_3$ bis $^3/_4$ des Tröpfchendurchmessers. Solche wilde Hefen sollen in einem geordneten Betrieb nicht vorkommen. Auch harmlose Kahmhefe kann sich schnell vermehren, jedoch erkennt man sie leicht an ihrem Wachstum, an glänzenden Punkten im Zellinnern und an dem Bestreben, aus der Flüssigkeit heraus in die Luft zu wachsen. Kulturhefe vermehrt sich in dem Tröpfchenpräparat der Zwickelproben bei älteren Bieren nur sehr wenig; ebenso verhalten sich Torulaarten, Myzelhefen und eine ganze Reihe von sogenannten Nachgärungshefen, unter denen man in manchen Betrieben auch Aromahefen finden kann (§ 83). Die gefährlichen Pastorianusarten zeigen stärkere Entwicklung als die Kulturhefe, werden aber bei einiger Übung leicht von dieser am Wachstum unterschieden. Leichte, kleinzellige, durch das Filter gehende Hefearten werden durch diese Untersuchungen beizeiten entdeckt. Um eine Schädigung der Haltbarkeit zu vermeiden, muß man dann das Bier recht bald nach scharfer Filtration zum Ausstoß bringen. Man sollte nicht jede Infektion kurzerhand als „wilde Hefe“ bezeichnen, denn die meisten fremden Arten der Hausflora eines Betriebes sind entweder harmlos oder können sogar an einer besonderen, guten Eigenschaft des Produktes schuld sein. Diese langsam wachsenden, meist Myzelhefencharakter tragenden Arten bezeichnet man am besten als Nachgärungshefen. Dadurch bleibt man auch vor Überängstlichkeit bewahrt und erweckt durch sein Gutachten nicht einen ganz falschen Eindruck. Unter wilder Hefe soll man nach wie vor eine wirklich schädlich auf Geschmack oder Haltbarkeit wirkende fremde

Hefe verstehen. Meist kann man dann mit Hilfe der Gipsblockkultur noch den Charakter der gefundenen Art näher festlegen (§ 75). Zu bemerken ist, daß in solchen Betrieben, die ausschließlich Metallgefäße und fast ausschließlich Metalleitungen verwenden, bei absoluter Reinlichkeit in der Behandlung, die fremden Hefen nur mehr sehr selten vorkommen.

§ 100. Das Faßgeläger. Auch die Untersuchung des Faßgelägers gehört zu den regelmäßigen Arbeiten der biologischen Betriebskontrolle, obwohl nur jedesmal ein gewöhnliches mikroskopisches Präparat unter Zusatz von reichlich Natronlauge zu machen ist. Bei hellen, gut gehopften Bieren ist das Faßgeläger meistens vollkommen rein, d. h. man findet Kulturhefe, Rückstände von Hopfenharzkügelchen, welche sich in Lauge nicht vollkommen gelöst haben und manchmal einer runden Torulahefe täuschend ähnlich sehen, Eiweißhäutchen und bei starken Bieren besonders häufig Kristalle von oxalsaurem Kalk. Gewöhnlich scheidet er sich in Form glänzender Oktaederkristalle aus, welche aussehen wie ein Viereck mit einem Kreuz. Selten in Büscheln von Nadeln oder Prismen. Ist man im Zweifel, so fügt man einen Tropfen konzentrierte Schwefelsäure zu. Diese löst den oxalsauren Kalk und verwandelt ihn in schwefelsauren Kalk oder Gips, welcher nach einiger Zeit in charakteristischen feinen Nadeln und Büscheln von Nadeln auskristallisiert. Ist nur wenig oxalsaurer Kalk zur Reaktion vorhanden, dann arbeite man ohne Deckgläschen, so daß die Flüssigkeit eintrocknet und die Kristallisation der Gipsnadeln leichter erfolgt. Im Faßgeläger nieder vergorener dunkler Biere treten Sarzinakolonien in Form kleiner Klümpchen häufig auf. In dieser Form ist die Sarzina vollkommen harmlos und braucht nicht beanstandet zu werden. Stäbchen sollen nicht vorkommen, auch fremde Hefen, besonders kleinzellige Ellipsoideusarten sind sehr zu beanstanden. Runde, kleinzellige Torula kommt häufig vor, ist aber harmlos, weil sie sich im Bier nach Einsetzen der Hauptgärung nicht mehr merklich vermehren kann. Sie stammt ebenso wie die in Geläger- oder Zwickelproben vorkommenden Termobakterien aus unreinen Würzeleitungen oder der Trubpresse.

§ 101. Das Restbier. Restbier entsteht hauptsächlich durch das Auspressen von Vorzeug und Nachzeug, durch das Faßgeläger und Vor- wie Nachlauf beim Abfüllen. „Wenn das Bier im Restfaß rein ist, dann ist alles rein!“ Liegt in einem Betrieb eine Infektion vor, so ist es am besten, so lange ohne Restfaß zu arbeiten, bis der Betrieb wieder rein ist. Man spart in solchem Falle nichts, wenn man die infizierten Gelägerreste aus den Fässern verwertet. Vor allen Dingen muß man darauf achten, daß man im Restfaß keine Sarzina, keine Stäbchen und keine wilden Hefen heranzüchtet. Sollte sich ein Restfaß als infiziert erweisen, so ist es unbedingt das beste, wenn man dieses Bier laufen läßt. (Der Steuerbehörde vorher melden!) Engherzigkeit kann sich gerade hier schwer rächen. Sache der biologischen Betriebskontrolle ist es daher, die Restfässer regelmäßig zu untersuchen und den Braumeister ständig über diese Resultate auf dem Laufenden zu halten. Man nimmt Zwickelproben und Gelägerproben.

In der Behandlung der Restfässer werden oft große Fehler gemacht. Restfässer sollen möglichst klein sein, so daß es höchstens 8 Tage dauert, bis sie unter Hinzugabe von 20% frischer Kräusen voll sind. Man gibt gleich beim ersten Einfüllen von Abseihbier 10% des ganzen Faßinhaltes frischer Kräusen und den Rest nach 4 Tagen. In kleineren Betrieben genügen Restfässer von 2 bis 3 hl Inhalt, in größeren 5 bis 10 hl. Diese Fässer müssen bei jeder Gelegenheit ausgekellert und frisch gepicht werden. Auch aus diesem Grund ist es gut, kleine Fässer zu nehmen, welche bequem in den Aufzug passen. Restbier soll man nur mit solchem Bier verschneiden, welches rasch getrunken wird, und soll es niemals zu Flaschenbier mitverwenden.

Über die Behandlung des Restbieres schreibt K. Lense[1]) außerdem noch, „man solle besonders auf das vom Verschneidbock und Filter kommende Restbier achten, weil dasselbe Schlauchstutzen und Schläuche passiert hat, welche oft Infektionsquellen sind. Die Restbierschaffel sollen täglich gebürstet und häufig frisch lackiert werden. Restfaßgeläger soll man als Abfall betrachten. Um Infektionen auszuschließen, werden in manchen Brauereien die Restbiere pasteurisiert. Das Restbier soll zu Beginn mit 5 bis 8% des Faßinhaltes an Kräusen versetzt werden und in wenigen Tagen voll sein, evtl. durch Jungbierzusatz. Die Größe der Restfässer für z. B. 50000 hl Ausstoß sei 10 hl. Beim Verschneiden sollen dem normalen Bier ca. 10% Restbier zulaufen." Man kann nach Lense im modernen Betrieb mit dem Restfaß durchaus rein arbeiten. — Auch J. Ernst[2]) behandelte die Restfaßfrage und legt ihr eine große Bedeutung bei. In ganz kleinen Betrieben ist die Lösung der Restbierfrage schwierig, weshalb man hier die Restbiermengen mit allen Mitteln einschränken soll. Niemals soll man es auf die Lagerfässer geben, sondern vielmehr in ein Transportfaß mit Jungbier, aus dem man es mittels Stechhahn beim Abfüllen zum normalen Bier hinzudrückt. In gewissenhaft geleiteten Betrieben braucht man nach Ernst oftmals gar keine Restfässer, indem man folgendermaßen arbeitet: Das von Filtervor- und -nachlauf und vom Abseihen anfallende klare Bier wird in einem kleineren Faß oder Druckgefäß gesammelt und beim nächsten Abfüllen gleich wieder mitverschnitten. Vorhefe und dickes Geläger werden filtriert und sobald als möglich ebenfalls beim Abfüllen verschnitten. „Die biologische Beschaffenheit des Restbieres ist gewissermaßen der Spiegel für die Sauberkeit des Betriebes."

§ 102. Das Retourbier. Die biologische Betriebskontrolle hat ein Journal zu führen, in welches jedes Faß Retourbier einge-

[1]) Allg. Anzeiger, Mannheim 1926, Nr. 10.
[2]) Allg. Brauerei- und Hopfenzeitung 1926, Nr. 106.

tragen wird. Zu den Einträgen: Datum, Faßnummer, Name des Kunden, kommt die Ursache der Rücksendung und der Befund. Normalerweise ist die Menge dieses Bieres im Verhältnis zum Ausstoß so gering, daß man jedes Faß Retourbier laufen läßt. Es hat keinen Zweck, sich wegen einiger Liter Bier der Gefahr einer Infektion auszusetzen. Meist kommt schales Bier retour als Folge undichter Spundringe. Auch kann Bier durch einen schlechten Zustand des Transportfasses sauer geworden sein. Trübes Bier kommt meist durch Nachgärung der Kulturhefe bei niederem Vergärungsgrad oder wenn man die Hefe vor dem Zeuggeben mit ungekochter Vorderwürze vorgestellt hat. Auch wilde Hefe kann selbstverständlich zu starken Biertrübungen führen. Sollte ein Wirt durch Zusammenschütten von Bierresten und Auffüllen mit anderen Flüssigkeiten ein Retourbier künstlich gemacht haben, so läßt sich dies nachweisen durch die chemische Analyse, durch die Anwesenheit von Essigsäurebakterien und Kahmhefe usw. Man begnügt sich meist mit dieser Feststellung zur eigenen Beruhigung.

§ 103. Die Filtermasse. Zur Prüfung der gereinigten Filtermasse benötigt man Freudenreich-Kölbchen mit steriler, gehopfter Würze sowie eine durch Erhitzen in der Flamme sterilisierte Pinzette. Nach dem letzten kalten Waschen läßt man Masse in das Sieb fließen, so daß das Wasser größtenteils abläuft. Dann hebt man mit der Hand eine Schicht der Oberfläche ab und nimmt von dem unteren Massekuchen mit der Pinzette ein erbsengroßes Stück weg, welches man sogleich an Ort und Stelle in ein Freudenreich-Kölbchen zu steriler Würze gibt.

Dieses Freudenreich-Kölbchen, welches in steriler, gehopfter Würze ein wenig Filtermasse suspendiert enthält, wird 10 Tage lang bei 25° C beobachtet und dann evtl. mikroskopiert. Bei guter Reinigung bleibt die Würze während dieser Zeit vollkommen blank und ohne Gärung. In manchen Fällen entwickelt sich ein Schimmelpilz, meist Penicillum, was aber keine Bedeutung hat. Verändert sich die Würze, so muß man feststellen, ob Gärung durch Kulturhefe oder wilde Hefe oder Termobakterien vorliegt oder ob Trübung durch Apikulatushefe, Torula oder Bakterien eingetreten ist. Das Resultat muß aufgeschrieben werden; die Kontrollen müssen gewissenhaft gemacht werden, weil gerade an dieser Stelle leicht Unregelmäßigkeiten vorkommen. Über die Reinigung und Behandlung der Filtermasse siehe § 125.

§ 104. Die Prüfung der Abfüllapparate und Bierleitungen. Am zweckmäßigsten ist es, sich persönlich von der Reinigung dieser Apparate zu überzeugen. Man soll unerwartet dazukommen, wenn Samstags die Abfüllkolonne sauber gemacht wird oder wenn der Druckregler auseinandergenommen ist. Auch soll man selbst von Zeit zu Zeit nach Betriebsschluß, also unbeobachtet, sich den Zustand aller Abfüllapparate, besonders auch im Flaschenkeller, ansehen. So kommt man viel besser und schneller zum Ziel, als durch umständliche Probenahme und Untersuchung der Proben. Zu diesen greift man nur notgedrungen, wenn es die besonderen Verhältnisse etwa in einem sehr großen Betrieb nicht anders zulassen.

Im Falle einer Infektion und Haltbarkeitsverschlechterung wird man sofort sämtliche Abfülleitungen, Schläuche und Apparate einschließlich Filter und Druckluftkessel einer gründlichen Reinigung und evtl. Desinfektion unterziehen, worauf man durch besonders scharfe Filtration unter Zugabe von Asbest einen momentanen Erfolg erzielt. Die Haltbarkeit des infizierten Bieres steigt momentan und man hat Zeit gewonnen, nach den eigentlichen Ursache zu forschen, sofern man noch dafür sorgt, daß das Bier nicht lange bei der Kundschaft liegenbleibt. Gegebenenfalls muß man die Kundschaft öfters bedienen, wozu ja heute die schnellaufenden Lastwagen vorzüglich geeignet sind. Es ist grundsätzlich falsch, im Falle einer sehr schlechten Haltbarkeit mit dem Untersuchen und Nachsehen beim Kühlschiff anfangen zu wollen. Diese Methode dauert der Praxis viel zu lange, und es kann eine Brauerei unter Umständen zugrunde gehen, bis auf diese Weise der Erfolg zutage tritt. Selbstverständlich kann man auf eine Generalreinigung nicht verzichten und wird sie sogleich nach Eintritt des erwähnten Augenblickserfolges zur Ausführung bringen.

Auch bei der Trubpresse, siehe auch § 120, und den Filtertüchern erreicht man bei direkter Prüfung viel mehr als durch Probenahme. In den feinen Kanälen derselben darf kein sich schleimig anfühlender weißer Belag sein. Man muß sorgen, daß die dazu nötigen feinen Bürsten vorhanden sind. Oft beobachtet man, daß nicht der Arbeiter, sondern ungeeignete Bürsten am schlechten Zustande der Trubpresse oder des Druckreglers usw. schuld sind, denn man erkennt deutlich, bis wohin die Bürste vorgedrungen ist. Den Sammelkessel des Faßabfüllapparates wird man regelmäßig ausfühlen und ausleuchten, wobei man besonders den Gummidichtungsring am Deckel betrachtet. Sehr enge und lange Kessel sind schwer von einer Seite aus zu bürsten; da sieht man dann oft den plötzlichen Übergang vom gebürsteten zum nicht gebürsteten Teil.

Ist man auf Entnahme von Proben angewiesen, so nimmt man an verschiedenen Stellen der Abfüllkolonnen Proben vom ersten Anlauf. Jede Leitung und jeder Schlauch wird bei ruhiger Lage und längerem Durchfluß von Bier allmählich reiner und reiner, so daß man bei vorsichtigem Arbeiten auch aus einem schlechten Schlauch oder einer schlechten Leitung nach etwa halbstündigem Abfüllbetrieb eine reine Probe bekommen kann. So würde man seine Proben „frisiert“, sich also selbst etwas weis machen. Vor dem Filter nimmt man die Proben in Erlemeyer-Kölbchen und macht sofort Tröpfchenpräparate, hinter dem Filter nimmt man sterile Fläschchen mit Patentverschluß und läßt 10 Tage im Brutschrank zur Beobachtung stehen.

Über die Behandlung und Prüfung der Schläuche siehe § 123. Über die kleinen Schlauchstücke an Filter und Abfüllapparat siehe § 124.

Die in § 123 beschriebene Methode zur Prüfung der Gummischläuche kann man natürlich nur etwa alle paar Monate einmal anwenden, weil sonst die Schläuche leiden könnten. Es genügt dies aber auch vollkommen.

2. Gelegentliche Arbeiten.

§ 105. Betriebssicherheit. Man hat in einem Betrieb von etwa 100000 hl Ausstoß täglich 2 bis 3 Stunden zu tun, wenn man die im vorhergehenden Abschnitt beschriebenen Arbeiten gewissenhaft und regelmäßig ausführt. Der Erfolg hängt daran, daß diese Kontrolle mit Ausdauer fortgesetzt wird und daß man nicht ermüdet, täglich alle Präparate und Eintragungen in die Journale zu machen, auch wenn wochenlang immer dasselbe geschrieben wird. Haltbarkeit und Geschmack sind die wichtigsten Eigenschaften des Bieres; sie hängen eng zusammen mit der Reinheit desselben und sind gleich wichtig für den technischen wie für den kaufmännischen Betriebsleiter. Daher vereinigt auch das richtig geführte Betriebslaboratorium die sonst oft auseinanderstrebenenden beiden Parteien zum Nutzen des Betriebes. Sind die Proben längere Zeit hindurch rein, so kann man von einer großen Betriebssicherheit sprechen. Es kündigt sich jede Infektion wochenlang vorher im Haltbarkeitsschrank und in den Tröpfchenpräparaten an. Ängstlichkeit ist nicht am Platze, wenn einmal eine Probe infiziert sein sollte, denn es gelingt immer, die Infektion zu beseitigen, lange bevor die Haltbarkeit bei der Kundschaft merklich abgenommen hat. Die zur biologischen Untersuchung in obigem Sinne aufgewendete Zeit ist unbedingt notwendig. Alle anderen Arbeiten müssen zurückstehen. Auch die ganze chemische Kontrolle kommt erst in zweiter Linie. Hat man nun noch Zeit, so kann man daran denken, ab und zu besondere Arbeiten auszuführen, von denen die wichtigsten im nachstehenden Abschnitte beschrieben werden sollen.

Man beachte bei diesen, wie bei allen analytischen Arbeiten, daß man die einzelnen Sparten nacheinander, je nach ihrer Wichtigkeit in Angriff nehmen muß und daß es unmöglich ist, bei Neueinführung einer Betriebskontrolle sogleich alle Arbeiten nebeneinnander zur Ausführung zu bringen. Es muß ferner in jedem Einzelfalle zuerst Material gesammelt werden, damit man ein Urteil gewinnt, und es müssen die Resultate auf Richtigkeit und Zuverlässigkeit geprüft werden. Man darf nur mit absolut zuverlässigen Angaben hervortreten. Mit diesen Vorarbeiten für ein neues Gebiet vergehen oft mehrere Monate.

§ 106. Die Wasseruntersuchung. Aus Appetitlichkeitsgründen sind Quellwasser und Brunnenwasser jedem anderen Wasser vorzuziehen. Vor Austritt aus dem Erdreich ist Quellwasser keimfrei, wenn nicht durch besondere Umstände Verunreinigungen vorkommen. Die verschiedenen Erdschichten wirken wie Filter und halten die Keime zurück. Ein Brunnen muß daher mindestens auf 5 m Tiefe wasserdicht hergestellt sein, wenn sein Wasser rein sein soll. Sickerwässer und Oberflächenwässer sind gerade auf einem Brauereigrundstück stark infiziert durch Bierschädlinge. Aus der Luft und in den Leitungen kommen unvermeidlich, aber sehr geringfügige Verunreinigungen in das Leitungswasser, so daß die Zahl der Keime am Verbrauchsorte gewöhnlich 10 bis 30 pro cm^3 beträgt. Nach Dr. Doemens (Allg. Brauer- u. Hopfenztg. 1930, Nr. 97) entwickelten sich aus Münchener Leitungswasser auf Würzegelatine aus 2.5 cm^3 keine Organismen, auch nicht aus 1,26 cm^3 in Würze oder 1 cm^3 in Fleischwasser. Auf Fleischgelatine kamen aus 3,4 cm^3 Wasser 7 Bakterienkolonien zur Entwicklung. Wasser aus Flüssen, Seen oder Teichen muß filtriert werden. Hierfür gibt es die verschiedensten Einrichtungen. Zum Filtrieren im großen Maßstabe für Städte verwendet man Sand, Kies und Holzkohle. Für kleinere Verhältnisse, besonders für Reinigungswasser und Hefewaschwasser in der Brauerei eignet sich das Berkefeld-Filter sehr gut. Das Seitz E. K.-Filter der Seitzwerke, Kreuznach, dient demselben Zwecke.

Das Wasser offener Brunnen, der Flüsse, Seen usw. enthält außer Bakterien oft auch große Mengen anderer Lebewesen. Dieselben sind teils schon mit bloßem Auge sichtbar, teils nur mit dem Mikroskop zu erkennen. Von Pflanzen kommen besonders Algen in Betracht, welche durch ihre grüne Färbung auffallen; es gibt aber auch Algen mit gelblichem und bläulichem Zellinhalt. Sie sind bald einzellige Organismen und zeigen häufig sehr zierliche Formen (Diatomeen), bald bilden sie einfache oder verzweigte Zellfäden, seltener Zellflächen. Manche der mikroskopisch kleinen Algen sind durch Eigenbewegung ausgezeichnet. — Sehr zahlreich und äußerst vielgestaltig sind die mikroskopisch kleinen Tiere, die im Wasser leben (Infusorien, Fadenwürmer, Flohkrebse usw.). — Die biologischen Untersuchungen dürften in manchen Füllen auch auf das Eis auszudehnen sein, besonders wenn es zum direkten Kühlen von Hefe oder Maische beim kalten Vormaischen verwendet wird.

Die Untersuchung des Wassers für Brauereizwecke vereinfacht sich insofern, als man sich darauf beschränkt, diejenigen Keime nachzuweisen, die Schädigungen in Würze und Bier hervorrufen können. Die Untersuchung auf gesundheitsschädliche Keime und die Beurteilung eines Wassers als Trinkwasser fallen nicht in unser Gebiet. Wer sich mit diesen Fragen befassen muß, richtet sich am besten nach Spezialwerken, wie z. B. „Die Untersuchung und Beurteilung des Wassers und des Abwassers" von Dr. W. Ohlmüller und Dr. O. Spitta, Verlag Jul. Springer, Berlin.

Man verwendet zur speziellen Prüfung des Wassers auf Bierschädlinge neben Gelatineplatten auch Kölbchen mit steriler Würze oder sterilem Bier, in welche man je einen Tropfen des zu untersuchenden Wassers gibt. Nach Hansen verwendet man für eine derartige Wasseruntersuchung 25 Freudenreich-Kölbchen mit je 10 cm³ steriler Würze. In diese bringt man mit einer sterilen Pipette je einen Tropfen des zu untersuchenden Wassers. Die Kölbchen werden bei 25° C gehalten und täglich beobachtet. Nach 10 Tagen kann der Versuch abgeschlossen werden. Diejenigen Kölbchen, deren Inhalt durch Mikroorganismen getrübt ist, werden gezählt und das Resultat in Prozenten ausgedrückt. Alsdann ist mikroskopisch festzustellen, ob in den Kölbchen für den Betrieb schädliche Organismen gewachsen sind, also Essigsäurebakterien, Milchsäurebakterien, Hefen, Dematium, Oidium, Kahmhefe usw. Meist findet man Termobakterien, welche jedoch unter normalen Verhältnissen nicht als direkt schädlich anzusprechen sind. Je weniger Kölbchen aber Termobakterien enthalten, desto reiner und besser ist natürlich das Wasser, und wenn alle Kölbchen durch diese Bakterien getrübt sind, wird man das Wasser als schlecht verwendbar bezeichnen müssen, besonders zum Hefewaschen. Ist das Wasser in der Zeit zwischen Probenahme und Versuchsanstellung warm geworden, etwa auf dem Transport, so haben sich die Termobakterien und viele andere stark vermehrt, während Hefezellen abgestorben sind. Das Untersuchungsergebnis wird also falsch.

Zur weiteren Prüfung des Wassers macht man gleichzeitig in Petri-Schalen Platten mit steriler gehopfter Würzegelatine unter Zugabe von je 1 und je 6 Tropfen des betreffenden Wassers. Nach 10 Tagen zählt und mikroskopiert man die entstandenen Kolonien. Auch hier dürfen bei einem brauchbaren Brauwasser keine Bierschädlinge wachsen. Schimmelpilze sind bei geringem Vorkommen als unschädlich zu betrachten.

Ferner kann man eine kleine Menge des zu untersuchenden Wassers mit 1 bis 10 Teilen steriler Würze mischen und hiervon Tröpfchenpräparate anfertigen (§ 54), die dann mikroskopisch untersucht werden. Man berechnet in allen Fällen den Keimgehalt pro cm³ Wasser, wobei man annimmt, daß 25 Tropfen 1 cm³ ergeben. Ein Wasser ist allgemein reich an Keimen, wenn in 1 cm³ mehr als 100 in gehopfter Würze angeben.

Zum Zwecke der Untersuchung eines Wassers auf bierschädliche Sarzina versetzt man dasselbe mit der gleichen Menge steriler Würze und läßt mit Reinhefe vergären. Nach 10 Tagen gibt man den Hefebodensatz in Bettges-Nährlösung nach § 116.

Findet man in seinem Wasser irgendwelche schädlichen Keime, so muß man die Infektionsquelle suchen und abstellen. Hierbei stelle man sich folgende Fragen: War man bei der Probenahme vorsichtig genug? Sind die Leitungen, wenn sie durch Erdreich gehen, überall dicht? Ist die Saugleitung zur Pumpe dicht? Ist das Mauerwerk des Brunnens mindestens auf 5 m Tiefe wasserdicht? Sind Rattengänge im Erdboden, durch welche infiziertes Oberflächenwasser bis an die Brunnenwand gelangen kann? usw

Im Betrieb dämpfe man alle Halbjahr einmal seine ganzen Wasserleitungen aus, besonders diejenigen Verzweigungen, welche nach der Schwankhalle und dem Flaschenkeller gehen.

Ferner untersuche man öfters das Süßkühlwasser, welches zur Bottichkühlung und zur Kühlung der Hefe in der Zeugwanne verwendet wird. Man erneuere es jährlich einmal und reinige oder erneuere gleichzeitig auch die Schlauchenden an der Decke des Gärkellers.

§ 107. Die Luftuntersuchung. Im allgemeinen spielt der Keimgehalt der Luft keine Rolle und man beschäftigt sich mit solchen Untersuchungen nur höchst selten. Es kommen Ausnahmefälle vor in unseren Breiten, wenn z. B. das Kühlschiff an einer staubigen, stark befahrenen Straße liegt, wenn der Trebertrockenapparat in der Nähe des Kühlschiffes seinen Staub in die Luft streut oder in südlichen Ländern, wenn Insektenschwärme in die Würze geraten. Gewöhnlich sind in der Luft nur sehr wenige Keime. Man kann sagen, daß in einem Liter Luft im Freien, wenn man keinen Staub sieht, je nach dem Wetter nur einige wenige Keime enthalten sind, von denen wieder nicht alle für gehopfte Würze und Bier als entwicklungsfähig in Betracht kommen. Ein Beispiel möge die Harmlosigkeit der Luft gegenüber verdorbener Bier- bzw. Würzereste erläutern: In 1 Stunde fallen auf 1 cm² 100 schädliche Keime. In 5 Stunden auf dem Kühlschiff demnach 500. Diese mögen sich auf 5000 vermehren, dann treffen diese bei 10 cm Würzehöhe auf 1 l Würze. Auf 1 cm³ demnach 5 Keime aus der Luft. Dahingegen sind in 1 g verdorbener, fauliger Würze eine Milliarde Keime. Diese sollen in einem Sud von 100 hl = 10000000 cm³ gelangen. Auf 1 cm³ treffen dann 100 Keime, also 20mal soviel wie aus der Luft. Eine dritte Infektionsquelle ist die Anstellhefe. Auf 1 cm³ Würze treffen 12 Millionen Zellen. Enthält diese nur 1% Verunreinigung durch fremde Keime, so treffen auf 1 cm³ = 12000 Keime, das sind 2400mal so viel als durch die Luft und 120mal so viel als durch unsaubere Leitungen.

Will man nun auf dem Kühlschiff, im Kühlapparateraum oder im Gärkeller Luftuntersuchungen machen, so richtet man sich eine entsprechende Anzahl Petri-Schalen mit erstarrter, steriler, gehopfter Würzegelatine her. Diese stellt man an den gewünschten Stellen auf und legt den Deckel mit seiner Öffnung nach oben neben die Schale. Man muß gewöhnlich eine halbe Stunde oder eine ganze Stunde offen lassen, damit sich genügend entwicklungsfähige Keime auf die Gelatine setzen. Dann schließt man die Schalen, vermerkt auf dem Etikett Ort und Zeit und bewahrt sie bei Zimmertemperatur 10 Tage auf. Nach dieser Zeit zählt man die Kolonien und untersucht jede Kolonie mikroskopisch. Man findet höchst selten schädliche Arten; im Gärkeller meist Torula, rote Torula, Kahmhefen, Schimmelpilze und Myzelhefen, in anderen Räumen Cladosporium, Penicillium, Dematium und Schleimbakterien, auch Heupilz oder Essigsäurebakterien. Will man Luft auf Sarzina prüfen, so leitet man sie längere Zeit durch steriles Wasser unter Verwendung einer Waschflasche oder Spritzflasche. Das Wasser prüft man, wie in § 106 mit Bezug auf § 116 angegeben ist.

Besondere Gefahren für eine Luftinfektion bieten alle Unreinlichkeiten in der Umgebung der Brauerei. Daher soll man alle Abfälle so rasch und gründlich als möglich entfernen, wie überhaupt auf allgemeine Sauberkeit auch des Brauereihofes und der Fahrstraßen der nächsten Umgebung Wert legen. Sehr reich an Mikroorganismen ist der Mälzereistaub. Infektionsquellen schafft man sich, wenn die Treber oder Treberreste längere Zeit liegenbleiben, wenn der Trub liegenbleibt und verdirbt und wenn Bierreste aus Transportfässern im Brauereihof versickern.

Einer besonderen Aufmerksamkeit bedarf die im Betrieb verwendete Druckluft, und zwar weniger wegen ihres Keimgehaltes, als wegen ihres oft schlechten Geruches, wegen ihres Gehaltes an feinen Ölteilchen und an Schwitzwasser aus den Leitungen. Normalerweise wird die Luft durch Koks und Watte, auch eine Lösung von Kaliumpermanganat filtriert und gereinigt, bevor sie in die Druckluftleitung geht. Man soll aber außerdem noch vor jeder Verbrauchsstelle, z. B. vor dem Faßabfüllapparat, einen Wasserabscheider und ein Wattefilter einbauen, damit Schmutzwasser und Ölteilchen zurückgehalten werden. Auch muß man alle Druckluftleitungen des Betriebes öfters durchdämpfen.

Dr. P. Stockhausen und Dr. E. Rothenbach sind der Ansicht, daß die geringsten Mengen Maschinenöl die Schaumhaltigkeit des Bieres schädlich beeinflussen können[1]). Falls der Luftkompressor ölhaltige Luft liefert, soll man sich vorübergehend damit helfen, daß man an Stelle von Maschinenöl mit Glyzerin schmiert. Auch Kondenswasser und Dampf sollen ölfrei sein.

Die Prüfung der Druckluft erfolgt in der Weise, daß man sie längere Zeit durch klares, reines Wasser gehen läßt und das Wasser nach schwachem Erwärmen auf Geruch und Geschmack prüft. Man kann dumpfen Geruch feststellen, wenn Schimmel in den Leitungen oder Filtern sitzt, man kann aber auch ranzigen Ölgeschmack finden, wenn ein schlechtes Kompressoröl verwendet wurde. Nur bestes, nicht verdampfbares Kompressoröl ist zu verwenden. Mit Rücksicht darauf, daß das Bier so wenig als möglich mit Luft in Berührung kommen soll, wegen seiner Haltbarkeit, wäre es besser, wenn die Brauereien dazu übergingen, Kohlensäure statt Druckluft zu verwenden.

§ 108. Die Pasteurisierungskontrolle. Um ein Bier vor dem Verderben zu bewahren, erhitzt man es in der Flasche oder im Faß auf 65 bis 70° C = 52 bis 56° R und hält diese Temperatur eine Stunde lang. Für das Inlandgeschäft genügt es häufig, wenn alle im Bier vorhandenen Organismen nur hinreichend geschwächt werden, so daß man auch mit 63° C bis 50° R auskommen kann.

---

[1]) Tageszeitung für Brauerei, Berlin 1930. Nr. 70.

Unter diese Mindesttemperatur, die eine Stunde lang gehalten werden muß, darf man niemals herunter gehen, selbst bei ganz reinen Bieren, denn man ist nie sicher vor einer wenn auch unscheinbaren Stäbcheninfektion. Da lebende Hefe in solchem Biere fehlt, ist dasselbe schutzlos den Stäbchenbakterien preisgegeben. Man soll daher mit Rücksicht auf die Sicherheit des Betriebes lieber einige Grade zu hoch als zu nieder pasteurisieren und die lästige Eiweißausscheidung auf andere Weise zu verhindern suchen. Die Eiweißtrübung ist ein Schönheitsfehler, das Sauerwerden oder die Nachgärung durch wilde Hefen aber macht das Bier ungenießbar und bewirkt unangenehme Reklamationen. Zur Verhütung der Eiweißausscheidung beachte man hauptsächlich folgende Punkte:

1. daß das Brauwasser möglichst wenig alkalische Salze enthält;

2. daß das Malz gut gelöst und sehr hoch ausgedarrt ist;

3. daß man durch das Maischverfahren und wenn gesetzlich erlaubt durch Zuckerzusatz einen extremen hohen Vergärungsgrad anstreben muß;

4. daß die Stammwürze nicht unter 13% beträgt;

5. daß die Würze 2 Stunden intensiv kocht, ohne daß Nachgüsse hineinlaufen, und daß man reichlich guten Hopfen gibt;

6. daß man durch lange und kalte Gärführung für hohe Vergärung und reiche Kohlensäurebindung sorgt;

7. daß man in sehr langer, kalter Lagerung den Endvergärungsgrad erreicht, wobei man so hoch als möglich spunden soll;

8. daß das Bier trotz schärfster Filtration seine Kohlensäure behält;

9. daß beste Flaschen ohne alkalische Oberfläche mit Kropfhals, welcher beim Füllen frei bleibt, benützt werden;

10. daß beste, paraffinierte Korke oder Kornkorke verwendet werden;

11. daß das Bier beim Pasteurisieren möglichst wenig Kohlensäure verliert, wozu die Flaschen im Wasser liegen, nicht stehen müssen;

12. daß das pasteurisierte Bier langsam abkühlt und vor Kälte geschützt wird.

Künstliche Mittel, Enzyme, sind in Deutschland verboten. In anderen Ländern hat sich ein Zusatz von Collupulin ins Lagerfaß sehr gut bewährt.

Von jeder Sendung müssen einige Flaschen zur Kontrolle zurückbehalten werden. Im allgemeinen beobachtet man diese Proben 6 Monate lang. Kommt es darauf an, recht rasch festzustellen, ob alle Organismen durch das Pasteurisieren getötet worden sind, so kann man nach H. Schnegg das Bier unter Einhalten strengster Sterilität mit etwa der gleichen Menge steriler Würze mischen und in den Thermostaten stellen. Man stellt am besten 5 bis 6 Kölbchen gleichzeitig an. Diese Methode führt am schnellsten zum

Ziel. Zur Prüfung auf die Abtötung oder Abschwächung der Hefe bzw. wilden Hefe gießt man Gelatineplatten.

§ 109. Die Kontrolle der Filtration. Obwohl man heute im allgemeinen einen sehr großen Wert auf die glanzfeine Filtration des Bieres legt, soll man doch darauf achten, daß die Vollmundigkeit und die Schaumhaltigkeit desselben nicht allzustark leiden. Man erreicht dies dadurch, daß man die Druckdifferenz vor und hinter dem Filter nicht zu hoch steigen läßt und dadurch, daß man das filtrierte Bier einige Zeit in einem kalten Raume lagern läßt, bevor man es zum Ausstoß bringt. Eine normale Druckdifferenz beträgt 0,2 bis 1,0 at. Das ruhige Liegenlassen des Bieres erfordert einen entsprechend großen Vorrat an Transportfässern und kann daher selten über 1 bis 3 Tage ausgedehnt werden, besonders nicht im Sommer. Zur Prüfung der Schärfe der Filtration entnimmt man in steriler Weise Proben vor und hinter dem Filter, welche man zu Würzegelatineplatten verwendet (siehe § 52). Nach 6 bis 8 Tagen zählt man die Kolonien. Für das Resultat läßt sich keine Norm aufstellen, da je nach dem Alter des Bieres, der Pressung der Filterkuchen und der Betriebszeit des Filters sehr große Schwankungen vorkommen können. Wahl hat im Jahre 1889 solche Zählungen vorgenommen und folgend Mittelwerte angegeben:

Unfiltriertes Bier 5—18—82 Kolonien pro mm^3.
Filtriertes Bier 0,25—1—5 Kolonien pro mm^3.

Moderne Filter leisten bedeutend mehr, so daß etwa nur der zehnte Teil der von Wahl gefundenen Zahlen gelten kann, denn man findet in einem Tropfen = 50 mm^3 oft nur 3 Kolonien. Zikes empfiehlt außer den Gelatineplattenkulturen noch die Tropfenkultur nach Lindner (§ 54) und das Infizieren von Freudenreich-Kölbchen mit Würze und Bier mit je einem Tropfen des zu untersuchenden Bieres. Ferner soll man nach Zikes mehrere Proben des filtrierten Bieres in Abständen von 15 Minuten entnehmen, da die Filtrationsfähigkeit einen Höhepunkt erreicht und nicht immer gleich ist.

Im Jahre 1892 hat Dr. A. Doemens[1]) den Keimgehalt filtrierter Münchener Biere bestimmt und fand auf gehopfter Würzegelatine pro mm^3 5—14—39 Kolonien. In einem besonders lange gelagerten Spezialbier aber nur 0,375 Kolonien pro mm^3. Prof. Dr. Schnegg schreibt in seiner Betriebskontrolle, daß jedes, auch das bestfiltrierte Bier „immer noch vereinzelte Hefezellen" enthält. Wie scharf heutzutage filtriert wird, zeigen die vom Verfasser gefundenen Zahlen für Münchener Biere: In 1 cm^3 frisch dem gut laufenden Filter entnommenen Bieres befanden sich vor der Filtration 1800 bis 2640 und nach derselben 13 bis 14 Hefezellen.

§ 110. Die Bottiche, Fässer und Flaschen. Alle Gefäße, mit denen das Bier in Berührung kommt, müssen von Zeit zu Zeit

[1]) Zeitschrift f. d. ges. Brauwesen 1892, S. 453.

auf ihre Reinheit geprüft werden. Hierbei zeigt sich, wie auch an vielen anderen Stellen, daß man schneller zum Ziele kommt, wenn man mit Auge und Nase arbeitet, als durch Anwendung mikroskopischer Präparate und biologischer Kulturmethoden. Beim Nachsehen der Gärbottiche achte man auf deren Geruch, auf weiche Stellen im Holz, besonders in der Nähe der Bodenöffnung sowie darauf, daß das Wasser vollständig abläuft und der Bottichboden trocken ist (siehe auch § 121). Beim Nachschlüpfen der Lagerfässer achte man besonders auf deren Geruch, ferner auf Sprünge und Blasen in der Pechschicht sowie darauf, daß das Pech beim Pichen des Fasses auch bis in die Kimme hinein vorgedrungen ist und diesen Schlupfwinkel vollkommen überdeckt hat. Über die Behandlung der Fässer siehe § 122. Zur Reinheitskontrolle der Transportfässer stellt man sich selbst zum Ausleuchten hin und vergleicht sein Resultat mit demjenigen des Ausleuchters. Ebenso läßt sich die Kontrolle über die Flaschenreinigung an der Maschine selbst viel einfacher durchführen, als durch Probenahmen und biologische Untersuchungen im Laboratorium. Die Zählung und Bestimmung der Mikroorganismen, welche in gereinigten Transportfässern oder Flaschen zurückgeblieben sind, hat im allgemeinen nur dann Bedeutung, wenn man mehrere Reinigungsmethoden oder Reinigungsmaschinen vergleichen will. Mit Bezug auf die Fässer wird man finden, daß es nur ein zuverlässiges Mittel gibt, sie in einen reinen Zustand zu versetzen, nämlich das frische Pichen. Über die in Fässern und Flaschen zurückbleibenden Keime haben H. Schnegg und J. Schachner[1]) umfassende Versuche angestellt. Nach diesen Autoren können die in gereinigten Flaschen noch zurückgebliebenen Organismen in zwei Gruppen geteilt werden: solche, die nur lose in den Flaschen sitzen und solche, die noch fest an der Flaschenwand haften. Ihrer Art nach gehören die ersteren meist den Kahmhefen, Schimmeln und Essigbakterien an, während letztere die gefährlicheren sind und sich auch bei längerem Stehen im Flaschenbier vermehren. Bei der Prüfung der Flaschen muß daher dieser Tatsache Rechnung getragen werden in folgender Weise: Die von der Reinigungsanlage kommenden Flaschen werden mit 200 cm^3 sterilem Wasser gefüllt und zunächst durch kräftiges Schütteln von den lose sitzenden Organismen befreit. Mit 1 cm^3 dieses Wassers werden dann Plattenkulturen angelegt. Außerdem aber werden die Flaschen mit durch Kochen steril gemachten Bürsten kräftig nachgebürstet, und zwar unter Benutzung des noch in ihnen befindlichen Wassers von der ersten Behandlung. Davon werden ebenfalls Plattenkulturen angelegt. Die Differenz zwischen den bei der ersten und zweiten Prüfung ermittelten Organismenzahlen gibt die Menge der fest am Glas sitzenden Keime an. Die Autoren fanden z. B. bei modernen Anlagen pro cm^3 Flascheninhalt 3 bis 200 Keime. Besonderen Einfluß haben die Gummiverschlüsse, auf welchen mehr Keime sitzen

[1]) Zeitschrift f. d. ges. Brauwesen 1930, Nr. 1—5; 1926, Nr. 22, 23; 1926, Nr. 18—24.

bleiben können als in der Flasche selbst. Es ist ein Nachteil vieler Reinigungsmaschinen, daß sie nicht mehr Rücksicht auf die Reinigung der Verschlüsse nehmen. Siehe § 124, Flaschenreinigung.

3. Besondere Untersuchungsmethoden.

§ 111. Für die Anstellhefe. Bei der Untersuchung der gewässerten Betriebshefe ist es vielfach von Bedeutung, zu ermitteln, ob dieselbe tote Zellen enthält. Zu diesem Zwecke färbt man die Hefe mit Methylenblaulösung (1:10000). Tote Zellen nehmen diesen Farbstoff rasch auf und färben sich daher blau, was bei lebenden nicht der Fall ist.

Über die Methylenblaufärbung der Hefe liegen verschiedene größere Arbeiten vor. H. Haehn und M. Glaubitz[1]) stellten folgendes fest: Bei frischer Gärbottichhefe ist die Unterscheidung von toten und lebenden Hefezellen sehr einfach. Die Schwierigkeit entsteht erst nach der Lagerung. Färbt man mit einer Methylenblaulösung 1:10000 frische Bottichhefe, so zeigen 5 bis 10% eine starke Blaufärbung. Nach zweitägigem Lagern der abgepreßten Hefe im Eisschrank zeigen sich schon einige Zellen, die nur hellblaue Farbe annehmen. 15 Minuten nach der Färbung kann der Gehalt an gefärbten Zellen schon auf das 2- bis 3fache gestiegen sein. J. Fuchs[2]) fand, daß die kolloiden Beimengungen bei Verwendung ungewaschener Hefe den Farbstoff aufsaugen. Man muß die 4- bis 5fache Menge Farblösung (1:10000) geben zur dünnen Hefesuspension, so daß die Lösung einen Übergang vom Grünlichen ins Blaue zeigt. Es kann im Wasser nach ¼ Stunde Entfärbung eintreten. Als wirklich tot sind nur diejenigen Zellen anzusehen, die sich sofort tiefblau färben.

H. Fink und Fr. Weinfurtner[3]) finden folgendes: Der pH-Wert spielt eine große Rolle bei jeder Methylenblaufärbung. Eine Brauereibetriebshefe ergab bei pH 2,6 nur 5%, bei 4,8 aber 10% und bei 6,8 sogar 19,5% blaue Zellen. Daher erhält man verschiedene Resultate, je nachdem man eine Hefe im Jungbier oder im Brunnenwasser untersucht. Diese Verschiedenheit wird bedingt durch den Gehalt an geschwächten Zellen, welche sich je nach den pH mehr oder weniger stark färben. In Münchener Leitungswasser z. B. änderte sich der Gehalt an Methylenblauzellen nur unwesentlich, in destilliertem Wasser aber stieg er in 30 bis 40 Minuten auf das Zehnfache. Elektrolytfreies destilliertes Wasser macht die Zellmembran durchlässig, ohne die Hefe zu töten und Zuckerzusatz erhöht diese Wirkung bedeutend. Aber bei Anwesenheit von Salzen übt der Zucker keine Wirkung aus. Im Gegensatz zur Brauereihefe ist aber bei der Bäckerhefe der Einfluß von destilliertem Wasser und Zucker nur ganz gering. Auch auf die Gärung wirkt Leitungswasser viel günstiger ein als destilliertes Wasser. Daher erschöpft

[1]) Wochenschrift für Brauerei 1929, Nr. 32.
[2]) Wochenschrift für Brauerei 1929, Nr. 43.
[3]) Wochenschrift für Brauerei 1930, Nr. 9—11.

sich die Hefe in der Praxis bei extrem salzarmem Wasser auch außerordentlich rasch, und man sollte dem Hefewaschwasser Salze zugeben. Wenn auch im Gärbottich nicht gerade die Durchlässigkeit für den Farbstoff in Betracht kommt, so besteht doch die Wahrscheinlichkeit, daß in der Würze enthaltene schädliche Stoffe in die Hefe eindringen und schädigend wirken können.

Zur Beurteilung der Anstellhefe wäre auch die Bestimmung ihrer Gärkraft nach Fürnrohr heranzuziehen. Hierüber siehe „Brautechnische Untersuchungsmethoden von F. Pawlowsky, neu bearbeitet von Dr. A. Doemens, III. Aufl., Verlag R. Oldenbourg, München, S. 209.

§ 112. Bei der Untersuchung von schlauchreifem Bottichbier oder von Zwickelproben ist es manchmal von Interesse, die Anzahl der Hefezellen in 1 mm³ Flüssigkeit festzustellen. Hierzu bedarf man eines Hefezählapparates, deren es verschiedene gibt. Dieselben beruhen darauf, kleine Quadrate von bestimmter Höhe und Seitenlänge zu schaffen, so daß man deren Inhalt berechnen kann. Zu diesem Zwecke wird z. B. ein ringförmig ausgeschnittenes Deckglas von genau gemessener Dicke auf einen Objektträger aufgekittet. Auf dem Objektträger oder auf dem aufzulegenden Deckglas sind Quadrate eingeätzt, welche von Linien in bestimmtem Zwischenraum gebildet werden. Alle Angaben über Tiefe der Zählkammer und Linienabstand sind aufgeätzt. Um die Hefezellen im Bier zu zählen, muß eine gute Durchschnittsprobe von z. B. 50 cm³ entnommen werden. Diese wird mit reinem, klarem Wasser meist im Verhältnis 1:200 verdünnt und gut durchgeschüttelt. Ein Tropfen der Verdünnung wird dann mit einer zum Apparat gehörigen kleinen gebogenen Pipette auf den Objektträger in die Zählkammer gebracht, so daß er diese fast anfüllt, nicht aber über den Rand hinausquillt. Dann legt man das geschliffene Deckglas bzw. die mit den Quadraten versehene Glasplatte darüber, bringt das Ganze unter das Mikroskop und zählt bei etwa 100facher Vergrößerung in 25 Quadraten die Hefezellen. Es seien im ganzen 500 Zellen gezählt, so daß im Durchschnitt in einem Quadrat 20 Hefezellen lagen. Jedes Quadrat habe eine Seitenlänge von 1 mm, daher eine Fläche von 1 mm². Die Höhe der Zählkammer betrage 0,14 mm, so daß jedes Quadrat einer Flüssigkeitsmenge von 0,14 mm³ entspricht. Pro Quadrat 20 Hefezellen gerechnet, ergeben sich $20:0{,}14 = 143$ Zellen und für 1 mm³ der unverdünnten Würze demnach $143 \times 200 = 28600$ Hefezellen.

Eine planmäßig durchgeführte Zählung vom Beginn bis zum Schluß der Hauptgärung hat folgende Zahlen für 1 mm³ ergeben (vgl. Jahresbericht der Lehr- und Versuchsanstalt für Brauerei in München 1896/97):

	10 Std. nach dem Anstellen	24 Std. später	24 Std. später	24 Std. später	24 Std. später	24 Std. später	24 Std. später
Bottich I	13070	17070	22000	30800	22000	10000	3000
Bottich II	12570	17860	24200	32800	23000	10800	2900

Ein verbesserter Zählapparat ist derjenige nach Metz von E. Leitz, Wetzlar, welcher auch zum Zählen der Blutkörperchen angewendet wird.

§ 113. Im gewöhnlichen Präparat kann man verschiedene Rassen Kulturhefe nicht unterscheiden. Ebensowenig ist es in vielen Fällen bestimmt möglich, wilde Hefe zu erkennen, auch wenn die Zellen längliche Formen haben. Ein endgültiges Urteil ist erst nach dem Verhalten in der Tröpfchenkultur (§ 54) und besonders nach dem Aussehen der Sporen möglich (§ 57 und 75). Will man eine sehr schwache Infektion durch wilde Hefe nachweisen, so bedient man sich am besten zunächst der Tröpfchenkultur, in welcher sich die wilde Hefe durch ihr anderes Wachstum bestimmt von der Kulturhefe unterscheidet. Da aber zur vollen Charakteristik einer wilden Hefe auch die Beurteilung der Sporen gehört, wird man folgende Methoden anwenden können, um die wilde Hefe anzureichern, so daß die Sporen leichter gefunden werden können. Wilde Hefen bleiben nämlich im allgemeinen länger in dem Bier schweben, als Kulturhefen. Gießt man daher den Inhalt einer Würzekultur ab, so wird der größte Teil der wilden Hefen in der Flüssigkeit enthalten sein, während die Hauptmasse der Kulturhefe im Bodensatz zurückbleibt. Durch wiederholtes Abgießen und Auffrischen der Kultur werden die wilden Hefen bevorzugt und kommen reichlicher zur Entwicklung, als die Kulturhefen. So erhält man schließlich einen genügend starken Bodensatz von wilden Hefen zur Gipsblockkultur (§ 75). Wilde Hefen kann man auch durch Zusatz von Weinsäure begünstigen. Zu diesem Zwecke bringt man einen Teil des Bodensatzes in ein Freudenreich-Kölbcden, das bis zur Hälfte mit 10proz. Rohrzuckerlösung, welche 4% Weinsäure enthält, gefüllt ist. In dieser Nährflüssigkeit entwickeln sich die wilden Hefen bedeutend schneller und besser als die Kulturhefen. Hier liegt ein Fall von physiologischer Reinzucht vor. Das Kölbchen wird 24 Stunden bei 25° C gehalten und das Verfahren zweimal nach je 24 Stunden wiederholt. Einen Teil des letzten Kölbchens impft man dann in ein Gefäß mit steriler Würze über, läßt wieder 24 Stunden bei 25° C stehen und verwendet den dann vorhandenen Bodensatz zu eiher Gipsblockkultur, um an Hand der Sporen festzustellen, ob wilde Hefe vorhanden ist.

§ 114. Außer auf wilde Hefe ist bei den Untersuchungen der Betriebshefe auf das Vorhandensein von Bakterien, speziell Sarzinen, Milchsäurestäbchen und Essigsäurebakterien zu achten. Normalerweise kommt man mit dem gewöhnlichen Präparat und intensiver Durchmusterung desselben aus. Will man aber sehr geringe Infektionen nachweisen, was hauptsächlich für die Hefereinzucht in Betracht kommt, so ist es das beste, die verschlossene Probe 10 Tage im Brutschrank stehen zu lassen und dann zu mikroskopieren. Hat man aber hierzu aus betriebstechnischen Gründen keine Zeit, so sind Kulturmethoden anzuwenden, durch welche die betreffenden Bakterien in ihrer Entwicklung besonders begünstigt werden.

Für die Anhäufung der Sarzina ist ein Vaselineinschlußpräparat mit der von Bettges und Heller angegebenen Nährlösung besonders geeignet.

Da die Sarzina nicht immer in der charakteristischen Paketform auftritt, sondern auch in einfacher Kokkenform und bei Anstellhefe oft in geringsten Spuren nachgewiesen werden soll, sei die genannte Methode beschrieben:

Bereitung der Nährlösung. Man nimmt 2 l abgekochte, ungehopfte Würze aus hellem Malz von 18 % Balling und stellt sie bei 20 bis 25° C mit 40 bis 50 g frischer, abgepreßter, hochvergärender Hefe an. Diese Würze stellt man in den Thermostaten bei 25° C in Flaschen mit genügend Steigraum, bis die Endvergärung erreicht ist, was 4 bis 5 Tage dauert. Dann wird das Bier von der Hefe abgegossen und nach dem Entkohlensäuern filtriert. Aus Stammwürze und scheinbarem Extraktgehalt wird der Alkoholgehalt des Bieres berechnet nach der Formel $A = (p - m) \cdot 0{,}42$ (siehe Pawlowski-Doemens, Untersuchungsmethoden, S. 157) oder am einfachsten in der Holzner-Tabelle aufgeschlagen. Zur Abscheidung der Eiweißkörper wird dann das Bier in Bierflaschen, die ungefähr ¾ voll gemacht werden, eingefüllt und am besten im Autoklaren bei 1,5 at Druck 15 Minuten lang erhitzt. Nach dem Erkalten wird das abgeschiedene Eiweiß abfiltriert und die Menge des erhaltenen Filtrates (ca. 1 ½ l) durch Wägung bestimmt. Da der Alkoholgehalt dieses Bieres zwischen 5 und 6 % beträgt, muß er auf 4 bis 5 % vermindert werden. Es geschieht dies in der Weise, daß man einen Teil des blank filtrierten Bieres, welcher vorher durch Rechnung genau ermittelt wird, zur Vertreibung des Alkohols kocht. Gleichzeitig wird dieser Anteil durch Zusatz von 5 bis 10 g Malz- oder Gerstenmehl kleistertrüb gemacht. Beide Teile, das gekochte und das ungekochte Bier, werden innig gemischt und einige Stunden zum Absetzen hingestellt. Hierauf wird abgegossen, durch Watte filtriert und das Filtrat mit einer Ammoniaklösung 1:10 neutralisiert. Ein Überschuß von Ammoniak ist zu vermeiden. Eine schwach alkalische Reaktion der Nährlösung schadet ebensowenig wie eine schwachsaure. Nachdem auch die nach dem Zusatz von Ammoniak entstandene Trübung abfiltriert ist, wird wie oben in nur teilweise gefüllter Bierflasche im strömenden Dampf sterilisiert. Die jetzt ziemlich klare Lösung wird direkt in sterile Kölbchen oder Pasteur-Kolben gefüllt, darf aber nun nicht mehr sterilisiert werden. Es empfiehlt sich, die Flaschen nach der Sterilisation längere Zeit zur Klärung stehen zu lassen und erst dann in Freudenreich-Kölbchen abzufüllen. Die Berechnung des zu kochenden Anteiles zeigt H. Will [1]) in folgendem Beispiel: Es sind gegeben 1 ½ l Bier von 6 Gewichtsprozenten Alkohol. Aus diesen soll die gleiche Menge Bier mit 4,5 % Alkohol

[1]) Biologische Untersuchung usw., Verlag R. Oldenbourg, S. 442.

hergestellt werden. Die 1½ l wiegen 1515 g. In 100 g sind 6 g Alkohol enthalten, demnach in 1515 g Bier 90,90 g Alkohol. Wenn der Alkoholgehalt des Bieres von 6% auf 4,5% herabgesmindert werden soll, so müssen von 100 g Bier 1,5 g Alkohol weggenommen werden und von 1515 g 22,725 g nach der Gleichung $100:1,5 = 1515:x$. Diese sind aber in 378,75 g Bier enthalten nach der Gleichung $1515:90,9 = x:22,725$. Nach Wegnahme von 378,75 g Bier mit 22,725 g Alkohol von der Gesamtmenge verbleiben noch 1136,25 g Bier mit 90,90—22,725 g = 68,175 g Alkohol. Wird das entnommene Bier, nachdem es durch Kochen vom Alkohol befreit ist, wieder mit dem Reste des ursprünglichen Bieres vermischt und die Gesamtmenge durch Auffüllen mit Wasser auf das ursprüngliche Gewicht von 1515 g gebracht, so besitzt die Mischung einen Alkoholgehalt von 4,5%, da der Rest des Bieres 68,175 g Alkohol enthielt nach der Gleichung $1515:68,175 = 100:x$, in der $x = 4,5$ ist.

Nach H. Schnegg erhält man ein ebenso brauchbares Produkt, wenn man eine sterile, vorher durch Mitkochen von Malz- oder Gerstenmehl kleistertrüb gemachte Würze mit Reinhefe vergärt. Die Würze muß aber so viel Stärkekleister enthalten, daß er nicht durch die Gärung abgebaut wird. Am besten verwendet man Pasteur-Kolben, mit denen man absolut steril arbeiten kann.

§ 115. Das Vaselineinschlußpräparat (Abb. 48). Auf einen mit Alkohol gereinigten gewöhnlichen Objektträger wird mittels eines Pinsels mit heißem Vaselin ein offenes Quadrat in der Größe des zu verwendenden Deckglases aufgetragen. Nun bringt man unter Beobachtung der Reinheitsregeln einen Tropfen der Nährlösung in das Quadrat und verteilt ihn mit einem dünnen Glasstab.

Abb. 48. Vaselineinschlußpräparat.

In die innerhalb des Quadrates ausgebreitete Schicht der Nährflüssigkeit wird das zu untersuchende Material: Hefe, Geläger, Jungbierabsätze usw., mittels eines dünnen Glasstäbchens eingetragen und gut verteilt. Auch von anderen Materialien verteilt man entsprechende Mengen in der Nährlösung und breitet diese so weit aus, daß sie die Vaselinstriche berührt. Man faßt dann ein fettfreies Deckgläschen mit einer Pinzette und zieht es mehrmals durch eine Flamme. Nach dem Erkalten wird das Deckglas vorsichtig von der geschlossenen Kante aus aufgelegt, so daß keine Luftblasen entstehen und der Überschuß an Flüssigkeit herausgedrängt wird. Nachdem dieser mit sterilem Filtrierpapier entfernt worden ist, verschließt man das Ganze durch Überstreichen der vier Seiten mit warmem Vaselin. Nun legt man das Präparat 2 Tage lang in den Brutschrank bei 25° C und sucht es dann mit 250- bis 300facher Vergrößerung ab. Nicht selten erkennt man jetzt schon Nester von Tetraden und Paketen, jedoch ist meist erst am 4. oder 5. Tag der günstigste für die Durchsicht der Kulturen. Vorsicht ist nach Will geboten, wenn gleichzeitig Kurzstäbchen vorhanden sind, denn diese entwickeln sich ebenfalls sehr schnell und können bei schwacher Vergrößerung mit Sarzina verwechselt werden. Bei starker Vergrößerung sind sie jedoch an ihrer wimmelnden Bewegung zu erkennen.

§ 116. Die Kölbchenkultur nach W. Bettges. Diese Methode eignet sich besonders gut für die Untersuchung der Anstellhefe. Die nach vorstehender Vorschrift gewonnene Nährlösung, welche in Freudenreich-Kölbchen in einer Menge von 5 bis 10 cm^3 aufbewahrt wird, wird direkt in diesen mit einer nicht zu geringen Menge des zu untersuchenden Materiales versetzt und im Thermostaten bei 20 bis 25 ° C stehen gelassen. Gewöhnlich mikroskopiert man den Bodensatz nach 5 bis 6 Tagen, bei stärkerer Verunreinigung gelingt der Nachweis schon nach 3 bis 4 Tagen. Auch Milchsäurestäbchen kommen hier wie im Einschlußpräparat zur Entwicklung und werden gleichzeitig mit den Sarzinen nachgewiesen.

§ 117. Die Sarzinafrage. Zur Sarzinafrage sind besondere Arbeiten geliefert worden. Dr. Stockhausen, Berlin[1]), stellt eine neue Betrachtungsweise auf, indem er darauf hinweist, daß die Sarzina im einen Betrieb durch Säurebildung schädlich wirkt, während sie im anderen Betrieb jahrelang vorkommt, ohne krankheitserregend zu sein. In schlecht verzuckerten Würzen seien es die Maltodextrine, die das Sarzinawachstum begünstigten, weshalb die sich mit Jod rot färbenden Biere mehr zu fürchten seien als die sich blau färbenden. Aber auch sehr viele verzuckerte Biere erkranken, besonders wenn ihr Bottichvergärungsgrad nieder war. Säurearmes Bier ist stark zur Sarzinakrankheit geneigt. Die beste Wachstums- und Vermehrungsmöglichkeit für Sarzina ist gegeben, wenn das p_H der Flüssigkeit in der Nähe des Neutralpunktes 7,07 liegt, jedoch verhalten sich die dem Bier akklimatisierten Arten verschieden. Die Nährlösung Bettges-Heller hat 6 bis 7 p_H. Ein Bier vom p_H 4,2—4,5 ist vor der Krankheit geschützt. Durch Gewöhnung an niederes p_H hört das Wachstum meist erst bei $p_H = 3,8$ auf. Es kommen sogar Fälle vor, wo sich die Sarzina an starke Hopfengaben obergärigen Bitterbieres gewöhnt hat. Stockhausen gibt folgende neue Methode zum Nachweis der Sarzina in Würze:

Man überläßt Hefe der Selbstverdauung und erhält aus ihr ein wasserhelles Autolysat. Man gibt zur Würze ¼ ihres Volumens von diesem Autolysat, welches vorher im Autoklaven sterilisiert worden ist, und so viel Alkohol, daß die Mischung davon 4% enthält. Sind Sarzinen vorhanden, so beginnt bei 25° C in der Regel nach einigen Tagen eine Trübung, die aus Sarzina besteht. Das p_H des Hefeextraktes beträgt 6,8 bis 7,0.

In Pferdeharn, auch Maultier- und Eselsharn entwickeln sich bei 25° C immer Sarzinen. Auch diese Sarzina kann sich an höheren Säuregehalt gewöhnen. Auch die Sarzina des Pferdeharns erwies

[1]) Wochenschrift für Brauerei 1925, Nr. 3—8.

sich als Bierschädling, falls die Würzezusammensetzung ihrer Entwicklung günstig ist. Nach Toni Unger ergaben Laboratoriumsversuche, daß bei einer Hopfengabe von ca. 500 g pro hl Würze fast in jedem Falle das Wachstum der Sarzina aufhört.

Prof. Dr. Trautwein, Weihenstephan[1]), hält die Methode des Sarzinanachweises von Bettges-Heller für die beste, gibt aber eine einfachere Methode an zur Herstellung der Nährlösung, des endvergorenen, kleistertrüben, sterilen und neutral reagierenden Bieres:

1 l helle, ungehopfte, durch Abkochen sterilisierte Würze wird mit 2 bis 2,5 g trocken gepreßter, möglichst hoch vergärender Hefe angestellt und bei 25° in 4 bis 5 Tagen endvergoren. Nach der Gärung wird das Bier vom Bodensatz klar abgegossen. Dann verreibt man für je 1 l Bier 2 g feines Gerstenmehl, welches von einer Mehlhandlung zu beziehen ist, mit 50 cm³ des Bieres zu einem gleichmäßigen Brei, verkleistert diesen im Wasserbad bei 100° 1 bis 2 Minuten und rührt diese Bier-Kleister-Lösung in das übrige Bier ein. Hierauf netralisiert man mit 10fach verdünnter Ammoniaklösung, bis blaues Lackmuspapier nicht mehr gerötet und rotes schwach blau gefärbt wird. Nach dem Absetzen filtriert man durch ein Faltenfilter. Das Filtrat wird hierauf keimdicht filtriert, am besten durch ein Seitzsches Entkeimungslaboratoriumsfilter von den bekannten Seitz-Werken in Kreuznach und unter sterilen Bedingungen in sterile Kölbchen gefüllt.

Über den Nachweis von Sarzina in Würze und Bier durch Zusatz von Ammoniak bis zu einem $p_H = 8{,}0$ haben Dr. Fuchs und Dr. Lindemann berichtet[2]).

Zur Kritik des Sarzina-Nachweises hat neuerdings Dr. F. Weinfurtner[3]) die bekannten Methoden verglichen. Dabei gelangte Weinfurtner zu einer Methode, die rascher und vor allem viel bequemer als alle anderen zum Ziele führt. Wegen ihrer großen Einfachheit und unbedingten Zuverlässigkeit ist sie besonders für die laufende Betriebskontrolle (Ausstellhefen) geeignet. Die für das Wachstum der Sarzinen nötigen natürlichen Autolysate der lebenden Hefe werden hier von der zu untersuchenden Hefe selbst geliefert. Bei gleichzeitiger Anwesenheit von etwas Ammoniak in der Würze hat sich — wie zahlreiche Versuche von W. ergaben — jeder weitere Zusatz als unnötig, ja meist sogar als hemmend erwiesen. Die einfache Vorschrift lautet wie folgt:

„Das auf Sarazina zu untersuchende Hefematerial (Betriebshefe, Jungbierbodensatz, Faßgeläger usw.) wird in genügender Menge der Gärprobe in schwach ammoniakalischer Würze unterworfen. Für den Nachweis von Pediokokken in anderem Material als Hefe (Filtermasse, Auskratzungen von Bottichen und Leitungen) wird die Vergärung der ammoniakalischen Würze mit Reinhefe

---

[1]) Allg. Anzeiger, Mannheim 1928, Nr. 17.
[2]) Allg. Brauer- u. Hopfenzeitung 1928, Nr. 259.
[3]) Allg. Brauer- u. Hopfenzeitung, Nürnberg 1930, Nr. 260.

vorgenommen. Auch für den Nachweis von Pediokokken in der Betriebswürze hat sich die Methode: Ammoniakalischmachen und Vergären mit Reinhefe, bewährt. Das Ammoniakalischmachen der sterilen Würze geschient am besten vor dem Abfüllen in den Gärkölbchen durch einfaches Tüpfeln gegen rotes Lackmuspapier, bis dieses eben deutlich gebläut wird. Ein zu starker Zusatz von Ammoniak ist unbedingt zu vermeiden, es darf also keinesfalls z. B. die 1:2 mit Wasser verdünnte Würze mit Phenolphtalein schon eine Rötung zeigen. Eventuell kann durch Messen das p_H (nicht über 7,9) nachkontrolliert werden. Zu beachten ist ferner, daß die Sterilisation nach dem Abfüllen in Gärkölbchen nur kurz sein darf, um den Gehalt der Würze an Ammoniak nicht wieder völlig zu vernichten. Als Gärkölbchen eignen sich am besten kleine Erlemeyer-Kölbchen mit gut abschließendem Gäraufsatz (Gummistöpsel). Aber auch Freudenreich-Kölbchen können evtl. verwendet werden." Nach dieser Methode haben sich bei 20°—25° C bei Anwesenheit von deutlichen Mengen von Pediokken bereits nach 4 Tagen, bei Gegenwart auch nur der geringsten Spuren davon aber spätestens nach 6 Tagen zahlreiche Kolonien von Sarzinen entwickelt. Zu beachten ist nur, wie bereits bei den früheren Methoden (S. 121) erwähnt, daß unter Umständen auch andere Bakterien zur Entwicklung kommen, von denen besonders einige Diplokokken sowie Kurzstäbchen nicht mit Sarzina verwechselt werden dürfen.

Bei vorgenannten Methoden handelt es sich lediglich um die Auffindung von Sarzina. Die Beurteilung der eventuellen Schädlichkeit derselben geht selbstverständlich davon getrennte Wege und ist § 96 beschrieben.

4. Die Reinigungsarbeiten in der Praxis.

§ 118. Natürliche Reinigungsmittel. Der technische Leiter einer Brauerei, der täglich die Arbeit in seinem Betriebe einzuteilen hat, muß sich darüber im klaren sein, daß an erster Stelle die Reinigungsarbeiten stehen. Mindestens die Hälfte aller Arbeiten gelten der Reinigung, wozu natürlich auch das Pichen, Auskellern, Filtermassewaschen usw. zählen. Aber nicht umsonst wird das Lohnkonto so sehr in Anspruch genommen, denn es hängen die drei wichtigsten Eigenschaften des fertigen Produktes, nämlich sein Wohlgeschmack, seine Bekömmlichkeit und seine Haltbarkeit in erster Linie an diesen Arbeiten. Ihre Grundlage ist die Reinheit des gesamten Betriebes. Im Augenblick des Nachlassens auch nur einer der drei genannten Eigenschaften fällt das Rennomee der Brauerei und die Kundschaft verliert sich. Die Reinigungsarbeiten sind daher lebensnotwendig für jeden Brauereibetrieb, und es muß ihnen täglich der notwendige Raum gewährt werden.

Früher arbeitete man in bezug auf die Reinigung anders, als dies heute meistens der Fall ist. Es ist eine falsche Meinung, wenn gesagt wird, die modernen Desinfektionsmittel seien dazu da, um mechanische Arbeit zu sparen. Ohne die gründliche mechanische Reinigung mit Bürste und Wasser, an manchen Stellen sogar unter Zugabe von feinem Putzsand, geht es auf die Dauer in keinem Betriebe. Die Desinfektionsmittel wirken nur an der Oberfläche der Gefäßwände, der Geräte, des Biersteines. Alkalische Mittel, wie Soda und Kalk lösen nur gewisse Bestandteile des Biersteines auf, so daß er dann leichter zu entfernen ist. Durch einfaches Hindurchpumpen ohne mechanische Reinigung läßt sich mit keinem Mittel eine genügende Reinheit erzielen. Man kann wohl eine Zeitlang so arbeiten muß aber im geordneten Betrieb alle Wochen einmal an allen Stellen mit Bürste und Wasser kräftig nachhelfen. Auch heute noch kann man mit den sogenannten natürlichen Reinigungsmitteln auskommen. Diese haben den großen Vorzug, daß sie vollkommen gefahrlos für das Bier, absolut betriebssicher und genügend wirksam sind. Diese Mittel sind: Dampf, gelöschter Kalk, kristallisierte Soda (oder auch wasserfreie Soda, aber nicht kaustische Soda) sowie schweflige Säure und an deren Stelle doppelschwefligsaurer Kalk, $Ca(HSO_3)_2$.

Über die Aussicht, neuere Mittel mit gleichem Erfolg und gleicher Sicherheit anzuwenden, muß die Praxis entscheiden. Es dürfte nicht genügen, wenn Vergleichsversuche im Laboratorium gemacht worden sind und wenn das Mittel an Bier direkt keinen Geschmack abgegeben hat, denn bei fortgesetzter Verwendung in der Praxis kann ein Desinfektionsmittel anders abschneiden wie im Laboratorium. Daher ist auch eine Beurteilung der vielen modernen Mittel heute noch nicht durchgehend möglich. Wer diese Mittel verwendet, muß sich darüber klar sein, daß er Versuche macht.

§ 119. Besondere Desinfektionsmittel. Formaldehyd, im Handel auch Formalin genannt, ist ein neutrales Mittel, welches im reinen Zustande ein Gas von der Formel H—COH darstellt und erst unter —21° C flüssig wird. Im Handel ist es in einer 40proz. wässerigen Lösung zu haben und wird im Brauereibetrieb in 1proz. Lösung verwendet. Man mischt also 2½ l käufliche Lösung mit 100 l Wasser. Die Lösung aufzubewahren oder mehrmals zu verwenden, ist nicht empfehlenswert. Formaldehyd löst den Bierstein nicht auf, auch kann es zum Desinfizieren der Transportfässer oder der Abfüllapparate nicht verwendet werden, weil es sich bei längerem Verweilen an der Luft zersetzt und dann zu Biertrübungen Anlaß geben kann. Solche Trübungen kommen nicht vor, wenn in Gärung befindliches Bier mit Formaldehyd zusammenkommt. Auf jeden Fall ist sorgfältiges und rechtzeitiges Auswaschen nach jeder Formaldehydbehandlung nötig.

Alkalische Mittel, außer Kalk und Soda, sind die kaustische Soda, welche Natronlauge = NaOH enthält, und das Liebecin, dessen wirksamer Bestandteil ebenfalls die Natronlauge ist. Kaustische Soda löst den Bierstein sehr schnell auf, greift aber die Schläuche an, löst den Lack auf, macht das Holz weich und ist wegen dieser scharfen Wirkungen nur mit äußerster Vorsicht zu gebrauchen. In weitgehendem Maße jedoch werden diese beiden Mittel zum Vorweichen der schmutzigen Bierflaschen benutzt.

Saure Desinfektionsmittel sind besonders zum Desinfizieren von Gummischläuchen, auch von Gärbottichen gebräuchlich, müssen aber stets gut mit Wasser herausgewaschen werden. Zu diesen gehören das sehr verbreitete Montanin, welches seine desinfizierende Kraft der Kieselfluorwasserstoffsäure = H_2SiFl_6 verdankt. Es wird in 2- bis 3proz. Lösung verwendet. Das Siflural und Emrad haben ähnliche Zusammensetzung. Auf der desinfizierenden Wirkung der Flußsäure beruhen diejenigen Mittel, welche aus saurem Fluor-Ammonium bestehen = $NH_4Fl + HFl$. Es sind dies Fluorammon und Flammon. Diese werden in 1- bis 2proz. Lösung besonders für die Schläuche verwendet. Ein borsäurehaltiges Desinfektionsmittel ist das Pyrizit, welches in 2- bis 3proz. Lösung für Schläuche und manchmal auch für Lagerfässer Verwendung findet.

Chlorhaltige Desinfektionsmittel sind alkalisch oder neutral und den sauren bzw. neutralen seither genannten bedeutend überlegen hinsichtlich der desinfizierenden Kraft, jedoch haften sie sehr fest an den Wänden, selbst der Metallapparate. Man soll daher diese Desinfektionsmittel nur mit größter Vorsicht anwenden und nur dann, wenn man sicher ist, daß sie stets mit reinem Wasser wieder vollkommen abgebürstet werden. Auch kommen sie wegen vorstehender Eigenschaft nur für Metallgegenstände, insbesondere für den Kühlapparat, in Betracht. Ferner soll man sich hüten, sie mit anderen Desinfektionsmitteln zusammenzubringen. Ganz besonders kann man nicht mit schwefliger Säure (ausschwefeln) oder doppelschwefligsaurem Kalk arbeiten und dann etwa zur gründlichen Entfernung des Biersteines dazwischen ein solch chlorhaltig alkalisches Mittel anwenden. Bei unvorsichtiger Verwendung dieser Mittel kann das Bier einen kreosotartigen oder moderigen oder karbolartigen Geschmack bekommen. Besonders gefährlich wirken die chlorhaltigen und gleichzeitig alkalischen Mittel, wenn man sie mit Pech in Berührung bringt oder Gummischläuche, besonders mindere Qualitäten, damit behandelt. Das älteste chlorhaltige Desinfektionsmittel ist das Antiformin. Die Handelsware enthält etwa 9% Natronlauge und 5% unterchlorigsaures Natron = $NaOCl$. Zur Anwendung kommt gewöhnlich eine Lösung von 1 l Antiformin auf 20 bis 25 l Wasser. Ähnliche Zusammensetzung wie Antiformin haben noch Antifermentin, Radikal und Radoform. Manche Großbetriebe sind dazu übergegangen, sich eine chlorhaltige Desinfektionsflüssigkeit durch Elektrolyse einer 5proz. Kochsalzlösung selbst herzustellen. Man nennt diese Lösung Hypochloritlauge und den Apparat Elektrolyseur.

Ein neutralreagierendes chlorhaltiges Desinfektionsmittel ist das Aktivin. Es ist chemisch Paratoluolsulfochloramidnatrium und hat die Formel

$$C_6H_4 \cdot CH_3 \cdot SO_2 \cdot Cl \cdot Na.$$

Ebenfalls zu den Chloraminen rechnet das Toluolsulfochloramidnatrium, welches unter dem Namen Mianin in den Handel kommt. Diese beiden Desinfektionsmittel verdanken ihre Wirkung frei werdendem Sauerstoff. Da sie aber Chlor enthalten, sind sie ebenso wie die anderen chlorhaltigen Mittel nur mit äußerster Vorsicht verwendbar.

§ 120. Kühlschiff, Kühlapparat und Trubpresse. Im Sudhaus übt die Reinlichkeit zwar keinen direkten Einfluß auf die biologische Reinheit des Bieres aus, jedoch muß es der Stolz eines jeden Brauers sein, seinen Gästen, jedem Kunden oder Interessenten das Sudhaus zeigen zu können. Wenn dieser Raum, in welchem nach Laienansicht das Bier hergestellt wird, einen tadellosen, sauberen Eindruck macht, so ist dies die beste und wirkungsvollste Reklame, denn man darf nie vergessen, daß Bier ein Nahrungsmittel ist und daß darum die Appetitlichkeitsfrage eine sehr große Rolle spielt. Sobald die Würze auf dem Kühlschiff eine Temperatur von 50° C (= 40° R) erreicht hat, ist die Möglichkeit einer Infektion gegeben. Milchsäurebakterien haben hier das Optimum ihrer Entwicklung, jedoch kommt an dieser Stelle eine Milchsäureinfektion nur sehr selten vor. Es sind vielmehr die Termobakterien, welche bei zu langem Verweilen der Würze auf dem Kühlschiff oder bei unsauberer Kühlschiffschüssel besonders an schwülen Sommertagen, die Würze verderben können. Als Folge dieser Infektion stellt sich ein mehr oder weniger stark hervortretender sellerieartiger Geruch des Bieres ein. Bemerkt man diesen noch, bevor die Würze in Gärung gekommen ist, so läßt sich der Sud noch retten, falls der Geruch nicht zu stark war, wenn man die Würze wieder in die Pfanne bringt und dort eine halbe Stunde unter Zusatz von etwas gutem Hopfen gründlich kochen läßt. Man schützt sich vor einer solchen Infektion durch Einkalken der Kühlschiffschüssel und gründliches regelmäßiges Bürsten der Würzeleitung sowie der Schmutzwasserleitung. Das Kühlschiff an sich braucht nicht besonders desinfiziert zu werden; man läßt den Bierstein ruhig darauf sitzen, da er der beste Schutz gegen das blanke Eisen ist. Eine Infektionsgefahr ist auf dem offenen, leicht trocken zu haltenden Kühlschiff nicht gegeben. Sie kann sich nur in geschlossenen und feuchten Winkeln, Ecken, Leitungen usw. festsetzen. Die Metallleitung nach dem Kühlapparat wird gedämpft und mit Bürste und Wasser gründlich gereinigt. Diese Leitung soll man oft auf Geruch prüfen, indem man vom Kühlapparat aus hineinblasen läßt. Alle 4 Wochen wendet man eine Lösung von 3 kg kristallisierter Soda in 100 l lauwarmem Wasser an, die man eventuell mit ein paar Handvoll gelöschtem Kalk versetzt, um den Bierstein zu lockern.

Der Kühlapparat ist, sofern es sich um einen offenen Berieselungskühler handelt, keine eigentliche Infektionsquelle, da er stets trocken gehalten werden kann. Wegen der Schönheit seines Aussehens und der besseren Kühlwirkung halber, wird man ihn aber trotzdem frei von Bierstein halten. Man putzt den aus Kupfer oder auch aus verzinntem Kupfer bestehenden Apparat entweder mit Schwefelsäure, der man etwas Hefe beimischt, oder mit Holzasche oder mit Kalk und Soda. In den letzten Jahren hat sich an dieser Stelle des Betriebes ein modernes Desinfektionsmittel eingeführt, das Antiformin, durch welches der Apparat bei geringem Aufwand an mechanischer Arbeit stets blank und sauber gehalten werden kann. Da es sich aber bei dem Antiformin um ein alkalisches und und chlorhaltiges Mittel handelt, wird es nur dann ohne Einfluß auf den Geschmack des Bieres sein, wenn durch tüchtiges Nachwaschen mit Wasser auch die letzten Spuren von der Metallfläche entfernt worden sind. Bei blanken Metallflächen, wie hier, ist dies jederzeit möglich, nicht aber bei Holz, Pech, Gummi usw.

Die Trubpresse kann zu einer beachtenswerten Infektionsquelle werden, wenn sie nicht jeden Tag gründlich gebürstet wird, wobei vor allen Dingen die engen Kanäle in den Platten mit geeigneten Bürsten bearbeitet werden müssen. Zur Unterstützung der mechanischen Arbeit benutzt man die bekannte 3proz. Sodalösung. Bei Nichtbenutzung der Presse sollen ihre Platten so weit voneinanderstehen, daß die Luft leicht hindurchstreichen kann. Manche Brauer dämpfen die ganze Presse bei eingelegten Tüchern, um sie zu sterilisieren. Dies ist jedoch nicht nötig, wenn man die Tücher gut bürstet und kocht. Von Zeit zu Zeit müssen die Tücher durch Kochen in einer schwachen Sodalösung von Bierstein befreit werden, der ihnen eine dunkle Farbe verleiht. Man beachte stets, daß eine Infektion der Würze vor dem Anstellen oder direkt nach demselben gefährlicher ist, als eine Infektion des Bieres nach Vollendung seiner Hauptgärung. Siehe auch Baker-Ward und Hulton, Wochenschrift für Brauerei 1930, Nr. 5.

§ 121. Die Behandlung der Gärbottiche. Der moderne Betrieb hat meist Bottiche aus verschiedenem Material. Was zunächst die alten, bewährten Bottiche aus Eichenholz anlangt, so müssen dieselben auf der Innenseite mit einem guten Bierlack gestrichen sein. Am besten streicht man den warmen Bottich zuerst mit einer durch Alkohol stark verdünnten Lösung, welche vollkommen in das Holz eindringt, und läßt dann erst den dickeren Anstrich folgen. Jährlich einmal mussen diese Bottiche ausgekellert werden, damit das Holz austrocknen und die Innenseite mit dem Schabeisen behandelt sowie neu lackiert werden kann. Solche Bottiche befinden sich im besten Zustande und bilden keine Infektionsquelle, wenn sie mit gelöschtem Kalk, Bürste und Wasser sauber gehalten werden. An Stelle des gelöschten Kalkes — niemals aber mit ihm zusammen — kann auch der doppelschwefligsaure Kalk treten, oder man kann auch die Bottiche nach altbewährter Methode ausschwefeln. Zu diesem Zwecke muß der frisch gebürstete, noch nasse Bottich mit einem aus einzelnen Teilen bestehenden dünnen Holzdeckel zugedeckt werden, so daß es möglich ist, 1 bis 2 Schwefelspäne in einem entsprechenden eisernen Pfännchen in ihm zu verbrennen. Den Holzdeckel wird man, um ein

Werfen zu verhüten, lackieren. Werden die Holzbottiche nicht jährlich einmal ausgekellert, so verschwindet der Lack allmählich und nun greift gelöschter Kalk das Holz an, so daß es weich wird und eine Infektionsquelle bildet. Will man daher länger als ein Jahr mit Holzbottichen arbeiten, ohne sie auszukellern, so muß man sie nach jedesmaligem Gebrauch stark einschwefeln. Dadurch bleibt das Holz hart und der Bierstein schützt vor Infektion.

Als Ersatz für das Holz ist in letzter Zeit vielfach das Aluminium getreten. Bei Aluminium macht das jedesmalige Ausbürsten keine Schwierigkeiten. Zur laufenden Reinigung nehmen manche Betriebe etwas Kalk, manche auch eine 1- bis 2proz. Formaldehydlösung oder eine Mischung dieser beiden Mittel. Schwierig gestaltet sich die Entfernung des Biersteines, welche alle 1 bis 2 Jahre vorgenommen werden muß. Man kann dazu nur eine 15proz. Salpetersäure, also eine stark giftig wirkende Substanz verwenden. Mit dieser streicht man den Bottich ein und bürstet nach einiger Zeit mit Wasser den gelockerten Bierstein heraus. Die Berufsgenossenschaft hat Sicherheitsmaßnahmen vorgeschrieben für den Fall, daß Aluminiumbottiche oder -fässer mit Salpetersäure gereinigt werden. Die wichtigsten Punkte sind:

1. Schutzbrillen sind immer zu tragen.
2. Messing und Kupfer dürfen nicht mit der Salpetersäure in Berührung kommen.
3. Die Salpetersäure darf nur in Ton-, Glas- oder Aluminiumgefäßen aufbewahrt und zum Gebrauch genommen werden.
4. Es dürfen nur Bürsten aus Asbest oder Glaswolle zum Auftragen der Säure verwendet werden.
5. In Tanks ist kräftige Lüftung durchzuführen, oder es müssen die Arbeiter mit entsprechenden Gasmasken versehen sein.

Die stahlemaillierten Bottiche kann man mit fast allen Mitteln behandeln, da die Emaille eine bedeutende Widerstandsfähigkeit hat. Gefährlich können nur starke Lösungen derjenigen sauren Desinfektionsmittel werden, deren wirksamer Bestandteil die Flußsäure ist (Fluorammon, Pirizit).

Die Eisenbetonbottiche sind mit einer dicken Schicht eines besonderen Harzpräparates ausgekleidet, welches Ähnlichkeit hat mit dem Pechüberzug der Holzfässer und können demnach nur mit Vorsicht und besonders nur mit schwachsauren oder neutralen, chlorfreien Desinfektionsmitteln behandelt werden. Solche sind insbesondere Schweflige Säure, schwefligsaurer Kalk oder Formaldehyd. Zur Entfernung des allzudick gewordenen Biersteines nimmt man meist ein Schabeisen. Man kann auch verdünnte Schwefelsäure zur Lockerung der Biersteinschicht nehmen. Alkalische Mittel greifen die Pechschicht an und sind unbrauchbar.

§ 122. Die Fässer. Soweit Lagerfässer und Transportfässer aus Holz bestehen, können sie nur durch frisches Pichen vollkommen gereinigt werden. Man soll daher den Betrieb so einrichten, daß alle

Lagerfässer jedes Jahr mindestens einmal ausgekellert und frisch gepicht werden und das Pichen der Transportfässer so oft als möglich, mindestens aber so vornehmen, daß jedes Transportfaß alle 2 bis 3 Monate einmal frisch gepicht wird. Beim Ausleuchten des Transportgeschirres ist es keine Kunst, möglichst wenige „Picher" auszuscheiden; es erfordert aber einige Erfahrung und Übung, die richtigen Fässer zum Pichen herauszusuchen und dadurch die oben genannte Bedingung zu erfüllen. Man soll deshalb zum Ausleuchten einen tüchtigen Mann verwenden der scharfen Geruchs- und Gesichtssinn besitzt. Man soll ferner nur das beste Pech verwenden und dafür sorgen, daß die Pechschicht möglichst dünn ist, damit sie nicht abspringt. Bei Herstellung von Qualitätsbieren, speziell vom Pilsener Typus, sollte man Lagerfässer und Transportfässer nach jedesmaligem Leerwerden frisch pichen, wie dies von führenden Betrieben immer gemacht worden ist. Ein gutes Pech gibt bei richtiger Arbeitsweise dem fertigen Bier eine gewisse Nuance zu seinem Geschmack, die anderen Bieren fehlt und die unerkennbar, doch zur Süffigkeit und Beliebtheit beiträgt.

Ist man nicht in der Lage, so häufig zu pichen, so hilft man sich durch Ausschwefeln der Lager- und Transportfässer mit Schwefelspan oder Schwefliger Säure aus Stahlflaschen. Man kann immer nur das nasse Faß ausschwefeln. Manche Betriebe verwenden die Formaldehydlampe oder Formalinlampe, welche in die Lagerfässer gehängt wird und mit welcher gasförmiges Formaldehyd hergestellt wird, das ähnlich wie Schweflige Säure wirkt. Auf jeden Fall muß solcher Behandlung eine gründliche mechanische Reinigung vorhergegangen sein und muß besonders bei Formaldehyd ein Nachbürsten und Nachspülen mit reinem Wasser folgen. Für moderne Lagerfässer aus Aluminium, Emaille oder Eisenbeton gilt das im vorigen Kapitel für die Bottiche Gesagte. In Lagerfässern setzt sich weniger Bierstein an als in Gärbottichen.

§ 123. Die Behandlung und Prüfung der Gummischläuche. Eine der wichtigsten Fragen in jeder Brauerei ist die Schlauchfrage, denn ohne Zweifel ist die Ursache einer schlechten Haltbarkeit und einer Stäbcheninfektion meistens in alten, rissigen oder porösen, auch vielfach geknickten Schläuchen zu suchen. Durch ungeeignete Behandlung, besonders durch Dämpfen, werden die meisten Schläuche verdorben. Dämpfen macht auf die Dauer den Gummi rissig oder porös, so daß das beste Desinfektionsmittel ebensowenig wie das gründlichste Bürsten solchen Schlauch in einen brauchbaren Zustand versetzen kann. Will man wirklich Dampf verwenden, so muß man Schläuche mit echter Para-Seele verwenden und alle 1 bis 2 Jahre sämtliche Schläuche neu anschaffen, was auch in manchen renommierten Brauereien tatsächlich geschieht. Um einen unnötigen Luxus zu vermeiden, tritt an Stelle des Dämpfens in fast allen Fällen ein Bürsten mit Wasser und alle 1 bis 2 Monate ein Bürsten mit einer lauwarmen 3proz. Lösung von kristallisierter Soda, der evtl. etwas gelöschter Kalk zugesetzt worden ist. Ein innen vollkommen glatter Schlauch läßt sich mit Bürste und Wasser wochenlang vollkommen rein halten. Ein billiger Schlauch, dessen Seele nicht aus reinem Paragummi besteht, wird schon durch schwache Sodalösung zerstört und ist daher für die Brauerei unverwendbar. Man muß aus jedem Schlauch von Zeit zu Zeit den Bierstein entfernen können. Bode empfiehlt[1]) das gründliche Durchspülen der Schläuche mit Wasser und wöchentlich einmal das Füllen mit 1proz. warmer Sodalösung, welche einige Stunden in den Schläuchen stehen soll. Alsdann sollen sie gebürstet werden. In der Verwendung von Desinfektionsmitteln erblickt Bode eine Gefahr für das Bier.

Will man sich über den Zustand seiner Schläuche orientieren, so ist folgende einfache Prüfungsmethode die beste: Die Schläuche werden mit klarem Wasser sauber ausgespült. Nach Entleerung des Wassers legt man die beiden Schlauchenden hoch und füllt sie nach je der Größe des Schlauches ¼ bis ½ l Wasser hinein. Dann geht man an dem Schlauch entlang, indem man ihn mit den Schuhsohlen schwach zusammendrückt. Hierauf bewegt man das Wasser in dem Schlauch durch Aufheben desselben mehrmals hin und her, um es zuletzt in das Glas zurücklaufen zu lassen. Ein guter und gut gereinigter Schlauch muß das Wasser ebenso klar wieder hergeben, wie es hineingefüllt worden war. Ein guter, aber schlecht gereinigter Schlauch gibt das Wasser weißlich, getrübt durch Hefe, wieder. Auch schäumt solches Wasser meistens. Bei einem schlechten Schlauch aber beobachtet man immer nach einiger Zeit des Absetzens am Boden des Glases rote oder schwarze Partikelchen. welche aus abgesprungenem Gummi bestehen. Meistens sind diese Gummistückchen in Schimmelpilzkolonien eingebettet, was man schon mit einer guten Lupe erkennt. Jeder Schlauch, bei welchem diese Probe Gummistückchen ergab, ist unbrauchbar und muß durch einen neuen ersetzt werden. Würde man ihn weiter benutzen, so müßte eine Infektion einsetzen, denn Bürste und Desinfektionsmittel wirken nur auf der Oberfläche des rissigen, porösen, schwammigen Schlauchinnern. Beim Würze- oder Bierlaufen würde dann jeder geringste Stoß und jede Bewegung des Schlauches die mit Bierschädlingen angereicherte Flüssigkeit aus dem Gummikörper austreten lassen. Wegen der allgemeinen Empfindlichkeit der Gummischläuche und der mit ihrer Verwendung verknüpften Gefahr ist es ratsam, im Betriebe so wenig Schläuche als möglich zu verwenden und wo es auch immer geht, Kupferleitungen zu benutzen. An Stelle des Bürstens hat man in letzter Zeit Vorrichtungen. mit deren Hilfe Gummikugeln oder kurze Bürsten durch Wasserdruck durch die Leitung bzw. den Schlauch gepreßt werden.

§ 124. Die Abfüllapparate und Flaschen. In jeder Woche müssen alle Abfüllanlagen einmal auseinandergenommen und mit einer warmen 3proz. Lösung von kristallisierter Soda, der

[1]) Tageszeitung für Brauerei 1929, Nr. 133.

man eventuell etwas gelöschten Kalk zufügen kann, gründlich gebürstet werden. Nach der täglichen Außerbetriebsetzung müssen die Apparate mit Wasser gut abgespritzt werden. Besonderer Wert ist auf die Flaschenabfüllanlage zu legen, weil die vielen kleinen Hähne, Schlauchverbindungen und Dichtungen zu Infektionsquellen werden können. Die kurzen Schläuche an allen Abfüllapparaten, besonders die dünnen Entlüftungsschläuche am Filter soll man jährlich mindestens einmal durch neue ersetzen. Wegen des geringen Querschnittes dieser Schläuche kann man dieselben bei öfterer Erneuerung auch durch Dämpfen sterilisieren, wenn man gute Schläuche mit echter Paraseele wählt.

Für die Reinigung der Flaschen kommt Bürsten oder Ausspritzen in Betracht. Im allgemeinen genügt besonders bei kleinen und mittleren Betrieben gutes Bürsten, wobei man vor allen Dingen auf den rechtzeitigen Ersatz der abgenutzten Bürsten achten soll. Die modernen, großen bürstenlosen Apparate mit Leistungen bis ca. 6000 und mehr Flaschen pro Stunde bewähren sich für Großbrauereien gut. Im Falle die leeren Bierflaschen lange bei der Kundschaft stehen und dann in sehr schmutzigem Zustande mit eingetrockneten Bierresten zurückkommen, ist ein Vorweichen mit Lauge von 0,5 bis 1% oder mit kaustischer Soda oder auch Liclicin sehr empfehlenswert. Da das Glas eine absolut glatte Oberfläche hat, gelingt es in der Praxis durch Bürsten oder Spritzen, die Flaschen genügend zu reinigen. Dagegen ist die Reinigung des Flaschenverschlusses, Patentverschluß mit Gummischeibe, noch ungelöst. Diese Verschlüsse werden von den Bürsten nicht richtig erfaßt, und es sitzt häufig hinter dem Gummi und in den Ritzen der Gummischeibe eine verdorbene Flüssigkeit, welche beim Zumachen des Verschlusses in das Bier gelangt. Das beste ist eine gute Überwachung der Kolonne, so daß sicher alle nicht ganz tadellosen Gummischeiben entfernt und durch neue ersetzt werden, denn es liegt sehr im Interesse der Brauerei, daß das Flaschenbier haltbar und kohlensäurereich zur Kundschaft kommt.

Über die Reinigung und Desinfektion der Bierflaschen haben Hans Schnegg und J. Schachner[1]) sowie Franz Harder[2]) größere Arbeiten geliefert. Die beiden ersteren stellten folgendes fest: Die Patentverschlüsse mit Gummischeibe können nicht genügend gereinigt werden. Es tritt durch das ins Bier gelangende Preßwasser eine 2 bis 14fache Verschlechterung ein. Auch das Bürsten allein leistet nur unvollkommene Arbeit. Mit neuen Bürsten sind die Resultate besser. Mit der Hand gebürstete Flaschen sind immer bedeutend reiner, als mit der Bürstenmaschine behandelte. Versuche mit warmem Reinigungsmittel und einstündigem Einweichen bei 40 bis 45° C sowie nachherigem Bürsten ergaben bei Handbürsten einen geradezu vollkommenen Reinheitszustand, bei

[1]) Vergleiche § 110.
[2]) Harder: Wochenschrift für Brauerei 1928, Nr. 19.

Bürstmaschinen aber nur selten ein befriedigendes Resultat. Der Kronkork ist besser als der Patentverschluß. Umfangreiche Arbeiten in der praktischen Betriebskontrolle der bürstenlosen Reinigungsmaschinen führten Schnegg und Schachner zu folgenden Ergebnissen:

1. Die Leistungsfähigkeit der bürstenlosen Flaschenreinigungsmaschinen in biologischer Hinsicht ist jener von Bürstenmaschinen durchwegs überlegen.

2. Der wichtigste Faktor ist ein geeignetes Lösungsmittel für die in der Flasche festsitzenden Bierreste.

3. Am besten ist Lauge von 0,2%.

4. Kalzinierte Soda bleibt in ihrer Wirkung wesentlich hinter Lauge zurück. Durch Lauge und lange Weichzeit kann die Leistung der Bürstmaschine wesentlich verbessert werden.

5. Die Temperatur der Lauge soll der Abtötungstemperatur möglichst nahekommen. Dabei ist zur Vermeidung von Flaschenbruch langsam zu erwärmen und abzukühlen.

6. Ein gut Teil der guten Wirkung der bürstenlosen Maschine ist auf den zum Spritzen angewendeten Druck zurückzuführen,

7. Gesamtspritzdauer, Dauer und Zahl der einzelnen Spritzungen spielen eine wichtige Rolle.

8. Der Reinheitsgrad der Flaschenverschlüsse, namentlich der Gummischeiben, ist bei vielen Reinigungsanlagen ein wunder Punkt.

Die biologische Reinheit wird praktisch bei allen modernen bürstenlosen Maschinen erreicht.

Wie wichtig eine Kontrolle der gereinigten Flaschen durch Ausleuchten ist, beweist Harder durch Nachkontrolle. Trotz sorgfältiger Ausleuchtarbeit gingen von 1000 Flaschen 15 unsaubere durch. Eine zweite Kontrollstelle sowie stündliche Ablösung des Bedienungspersonals verbessert die Sicherheit sehr.

§ 125. Die Filtermasse. Besonders die Filtermasse bedarf einer regelmäßigen und sachgemäßen Reinigung. Sie wird in einem guten, genügend großen Waschapparat, welcher pro kg trockener Masse mindestens 60 l Wasser enthält, zunächst etwa eine Stunde lang kalt gewaschen, dann erwärmt und bei 81° C (= 65° R) eine Stunde lang gehalten. Thermometer ist notwendig. Hierauf wird sie, wenn man biologisch reines, kaltes Wasser hat, mit solchem wieder kalt gewaschen. Knotenbildung kommt entweder vom Kochen der Masse oder von einem ungeeigneten Rührwerk im Reinigungsapparat. Man soll die Masse nicht einfach mit kaltem Wasser waschen, auch soll man keinerlei Desinfektionsmittel verwenden. Eine gute Filtermasse bleibt langfaserig und braucht nicht fortgeworfen zu werden. Gewöhnlich ersetzt man etwa alle Halbjahr die Hälfte der Masse durch neue. Ganz neue Filtermasse filtriert häufig anfangs schlechter als alte. Über die Prüfung der Filtermasse siehe § 103.

Es geht nicht an, die Masse im Apparat länger als einen Tag stehen zu lassen, weil sich Termobakterien bilden, welche der Masse einen üblen Geruch verleihen. Auch ist es nicht empfehlenswert, das Filter länger als 14 Tage im Keller mit Wasser stehen zu lassen, denn es entwickeln sich Fäulnisbakterien, so daß die Masse einen fauligen, von zersetzter Hefe herrührenden Geruch bekommt, welcher sich dem Biere mitteilt. Auch nimmt die Filtermasse ebenso wie Klärspäne, wenn sie längere Zeit der Kellerluft ausgesetzt ist, deren dumpfen Geruch an.

§ 126. Fußböden und Abflüsse. Oftmals ist die Reinigung des Raumes, in welchem Apparate stehen, wichtiger als die Reinigung der Apparate selbst. Würze und Bier sind sehr empfindlich für schlechte, fremde Geruchstoffe und nehmen solche leicht auf. Es sollen daher z. B. die Wände des Kühlapparateraumes abwaschbar sein, was man entweder durch Belegen mit Plättchen oder durch Streichen mit Emailfarbe erreicht. Alle anderen Wände und Decken müssen so oft als möglich mit frisch gelöschtem Kalk geweißt werden. Kellerwände sind möglichst trocken zu halten. Soweit nicht durch schlechte bauliche Anlage oder verkehrte Ventilation Sicker- bzw. Schwitzwasser die Feuchtigkeit verursachen, kann man außer mit Kalk auch mit Montanin oder Mikrosol den Keller von Schimmelbildung frei halten. Fußböden sind regelmäßig zu bürsten unter Hinzunahme von Kalk. Dadurch werden die unvermeidlichen Benetzungen des Bodens mit Würze oder Bier entfernt, bevor sich schädliche Pilze entwickelt haben und bevor ein grabeliger Geruch die Luft verschlechtert. Meist siedelt sich Schleimpilz, Dematium, an, aber auch Milchsäure- und Essigsäurebakterien kommen vor. Kalk genügt vollkommen. Man soll mit stärkeren Mitteln selbst beim Fußboden sehr vorsichtig sein. Würde man zu oft z. B. mit Chlorkalk reinigen, dann könnte sich der Chlorgeruch dem Bier mitteilen und vom Konsumenten als fremdartig empfunden werden. Auch Karbolineum, zum Streichen der Holzpoteste u. dgl. verwendet, kann leicht dem Bier schädlich werden. Für Senklöcher, Siphonverschlüsse, Abflußkanäle usw. sind Chlorkalk und Antiformin sehr gut, weil hier Hefereste verfaulen und daher stärkere Mittel nötig werden.

§ 127. Kontrolle des Reinzuchtapparates. In den §§ 142 bis 148 ist der Hefereinzuchtapparat beschrieben. Bei richtiger Bauart und sorgfältiger Handhabung dürfen Verunreinigungen durch fremde Organismen nicht vorkommen. Dennoch empfiehlt es sich, bei jeder Entleerung des Apparates zwei Proben des über der Hefe stehenden Bieres zu nehmen, dieselben 10 Tage lang im Brutschrank zu beobachten und dann zu mikroskopieren nach § 95. Als Infektionsorganismen kommen besonders Stäbchenbakterien, auch wilde Hefen in Betracht. Erweisen sich beide Proben als infiziert, so muß man genauer prüfen, ist aber eine der beiden Proben rein, so muß auch der Apparat rein sein. Die Infektion erfolgte dann bei der Probenahme. Zu einer genauen Prüfung wird die Probe unter Beobachtung aller Vorsichtsmaßregeln beim Hefekolben in ein steriles Hansen-Kölbchen oder in einen Pasteur-Kolben entnommen. Zum Versand der Probe dienen mit Watte gefüllte und bei 150° C 3 Stunden lang sterilisierte Hansen-Kölbchen, in welche man nur einige Tropfen der Hefe fließen läßt. Die Untersuchungen werden in der gleichen Weise ausgeführt wie bei Hefe, d. h. hauptsächlich durch Beobachtung des vergorenen Bieres im Brutschrank und Mikroskopieren des Bodensatzes nach 10 Tagen. Hat sich gezeigt, daß der Hefereinzuchtapparat verunreinigt ist, so muß er vollständig entleert, gereinigt und sterilisiert werden (§ 145). Danach erfolgt das neue Anstellen mit neuer Reinhefe (§ 146).

§ 128. Das Einsenden von Proben an eine Versuchsstation. Für jeden Brauereibesitzer oder verantwortlichen Brauereileiter, welcher nicht selbst eine Kontrolle ausführen kann, ist es notwendig, alle 1 bis 2 Monate den Zustand seiner Biere kontrollieren zu lassen durch Einsenden von Proben an eine Versuchsstation. Es wäre ein großer Fehler, es so weit kommen zu lassen, daß bereits die Kundschaft einen schlechten Geschmack oder eine Trübung bemerkt. Eine gewisse Betriebssicherheit ist selbst im Kleinbetrieb unerläßlich. Hierzu genügen bei normaler, guter Betriebsführung Stichprobesendungen, während Betriebsrevisionen nur aus einem besonderen Anlaß notwendig werden. Die regelmäßige Probesendung setze sich folgendermaßen zusammen:

A. 6 sterile Fläschchen werden von der Versuchsstation bezogen und gefüllt:
   1. mit Bottichbier, einen Tag vor dem Schlauchen (³⁄₄ voll),
   2. und 3. Zwickelproben von altgelagerten Bieren,
   4. Probe vor dem Filter,
   5. Probe hinter dem Filter,
   6. Probe vom Sammelkessel des Faßabfüllapparates.

B. Je 2 Betriebsflaschen der gangbarsten Biersorten, mit neuen Gummischeiben verschlossen, von denen die eine zur Prüfung der Schaumhaltigkeit, des Geschmackes und der chemischen Zusammensetzung, die andere zur Haltbarkeitsbestimmung und biologischen Untersuchung dient.

Es ist nicht gut, die Probefläschchen zu klein zu nehmen, da man auch die sterilen Proben zur Jodreaktion, Beurteilung evtl. eintretender Trübungen usw. hernehmen muß. Am besten ist es, weiße Fläschchen von 200 bis 300 cm^3 Inhalt mit gutem Patentverschluß zu wählen. Ein festes Versandkistchen, welches nicht nur die 6 Fläschchen, sondern auch 1 bis 2 Betriebsflaschen für Kostprobe und chemische Untersuchung aufnehmen kann, vervollständigt die Ausrüstung.

5. Die Reinigungsarbeiten in der Mälzerei unter Berücksichtigung des Kornkäfers und seiner Bekämpfung.

§ 129. In dieser bedeutungsvollen Sparte des Betriebes wird man mit Bürste, Wasser und gelöschtem Kalk im allgemeinen ausreichen. Selbst bei stark zu Schimmelbildung neigenden Gersten wird eine gute Kalkweiche und ein öfteres Einkalken der Tenne genügen. Zu schärferen Mitteln muß man in der Mälzerei nur dann seine Zuflucht nehmen, wenn eine Infektion durch den Kornkäfer vorliegt. Eine solche Käferinfektion ist häufig schlimmer als Sarzina und Milchsäure und kann folgende Ursachen haben:

1. Einschleppen des Käfers mit Gerste vom Händler.
2. Lange Lagerung von Gerste aus spekulativen Gründen.
3. Einschleppung des Käfers durch gebrauchte Säcke.
4. Vernachlässigung der Sauberkeit und Versäumnis der Anwendung von Bekämpfungsmitteln, besonders von Seiten der Landwirte und Spediteure.

Wir haben es in der Hauptsache mit vier verschiedenen Arten zu tun, deren jede in unangenehmster Weise auftreten kann:

1. dem schwarzen Kornkäfer, einem Rüsselkäfer, welcher besonders alte Gerste befällt;
2. dem Getreideschmalkäfer, einem sehr kleinen, länglichen Käferchen mit gezacktem Halsschild, welches auf Malz und Gerste vorkommt und das Malz unverkäuflich machen kann;
3. dem braunen Malzkäfer, einem mehr hellbraunen, größeren Käfer, welcher mit Vorliebe das lagernde Malz befällt, und
4. dem messinggelben Diebkäfer, einem spinnenähnlichen, schön goldgelb glänzenden Käfer, welcher alte Malzhaufen an der Oberfläche einspinnt, so daß beim Wegschaufeln des Malzes die Oberfläche in Klumpen herunterrieselt.

Nach Braßler[1]) ist in jüngster Zeit ein neuer Käfer, der Khaprakäfer, aus Indien eingeschleppt worden und hat sich besonders in englischen Getreidelagern stark verbreitet. Er ist in Form und Größe dem braunen Malzkäfer ähnlich, hat aber grau behaarte Flügeldecken. Er befällt Malz und Gerste.

Wenn der Kornkäfer sich in einer Mälzerei richtig eingenistet hat, bedeutet er besonders bei einer Verkaufsmälzerei die größte Gefahr, weil er dann nur unter großem Kostenaufwand dauernd entfernt werden kann. Insbesondere sind es die alten Mälzereien, in denen die Mäuse in den Gewölben und in Hohlräumen der Decken und Wände ihre Nester haben. Die Mäuse sammeln immer Gerste und Malz in ihrem Verstecke, so daß sie stets neue Infektionsherde schaffen für die Käfer. Will man nun dem Käfer zu Leibe rücken, so muß man vorher die Mäuse entfernen. In manchen Fällen hat sich der Mäusebazillus gut bewährt, aber gute Katzen und Hunde sowie ein Niederreißen der hohlen Tennengewölbe und ein neues Ver-

[1]) Allg. Anzeiger, Mannheim 1929, Nr. 45.

putzen aller Wände müssen mit einer Vergiftung zusammen angewendet werden. Sind die Mäuse aus dem Betrieb entfernt, so wird man durch Anstreichen der ganzen Mälzereiräume mit Kalkmilch den Käfer zu entfernen versuchen. Sind keine bewohnten Räume in der Nähe, so hilft Chlorkalk besser. Ist die Infektion durch Käfer sehr stark, so wird man ein noch intensiveres, wenn auch giftiges Mittel nicht entbehren können, nämlich eine Auflösung von 1 l Anilinöl in 15 l Wasser. Man kann noch eine Handvoll eingesumpften Kalk hinzufügen. Die Dämpfe des Anilinöles sind giftig und daher müssen die Arbeiter alle Viertelstunden abgelöst werden. Auch ist es nicht zulässig, diese Lösung mit einer Düse aufzuspritzen, sondern, um ein Verstäuben zu vermeiden, muß sie mit Pinsel und Malerquaste aufgetragen werden. Das Laboratorium der biologischen Reichsanstalt[1]) hat für Deutschland besondere Bestimmungen aufgestellt:

1. Die Arbeit ist am besten einem Fachmann (Desinfektor) zu übertragen.

2. Man verwendet Seifenwasser mit Anilinöl. Zur Herstellung des Gemisches muß zunächst die Seife im Wasser gelöst werden. Der lauwarmen (nicht heißen) Lösung ist dann das Anilinöl zuzugeben. Zum Anstreichen sind lang gestielte Besen oder Bürsten zu verwenden, wobei zweckmäßig lange Gummihandschuhe mit Stulpen getragen werden. Zum Ausspritzen von Fugen und Spalten darf nur eine gewöhnliche Spritze, kein Verstäuber verwendet werden.

3. Der betreffende Boden muß während der Arbeit gut gelüftet werden.

4. Jede unmittelbare Berührung mit der Anilinlösung ist zu unterlassen, denn Anilin und Anilindämpfe können die Haut durchdringen.

5. Es sind während der Arbeit dichtschließende Kleider zu tragen; und diese sind sofort nach der Arbeit abzulegen.

6. Zum Schutze gegen Einatmen der Dämpfe muß eine Industrie-Gasmaske oder ein Lux-Atemschützer mit zweckentsprechendem Einsatz getragen werden.

7. Nach einer Stunde ist die Arbeit eine Viertelstunde lang zu unterbrechen.

Sollte ein besonders empfindlicher Arbeiter trotz dieser Vorsichtsmaßregeln Schwindelanfälle bekommen, so muß er sofort ein warmes Bad nehmen, frische Kleider anziehen und sich in freier Luft bewegen. Mit Rücksicht auf seine Verantwortlichkeit muß der Braumeister in diesem Falle, wie in allen ähnlichen, gefahrvollen Arbeiten stets zwei Leute verwenden, damit sofort Hilfe geleistet werden kann.

Liegt nur ein Posten vom Käfer befallener Gerste in einer sonst sauberen Mälzerei, so wird man selbstverständlich die Gerste sogleich aus dem Betrieb entfernen und, wenn es noch geht, sie dem Lieferanten zur Verfügung stellen. Will oder muß man sie aber behalten, so hat man in dem Schwefelkohlenstoff ein zwar gefährliches, aber erprobtes Mittel, die Gerste zu reinigen. Man

[1]) Siehe Zacher, Tageszeitung für Brauerei 1927, Nr. 95.

legt dieselbe in der Mitte des Bodens zu einem kegelförmigen Haufen, deckt ihn mit wasserdichten Decken zu, wobei man oben eine Öffnung läßt, und stellt in diese hinein eine Schüssel mit je 1 kg Schwefelkohlenstoff für jede 4 m³, die der Gerstenhaufen Raum einnimmt. Am Fußboden hat man die Zeltdecken durch Auflegen von Brettern usw. möglichst aufgedichtet, man hat ferner einen Ring von Handhöhe aus Gerste um den Haufen gelegt, damit die etwa davonlaufenden Käfer hierin gefangen werden und schließt nun 6 Stunden lang Fenster und Türen so dicht als möglich. Nach dieser Einwirkungszeit wird alles geöffnet und die Gerste über die Putzmaschine gelassen. Den Fanghaufen verbrennt man mit dem Ausputz. Wohl zu beachten bei dieser Desinfektion eines Gerstenquantums ist die Giftigkeit und Feuergefährlichkeit der Schwefelkohlenstoffdämpfe. Es soll während aller dieser Arbeiten das Rauchen im ganzen Betriebe streng verboten sein und auf dem betreffenden Boden darf man nicht einmal eine elektrische Lampe einschalten, da durch den im Schalter überspringenden kleinen Funken eine Explosion und ein Brand ausgelöst werden können.

Bei der Desinfektion von Malz, welches vom Käfer befallen ist, muß man anders vorgehen, denn Malz nimmt den intensiven und üblen Geruch dieser chemischen Mittel an. Man erhitzt es daher am besten auf der Darre bis zur Abtötung der Käfer und ihrer Brut. Bei dieser Behandlung muß man Sorge tragen, daß rings herum auf den Horden ein freier, von der warmen Luft durchströmter Streifen bleibt, damit die Käfer nicht an den Wänden hochgehen und sich über das ganze Gebäude verbreiten. Man kann auch das Malz in Säcken in die Darre stellen, wobei die Käfer die Säcke nicht verlassen, sondern stets nach den kühleren Stellen laufend, ins Sackinnere gelangen. Wenn man im Innern des Malzes eine Temperatur von 55° C, das sind 45° R 24 Stunden lang hält, ist alles Ungeziefer getötet. Dann putzt man das Malz und verbrennt den Ausputz. Es gibt noch eine Reihe anderer Mittel, z. B. Eryl, welche diese Vernichtungsarbeiten wirksam unterstützen können.

Über die Bekämpfung von Getreideschädlingen schreibt Neumann[1]), Berlin, daß es nur den giftigen und sehr feuergefährlichen Schwefelkohlenstoff und das giftige Anilinöl gäbe, weshalb peinlichst genaue Beobachtung der Vorsichtsmaßregeln notwendig sei. Neumann schreibt weiter: „Der Nachweis des Käfers gelingt leicht, wenn man eine verkorkte Flasche voll Gerste auf eine heiße Unterlage stellt. Die Käfer wandern dann in den Hals der Flasche. Wenn die Infektion nur aus Eiern oder Larven besteht, muß man die Probe 4 bis 5 Wochen liegen lassen, damit sich der Käfer entwickeln kann. Als wirkungsvoll hat sich die Darre erwiesen. Man setzt das gesackte Getreide 24 Stunden lang einer Temperatur von 50 bis 60° C (Lufttemperatur) aus. Vorbedingung ist aber, daß das zu behandelnde Getreide völlig lagerreif ist und höchstens 12 bis 15%

[1]) Tageszeitung für Brauerei 1925, Nr. 149.

Wasser enthält. Andernfalls kann durch zu schnelles Ansteigen der Temperatur die Keimfähigkeit leiden. Steht eine Darre nicht zur Verfügung, so ist die dauernde Lüftung und Bewegung des Getreides ein gutes Mittel. Geht auch das nicht an, so bleiben die chemischen Mittel. Man häuft den Posten hoch auf und stellt einen oder mehrere flache Teller mit Schwefelkohlenstoff darauf. Zur Beförderung der Verdunstung kann man Putzwolle, Lappen oder Hobelspäne in die Schüsseln legen. Gleichzeitig legt man um den großen Haufen einen kleinen Wall von Gerste, um die auswandernden Käfer zu fangen. Nach 24stündiger Einwirkung ist dieser Fangwall zusammenzufegen und zu verbrennen, während der große Haufen geputzt werden muß. Hierbei herausgesiebte Käfer müssen ebenfalls verbrannt werden. Diese 24stündige Einwirkung ist für das Getreide nicht schädlich, da das Gas nur in stark verdünntem Zustande einwirkt. Säcke desinfiziert man, indem man sie in ein fest verschließbares Gefäß (Faß) legt und besprengt mit 1 bis 2 l Schwefelkohlenstoff auf 100 Sack, 24 Stunden liegen läßt. Zur Desinfektion eines größeren Siloschachtes rechnet man 25 bis 30 kg Schwefelkohlenstoff. Immer müssen nach der Behandlung die Käfer zusammengekehrt bzw. von Säcken abgebürstet und verbrannt werden, da manche nur scheintot sind. Lagerräume, Malzverschläge und Wände müssen mit Anilinmilch desinfiziert werden. Boden, Wände, Balken usw. werden entweder mit einer Spritze oder mit Pinsel mit Anilinmilch intensiv behandelt. Man muß dabei besonders auf die Risse und Löcher achten. Die Anilinmilch stellt man dar, indem man 1 l Anilinöl mit 15 l Wasser gut mischt. Sehr zweckmäßig ist auch das Weißen des Speichers unter Mitverwendung von 1 l Anilinöl auf einen Eimer voll Kalk. Die schädliche Wirkung des Anilinöles geht nach 5 bis 7 Tagen verloren und dann kann man wieder Gerste in den Verschlag lagern. Die besonderen Vorsichtsmaßregeln sind folgende: Ein Einatmen der giftigen Dämpfe ist zu vermeiden. Bei Schwefelkohlenstoff darf kein offenes Licht in der Nähe sein. Glimmende Zigarren oder Zigaretten bringen den Dampf ebenfalls sicher zur Explosion. Elektrische Lampen müssen gut gesichert sein. Ein- und Ausschaltungen des Stromes dürfen nicht im gleichen Raum vorgenommen werden, weil ein überspringender Funke die Explosion hervorrufen kann. Dynamomaschinen oder Elektromotore dürfen nicht in der Nähe laufen. Selbst Dampfleitungen müssen in den zu behandelnden Räumen außer Gebrauch gesetzt werden, da sogar heiße Gegenstände die Explosion hervorrufen können. Räume, welche mit Anilinmilch behandelt waren, dürfen erst nach guter Lüftung in einigen Tagen als Wohn- und Schlafzimmer benützt werden. Die mit Anilinmilch arbeitenden Personen dürfen nicht länger als 2 Stunden tätig sein und sind dann abzulösen. Bei längerem Verweilen in den Anilindämpfen erfolgt unbehagliches Empfinden, Kopfschmerzen, Blaßwerden und schließlich Blauwerden des Gesichts. Das beste Gegenmittel ist ein Bad und frische Luft sowie andere Kleider."

VI. Reinkultur der Pilze.

§ 180. Wie wir in § 60 kennengelernt haben, ist für das Studium eines Pilzes die Reinkultur desselben unbedingt notwendig. Dort wurden auch kurz die beiden Möglichkeiten, die physiologische und die mechanische Methode, angeführt. Reinkulturen haben aber nicht nur für wissenschaftliche Zwecke große Bedeutung, sondern auch für das praktische Leben, ganz besonders für den Brauereibetrieb. Auf solche Weise gezüchtete Hefe, sogenannte Reinhefe, bietet die Vorteile einerseits, daß zur Zeit der Einführung in den Betrieb keine anderen schädlichen Mikroorganismen sich darin finden, anderseits, daß man mit Sicherheit eine bestimmte und stets die gleiche Rasse verwenden kann, deren Eigenschaften und Behandlungsweise man genau kennt bzw. in kurzer Zeit kennen lernen wird.

1. Herstellung einer Reinkultur.

§ 181. Bei der physiologischen Methode oder natürlichen Reinzucht werden die Lebensbedingungen so weit als möglich der rein zu züchtenden Art angepaßt.

Max Delbrück[1]) hat über die natürliche Reinzucht im Brauereibetrieb ausführlich geschrieben:

In der Natur oder in der Zucht vollzieht sich diese Art der Reinkultur im Kampfe um die Erhaltung der Art. Die richtige Anwendung der Naturgesetze, also die systematische Darbietung von Lebensbedingungen, welche einen Pilz begünstigen, setzt den Gärungstechniker in den Stand, aus einem Organismengemisch eine bestimmte Rasse zur Alleinherrschaft zu bringen oder eine reine Rasse rein zu erhalten. Unter den Mitteln, die seit Jahrhunderten von den Gärungsgewerben verwendet werden, sind folgende hervorzuheben: Chemische Zusammensetzung des Nährsubstrates, Lüftung, Alkohol- und Kohlensäuregehalt, Bewegung, Säuregehalt und Temperatur. Von den Eigenschaften der Heferasse kommen in Betracht: Größe und spezifisches Gewicht der Zellen, Gärleistung der einzelnen Zelle, Sproßverbandbildung, Klumpenbildung und Empfindlichkeit gegenüber mannigfachen Reizstoffen. In obergärigen Brauereien hat man bis vor kurzem Hefestämme bis zu 30 Jahren geführt, ohne daß eine Infektion eingetreten wäre. Dies ist nur möglich, wenn an der altbewährten Arbeitsweise in Mälzerei und Brauerei mit peinlichster Genauigkeit festgehalten wird. Die Methode der natürlichen Reinzucht gibt aber keine Gewähr dafür, daß die rein zu züchtende Art allein in der Kultur vorhanden ist. Denn Pilze, welche dieselben oder sehr ähnliche Lebensbedingungen haben, wie verschiedene Rassen der Kulturhefen, können auf diese Weise nur sehr schwer oder gar nicht voneinander getrennt werden.

[1]) Brauerei-Lexikon 1925, Band II, S. 191.

Einen charakteristischen Fall von physiologischer Reinzucht haben wir schon bei *Bacillus subtilis*, dem Heupilz (§ 88), kennengelernt. Durch das Kochen des Heuaufgusses sind alle anderen Keime getötet worden, und nur die dieser Temperatur widerstehenden Endosporen des Heupilzes sind übriggeblieben.

Ein anderer Fall von physiologischer Reinzucht tritt z. B. bei Maische, welche bei verschiedenen Temperaturen gehalten wird, auf. In einer Mischung von 2 Teilen Roggenschrot und 1 Teil Malzschrot mit 12 Teilen Wasser entwickeln sich bei Zimmertemperatur die verschiedensten Arten von Bakterien. Bei 40° C gewinnen diejenigen Arten, welche die Buttersäuregärung (§ 89), bei 50° C dagegen die Erreger der Milchsäure die Oberhand. Kocht man die Maische kurze Zeit, so kommen nicht mehr die beiden Säuregärungserreger zur Entwicklung sondern der Heupilz.

§ 132. Vollkommene Sicherheit, daß alle Individuen einer Kultur zu derselben Art oder zu derselben Rasse einer Art gehören, also unter sich gleichwertig sind. hat man nur dann, wenn sie Nachkommen einer einzigen Zelle sind. Es kommt also darauf an, die untereinander gemischt lebenden Mikroorganismen zu trennen und ein Individuum, meistens also nur eine Zelle, abzusondern (zu isolieren) und rein weiterzuzüchten.

Dies wird durch die mechanischen Methoden der Reinzucht erreicht, von denen im Laufe der Zeit verschiedene eingeführt worden sind. Wir werden hier hauptsächlich diejenigen kennen lernen, welche für die Reinzucht der Hefe und für die biologischen Untersuchungen bei der Betriebskontrolle in Betracht kommen.

§ 133. Reinkultur durch Verdünnung. Der erste Weg, der eingeschlagen wurde, um eine einzige als Ausgang für eine Reinkultur dienende Zelle zu isolieren, war der durch Verdünnung der keimhaltigen Flüssigkeit. Diese Methode wurde 1878 von Lister eingeführt und von verschiedenen anderen Forschern für die besonderen Fälle vervollkommnet.

Die Verdünnung besteht darin, daß einem geringen Teil der Flüssigkeit, welche die Pilzkeime enthält, steriles Wasser oder sterile Würze zugesetzt wird (§ 49). Für den vorliegenden Zweck wird so lange verdünnt, bis ungefähr in jedem zweiten Topfen ein Keim enthalten ist, was durch mikroskopische Untersuchung festgestellt werden muß.

Von dieser Verdünnung überträgt man dann je einen Tropfen auf eine größere Anzahl von Kulturgefäßen mit steriler Nährflüssigkeit. Zeigt sich nach einigen Tagen nur in einem Teile, etwa der Hälfte der Kulturgefäße, eine Entwicklung von Pilzen, so kann man annehmen, daß in jedes dieser Gefäße nur ein Keim gelangt ist.

Hansen hat 1881 dieses Verfahren für die Hefe dadurch verbessert, daß nach der Impfung das Kulturgefäß kräftig geschüttelt wird. Dann stellt man es ruhig hin; die Hefezellen sinken zu Boden und lagern sich der Wand des Glasgefäßes an. Sind mehrere Zellen in das Gefäß gelangt, so werden sie wohl in den allermeisten Fällen voneinander getrennt liegen. Nach 3 bis 4 Tagen erkennt man dann schon mit bloßem Auge einen oder mehrere weiße Flecke; es sind dieses die sich entwickelnden Kolonien der Hefe. Wenn nur ein Fleck vorhanden ist, gelangte wahrscheinlich nur eine Zelle in das Gefäß, und wir haben es dann mit einer Reinkultur zu tun. Auf diese Art und Weise stellte Hansen seine ersten Reinhefen im Karlsberg-Laboratorium her und führte dieselben im November 1883 im Betriebe ein.

§ 134. Reinkultur durch Abimpfen von einer Gelatineplatte. Als Ausgangspunkt für Reinkulturen kann auch eine Gelatineplatte dienen (§ 52). In diesem Falle kommt es ganz besonders darauf an, daß die auszusäenden Keime möglichst isoliert werden, was durch kräftiges Schütteln oder Umrühren der keimhaltigen Flüssigkeit erreicht werden kann. Ferner muß dieselbe soweit verdünnt werden, daß nur wenige Keime auf eine Platte kommen, damit die sich einwickelnden Kolonien nicht zu nahe beieinander liegen. Bei verhältnismäßig großen Pilzkeimen (vielen Schimmelpilzen und Hefen) kann man unter dem Mikroskop die Entwicklung der Keime bei schwacher Vergrößerung verfolgen und dabei auch kontrollieren, ob die Kolonie von einer oder von mehreren Zellen ausgeht. Geeignete Kolonien werden auf der Außenseite der Petri-Schale mit Fettstift markiert.

Von der günstigsten Kolonie wird dann, sobald sie mit bloßem Auge zu erkennen ist, im Arbeitskasten vermittels einer Nadel oder Platinöse eine Spur in ein Kölbchen mit steriler Würze übergeimpft. In den meisten Fällen wird auf diese Art und Weise eine Reinkultur zustande kommen, welche von einer Zelle abstammt: volle Sicherheit hat man hierfür jedoch nicht.

§ 135. Reinkultur der Hefe nach Hansen. Im Gegensatz zu den bisher beschriebenen Methoden, welche eine sichere Kontrolle unter dem Mikroskop, besonders bei stärkerer Vergrößerung nicht zulassen, ist dies möglich bei der 1886 von Hansen eingeführten Methode für die Reinzucht der Hefe. Diese Kulturmethode besteht in einer Adhäsionskultur unter einem gefelderten Deckglase, das auf den oberen Rand des Glasringes einer feuchten Kammer (§ 53, Abb. 35) gekittet ist.

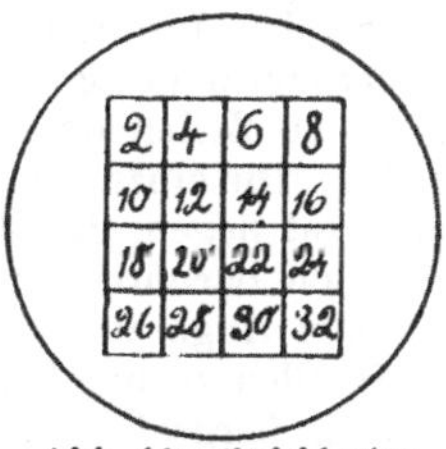

Abb. 49. Gefeldertes Deckglas.

Auf ein rundes Deckglas von etwa 30 mm Durchmesser (Abb. 49) sind 16 Quadrate eingeätzt. In jedem derselben findet sich eine Zahl, welche es möglichst ausfüllen soll. Daher vermeidet man Zahlen mit einfachen Schriftzeichen (wie 1, 7 usw.); am vorteilhaftesten sind zweistellige Zahlen.

Ein gefeldertes Deckglas wird in folgender Weise hergestellt: Man schmilzt Wachs in einer Porzellanschale und taucht das Deckglas mit einer Pinzette kurze Zeit hinein. Die Wachsschicht muß dünn und gleichmäßig verteilt sein und dem Glase überall unmittelbar anliegen. Hierauf werden mit einem Lineal und einer spitzen Nadel 16 Quadrate gezogen und mit der Nadel die Zahlen eingeschrieben; dabei muß man stets bis auf das Glas kommen. Nun taucht man das so vorbereitete Deckglas vermittels einer Pinzette 10 bis 30 Sekunden in Flußsäure, die sich in einer Platinschale oder in einer mit Wachs überzogenen Porzellanschale befindet. Flußsäure ist eine stark ätzende Flüssigkeit und erfordert daher entsprechende Vorsicht. Zum Schluß wird das Deckglas mit warmem Wasser abgewaschen und mit Alkohol oder Äther gereinigt. Dann kittet man dasselbe mit Fischleim auf den Glasring.

Die nun folgenden Arbeiten sind in dem sorgfältig gereinigten und gründlich desinfizierten Arbeitskasten vorzunehmen. Alle Gebrauchsgegenstände werden entweder flambiert oder müssen, wie die Nährböden, vorher in der in § 47 angegebenen Weise sterilisiert worden sein.

Während dieser Arbeiten, wie bei der Handhabung von Reinkulturen überhaupt, muß man die äußersten Vorsichtsmaßregeln anwenden, um Verunreinigungen der Kulturen möglichst abzuwenden. Türen und Fenster des Arbeitsraumes sind zu schließen, jede starke Luftbewegung nach Möglichkeit zu vermeiden. Der Arbeitende soll sich jedesmal mit Seife und Bürste die Hände und Unterarme gründlich waschen, nachdem die Ärmel genügend hoch gestreift worden sind. Ehe man die Arbeiten beginnt, warte man erst einige Minuten vor dem Arbeitskasten, um auch in dessen unmittelbarer Umgebung nicht ein durch starke Luftbewegung verursachtes Emporwirbeln von Staubteilchen und Pilzkeimen herbeizuführen.

Zum Zwecke der Herstellung einer Reinkultur bringt man eine geringe Menge der verdünnten Nährgelatine mit der Hefe, welche als Ausgang für die Reinkultur dienen soll, vermittels eines sterilen Glasstabes auf die Unterseite des Deckglases. Unter dem Mikroskop überzeugt man sich, ob die Verdünnung richtig ist, da sich im ganzen etwa 50 Zellen oder noch weniger unter dem Deckglase befinden sollen. Die einzelnen Zellen müssen auch genügend weit voneinander entfernt liegen, damit sie sich bei ihrer späteren Vermehrung nicht sogleich berühren und die sich entwickelnden Kolonien auch mit bloßem Auge zu unterscheiden sind. Sind zu viele oder zu wenig Hefezellen vorhanden oder liegen sie nicht günstig, so muß eine neue Kultur hergestellt werden.

Wenn alles in Ordnung ist, bestreicht man den unteren Rand des Glasringes mit Vaselin und setzt ihn in die Mitte eines entsprechend großen Objektträgers, in dessen Mitte man vorher einen Tropfen sterilen Wassers gebracht hat. Um den störenden optischen Einfluß des Wassertropfens zu vermeiden, kann man denselben auch erst nach dem Markieren der Zellen hinzufügen.

Bei etwa 100facher Vergrößerung sucht man dann die einzelnen Hefezellen auf und markiert sie auf einem großen Stück Papier, das ebenso wie das Deckglas die 16 Quadrate mit den entsprechenden Nummern trägt. Günstig, d. h. gut abgesondert liegende Hefezellen, welche also später leicht und sicher abzuimpfen sind, werden möglichst genau auf dem Papier an der betreffenden Stelle, an der sie sich auf dem gefelderten Deckglase befinden, eingetragen, was mit Hilfe der Zahlen bei einiger Übung gut gelingt. Man muß aber volle Sicherheit darüber haben, daß an jeder markierten Stelle tatsächlich nur eine einzige Zelle sich befindet, was genau unter dem Mikroskop festgestellt werden muß. Wenn nötig, nimmt man stärkere Vergrößerung zu Hilfe, läßt es aber nicht an Vorsicht fehlen, damit das Deckglas nicht zerdrückt wird.

Es ist nötig, das Markieren der Hefezellen bald nach der Herstellung der feuchten Kammer auszuführen, weil sie nach einigen Stunden zu sprossen beginnen und man dann nicht mehr entscheiden kann, ob wirklich nur eine Zelle vorliegt.

Unter dem Mikroskop verfolgt man nun die Entwicklung der markierten Stellen und bezeichnet auf dem Papier noch in besonderer Weise diejenigen Kolonien, welche am günstigsten liegen. Diese sind bei Zimmertemperatur in etwa 4—5 Tagen so groß geworden, daß man sie bei einiger Übung mit bloßem Auge erkennen kann.

Jetzt schreitet man zum Überimpfen. Dies geschieht vermittels eines etwa 1 cm langen dünnen Blumendrahtes, der durch Ausglühen keimfrei gemacht worden ist und in einem Uhrglase oder einer Petri-Schale im Arbeitskasten bereitliegen muß. Man nimmt nun den Glasring mit dem Deckglase vom Objektträger, hebt vorsichtig mit einem solchen vermittels einer Pinzette gehaltenen Stückchen Draht eine der markierten Kolonien ab und wirft das Drahtstückchen in einen ebenfalls im sterilen Glaskasten befindlichen Pasteur-Kolben mit steriler Würze. Dieser wird erst unmittelbar vorher geöffnet und sogleich wieder verschlossen, um Verunreinigungen zu vermeiden. Für Übungszwecke kann man auch Freudenreich-Kölbchen verwenden.

Es ist vorteilhaft, sich durch Beobachtung unter dem Mikroskop davon zu überzeugen, daß man tatsächlich die gewünschte markierte Kolonie mit dem Draht abgehoben hat, die übergeimpften Zellen also von dieser Kolonie abstammen.

Ist alles richtig und sorgfältig ausgeführt, so kommt eine Reinkultur zustande, welche von *einer einzigen Zelle* abstammt.

§ 136. *Reinkultur durch Abimpfen einer Tröpfchenkultur.* Als Ausgangspunkt für eine Reinzucht von Hefe kann auch eine Tröpfchenkultur dienen (§ 54). Man verdünnt die die Hefe enthaltende Würze so weit, daß in jedem Tröpfchen oder auch in jedem zweiten Tröpfchen sich möglichst nur eine Hefezelle befindet. Die Tröpfchen werden nicht zu nahe aneinander, also in geringer

Anzahl (etwa 12 bis 15) auf ein gewöhnliches Deckglas aufgetragen. Bei schwacher Vergrößerung markiert man dann entweder auf dessen Oberseite mit Tusche oder auf einer schematischen Zeichnung des Präparates mit Tinte diejenigen Tröpfchen, welche sicher nur eine Hefezelle enthalten. Alles übrige ist auf die in § 135 beschriebene Weise auszuführen.

§ 137. Herstellung einer Reinkultur aus Betriebshefe. Wenn eine Hefe des Betriebes vollkommen in ihren Leistungen befriedigt, so sucht man aus derselben die vorherrschende, den Charakter der Betriebshefe bestimmende Rasse rein zu züchten, um sich so die guten Eigenschaften dieser Hefe dauernd zu erhalten. Die gewöhnliche Betriebshefe ist meist ein Gemisch von mehreren, vielleicht sogar vielen Rassen, in denen aber eine die vorherrschende ist. Die wichtigste Aufgabe besteht nun darin, die zur Zeit vorherrschende und gut bewährte Rasse zu isolieren.

In diesem Falle empfiehlt es sich, bei Unterhefe die Proben für die Reinkulturen den ersten Stadien der Hauptgärung zu entnehmen, etwa am 3. Tage, und zwar aus den oberen Schichten des Gärbottichs nach Entfernung der Kräusen. Zu dieser Zeit wird die Kulturhefe in kräftigster Vermehrung sein, während später, besonders am Ende der Hauptgärung, wilde Hefen auftreten können. Außerdem kann man auch die betreffenden Proben der mittleren Schicht des Bodensatzes nach vollendeter Gärung und Entfernung des Bieres entnehmen.

Es darf die Probe nicht an einer Stelle genommen werden, sondern es sind zahlreiche kleine, an verschiedenen Stellen genommene Proben zu mischen, damit man möglichst viele Zellen von der im Betrieb vorherrschenden Heferasse bekommt. Die Proben werden in sterile Fläschchen gefüllt oder bei Hefe in steriles Fließpapier verpackt.

Die Herstellung der Reinkultur erfolgt nach der in § 135 beschriebenen Hansenschen Methode. Jedoch stellt man in solchem Falle mehrere feuchte Kammern her und markiert 20 bis 30 geeignete Zellen, welche dann in Pasteur-Kolben von $^1/_8$ l abgeimpft werden. Auf diese Art kommen in den Pasteur-Kolben Reinkulturen zustande, und es fragt sich jetzt nur, welche derselben der **vorherrschenden Rasse der Betriebshefe** angehören, wahrscheinlich die Mehrzahl der Kolben.

Durch Gärversuche im Laboratorium ist diese Frage nicht zu entscheiden, da die Bedingungen, unter denen sich die Gärung vollzieht, hier wesentlich andere sind als die in den offenen Gärbottichen im Keller. Man kann sich daher über diese Frage nur durch eingehende mikroskopische Untersuchungen, die allerdings sehr umständlicher und zeitraubender Art sind, Gewißheit verschaffen.

Nachdem in den ersten 20 Kolben, welche numeriert worden sind, die Gärung bei Zimmertemperatur beendet ist, werden neue 20 Kolben, welche die entsprechenden Nummern tragen, geimpft

(§ 138). Die zurückbleibende Hefe der ersten Kolbenreihe wird mikroskopisch untersucht, und nach den allgemeinen Merkmalen der Zellen werden die Kolben gruppiert. Die Mehrzahl dürfte gleiche Merkmale zeigen.

Wenn die Gärung der zweiten Kolbenreihe sich ebenfalls bei Zimmertemperatur vollzogen hat, wird eine dritte Kolbenreihe angestellt und bei 25° C gehalten. Die Bodensatzhefe der zweiten Gärung wird ebenso mikroskopisch untersucht und alles sorgfältig notiert.

Von der dritten Kolbenreihe wird dann, nachdem dieselbe 24 Stunden bei 25°C gestanden und sich genügend Hefe gebildet hat, eine vierte Kolbenreihe geimpft. Die Bodensatzhefe dient dazu, von jedem Kolben 2 Gipsblockkulturen (§ 75) zu machen, von denen eine bei 25°C, die andere bei 15°C gehalten wird.

Von diesen Gipsblockkulturen verfertigt man täglich Präparate, gruppiert die in bezug auf Zeit der Sporenbildung, Aussehen der Sporen usw. sich völlig gleichartig verhaltenden Kolben und vergleicht dann die hier erhaltenen Resultate mit denen der früheren Untersuchungen.

Von der vierten Kolbenreihe nimmt man dann einen der Kolben, die nach allen vorhergehenden Untersuchungen völlig übereinstimmende Resultate ergaben. Diese Kultur ist sicher eine Reinkultur, und zwar der in der Betriebshefe vorherrschenden Rasse.

Seitdem die Reinhefe ihren Siegeszug durch alle Länder mit untergärigen Bieren angetreten hat, findet man eigentliche Rassengemische immer seltener. Die meisten Betriebshefen stammen von einer Reinkultur ab und sind dann leichter wieder rein zu züchten.

2. Arbeiten mit Reinkulturen.

§ 138. Hierfür gelten, wie für das Arbeiten mit Pasteur-Kolben überhaupt, folgende Regeln:

Man beachte vor allen Dingen, daß, so oft man aus einem Pasteur-Kolben Flüssigkeit ausgießt oder den Kolben stark bewegt, das doppelt gebogene Rohr sich in der Flamme befinden und so stark erhitzt sein muß, daß die Flamme eben beginnt zu leuchten; dadurch wird die in den Kolben strömende Luft keimfrei.

Um von einem Pasteur-Kolben einen Teil des Inhalts in einen anderen Pasteur-Kolben keimfrei zu übertragen, sind zunächst die Impftuben der beiden Kolben durch den auf dem Tubus des einen Kolbens sitzenden Gummischlauch miteinander zu verbinden, so daß immer mindestens einer von beiden Kolben mit Schlauch und Stöpsel (Aluminium- oder Glasstöpsel) verschlossen sein muß. Der zweite Kolben kann auch, wie dies bei den kleinen zum Aufbewahren und zum Versand der Hefe dienenden Hansen-Kölbchen (vgl. Abb. 54) der Fall ist, mit einem Asbestpfropfen verschlossen sein. Die Verbindung der Kolben hat immer in der nichtrauschenden Flamme zu erfolgen, so daß niemals ein Tubus oder ein Schlauch auch nur einen Augenblick außerhalb des Bereiches der Flamme geöffnet bleibt.

Beim Überimpfen der Hefe aus einem kleinen in einen großen Pasteur-Kolben flambiert man die beiden Kolben, stellt den kleinen Kolben mit dem Impftubus nach rechts vor sich hin, erhitzt das doppelt gebogene Rohr von oben nach unten fortschreitend gründlich, bis immer wieder die Flamme anfängt zu leuchten, d. h. bis das Rohr glüht. Hierauf zieht man den Stöpsel so weit vor, daß er eben noch im Schlauch sitzen bleibt, erfaßt den Kolben mit der linken Hand unten, nimmt den Brenner in die rechte Hand und erhitzt das doppelt gebogene Rohr bis zum Glühen (Abb. 50), zieht von dem geneigt gehaltenen Kolben den Stöpsel weg, erhitzt das doppelt gebogene Rohr wieder bis zum schwachen Glühen und gießt die Flüssigkeit bis auf einen kleinen Rest in ein Becherglas.

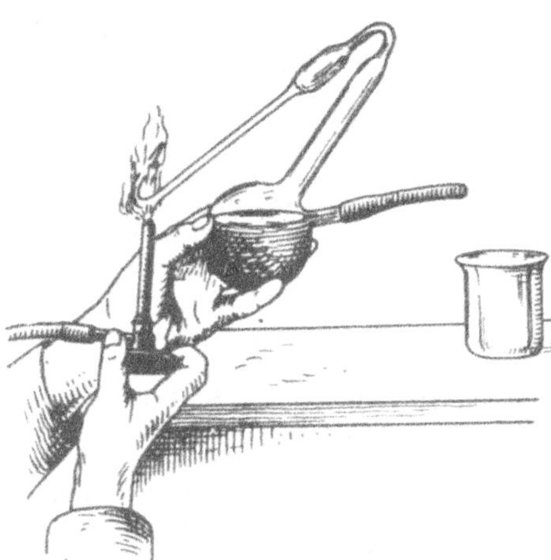

Abb. 50. Erhitzen des doppelt gebogenen Rohres eines Pasteur-Kolbens.

Am Schluß, wenn die Flüssigkeit noch ausfließt, drückt man das Ende des Schlauches mit Daumen und Zeigefinger der rechten Hand fest zu, am besten, indem man dabei die Hand so dreht, daß die Handfläche nach außen gekehrt ist. Alsdann nimmt man den Stöpsel in die linke Hand, hält ihn längere Zeit in die Flamme und verschließt mit demselben den Schlauch, den man bis dahin mit den Fingern fest zugepreßt hielt. Hierauf erhitzt man wieder das doppelt gebogene Rohr und schüttelt, wenn es glüht, die Hefe in dem Kolben mit dem Würzerest auf. Alsdann zieht man, immer bei glühendem Rohr, den Schlauch bis zur Spitze des Tubus.

Nun stellt man den großen Kolben mit Würze so vor sich, daß der Tubus nach links gerichtet ist, hängt einen Quetschhahn auf den Tubus, flambiert wieder das doppelt gebogene Rohr von oben nach unten, zieht den Stöpsel fast ganz heraus und stellt dann die Flamme so, daß das Schlauchende bei geringem Heranziehen direkt in die Flamme kommt. Hierauf nimmt man wieder den kleinen Kolben mit der Hefe, erhitzt das doppelt gebogene Rohr, schüttelt nochmals ein wenig durch, nimmt dann den Kolben in die linke Hand, zieht in der Flamme den Schlauch weg, legt ihn auf den Tisch, öffnet fast zu gleicher Zeit den Schlauch des Würzekolbens in der Flamme und schiebt ihn, ebenfalls in der Flamme, über den Tubus des Hefekolbens (Abb. 51). Ist der Tubus dabei zu heiß geworden, so wartet man kurze Zeit. Dann nimmt man den kleinen Kolben in die linke Hand, den Brenner in die rechte, flambiert das doppelt gebogene Rohr des kleinen Kolbens und läßt eine geringe Menge der Hefe aus dem kleinen in den großen Kolben überfließen.

Um nun wieder die Kolben auseinanderzunehmen, so daß beide steril bleiben, schiebt man zunächst den am Tubus des großen Kolbens hängenden Quetschhahn über den Schlauch, zieht den Schlauch vom kleinen Kolben möglichst weit vor, rückt den Quetschhahn möglichst nahe an den Tubus des kleinen Kolbens heran, nimmt dann in der Flamme den kleinen Kolben weg und schließt ihn in der Flamme mit seinem Schlauch, den man während des ganzen Vorganges vor sich auf dem Tisch liegenlassen kann. Hierauf quetscht man den Schlauch des großen Kolbens unmittelbar unter dem Quetschhahn mit Daumen und Zeigefinger der rechten Hand fest zu und schließt ihn mit dem flambierten Stöpsel; alsdann hält man das doppelt gebogene Rohr des großen Kolbens in die Flamme und schüttelt zwecks guter Durchmischung.

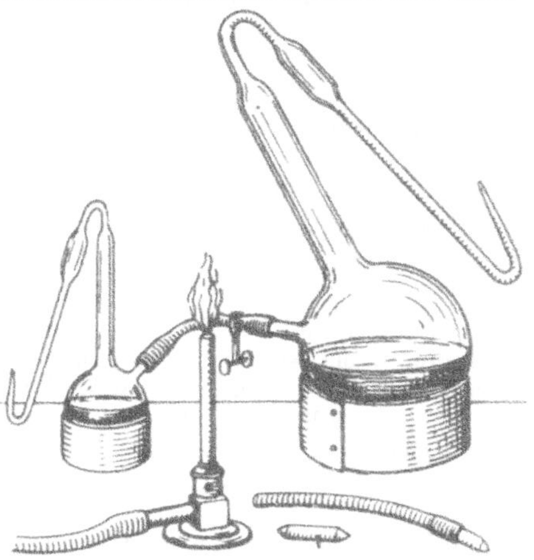

Abb. 51. Zwei durch Gummischlauch verbundene Pasteur-Kolben.

3. Herstellung größerer Mengen von Reinhefe ohne Reinzuchtapparat.

§ 139. Für diesen Zweck werden nach der Hansenschen Methode (§ 135) in Pasteur-Kolben von einem Liter Inhalt Reinkulturen hergestellt und bei 25° C gehalten; bei Zimmertemperatur geht die Gärung langsamer vor sich. Von dem Pasteur-Kolben impft man dann in einen Karlsberg-Kolben (Abb. 52) über, und zwar unter Beachtung aller notwendigen Vorsichtsmaßregeln (§ 138).

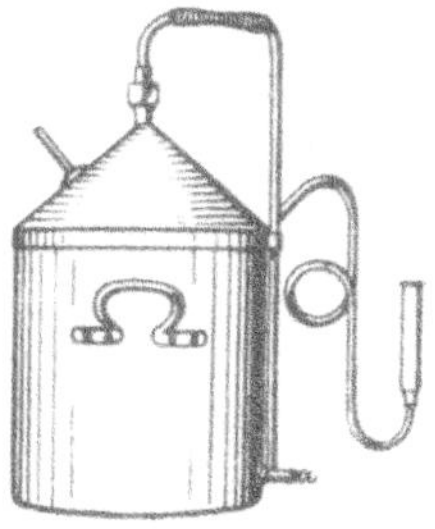

Abb. 52. Karlsberg-Kolben.

Der Karlsberg-Kolben ist ein zylindrisches Gefäß mit kegelförmigem Aufsatz; er besteht aus Kupferblech und hat 8 bis 10 l Fassungsraum. Einige cm über dem Boden ist ein Tubus für Schlauch und Aluminiumstöpsel wie bei dem Pasteur-Kolben und ein zweiter

Impftubus am oberen Ende angebracht. Hier befindet sich außerdem ein nach abwärts gerichtetes doppelt gebogenes und eine Schlinge bildendes Rohr.

Der nach dem Überimpfen im Pasteur-Kolben gebliebene Rest wird mikroskopisch untersucht, um festzustellen, ob Verunreinigungen eingetreten sind oder die Hefezellen sonst etwas Außergewöhnliches zeigen.

Nach 7 bis 8 Tagen ist bei Zimmertemperatur die Gärung im Karlsberg-Kolben beendet, und die Hefe kann nun in den Betrieb eingeführt werden. Es sind 2 bis 4 Karlsberg-Kolben anzusetzen, je nach dem Bedarf des Betriebes.

Ferner gibt es Gärkolben mit Durchlüftungseinrichtung, um den Kulturen reichlich Luft zuzuführen. Solche Gefäße sind z. B. von Prior und von Lindner angegeben worden.

Dr. Fink und Dr. Kühles[1]) benutzen ein einfaches „Verbundverfahren", bei welchem zwei Kolben durch ein T-Stück entsprechend verbunden sind, um sowohl für wissenschaftliche Arbeiten, als auch in der Praxis Reinhefe in einfachster Weise zu züchten und zu vermehren.

4. Versand von Reinhefe.

§ 140. Zum Versand von Reinhefe verwendet man den Versandkolben (Abb. 53), ein zylindrisches Gefäß aus Kupfer, an dessen oberem Ende 2 Rohre mit gut schließenden Messinghähnen angebracht sind. Der Versandkolben wird mit Wasser halb gefüllt, das eine Rohr, der Impftubus, mit Gummischlauch, Aluminiumstöpsel und Quetschhahn, das andere Rohr vermittels eines Gummischlauches mit einem etwa 15 cm langen gebogenen Glasrohr, das seiner ganzen Länge nach mit steriler Watte angefüllt ist, versehen. Dann wird das Ganze bei offenen Hähnen im strömenden Dampf sterilisiert.

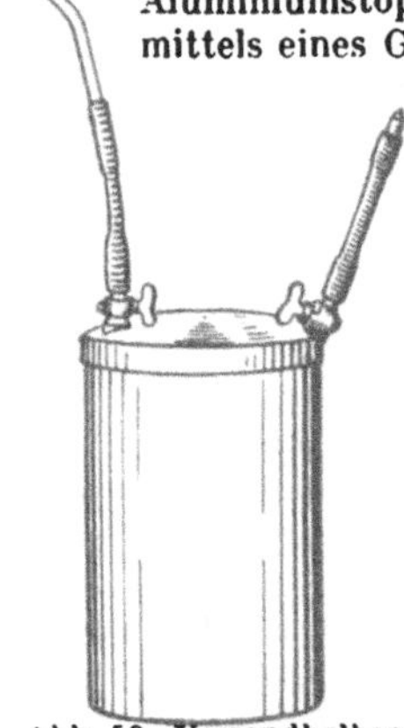
Abb. 53. Versandkolben für Reinhefe (natürliche Höhe des Kolbens 21 cm).

Vor dem Gebrauch wird das Wasser nach Entfernung des Aluminiumstöpsels durch den Impftubus, indem man in den Wattefilter hineinbläst, entleert. Die einströmende Luft muß unbedingt durch den Wattefilter gehen, damit der Kolben keimfrei bleibt.

Soll die Hefe eines Karlsberg-Kolbens in den Versandkolben gebracht werden, so wird die über der Hefe stehende Flüssigkeit des Karlsberg-Kolbens durch den unteren Tubus abgelassen, wobei das doppelt gebogene Rohr stark erhitzt wird. Der Tubus wird mit sterilem Fließpapier abgetrocknet und mit dem

[1]) Wochenschrift für Brauerei 1930, Nr. 13.

erhitzten Stöpsel wieder verschlossen. Eine Probe der Flüssigkeit ist mikroskopisch zu untersuchen.

Hierauf wird durch den oberen Impftubus aus einem Pasteur-Kolben steriles Wasser in den Karlsberg-Kolben unter den üblichen Vorsichtsmaßregeln (§ 138) eingeführt.

Nachdem ungefähr ½ l Wasser hineingelassen wurde, ist der Karlsberg-Kolben steril zu verschließen und der Bodensatz mit dem Wasser aufzuschütteln, wobei das gebogene Rohr mit der Flamme zu erhitzen ist. Nun wird der Impftubus des Karlsberg-Kolbens mit dem des Versandkolbens steril in der Flamme verbunden und das Wasser mit der Hefe durch Saugen am Glasrohr in den letzteren übergeführt; hierauf ist der Versandkolben wieder steril zu verschließen. Auf diese Weise ist die Hefe von 3 bis 5 Karlsberg-Kolben in den Versandkolben zu bringen. Dann werden die Hähne geschlossen und der Wattefilter sowie der Gummischlauch mit dem Aluminiumstöpsel entfernt. Die Hefe kann in dieser Weise ohne Schaden 3 bis 4 Wochen lange Reisen aushalten.

Um Reinhefe an Betriebe zu verschicken, die mit der Vermehrung derselben im Laboratorium vertraut sind, bedient man sich eines **Hansen-Kölbchens**, das nur sterile Watte enthält.

Das Hansen-Kölbchen hat die Gestalt des Freudenreich-Kölbchens, kann jedoch auch aus einem Stück gefertigt sein (Abb. 54), seitlich befindet sich wie bei dem Pasteur-Kolben ein Impftubus, welcher mit einem festen Pfropfen aus langfaserigem Asbest verschlossen ist.

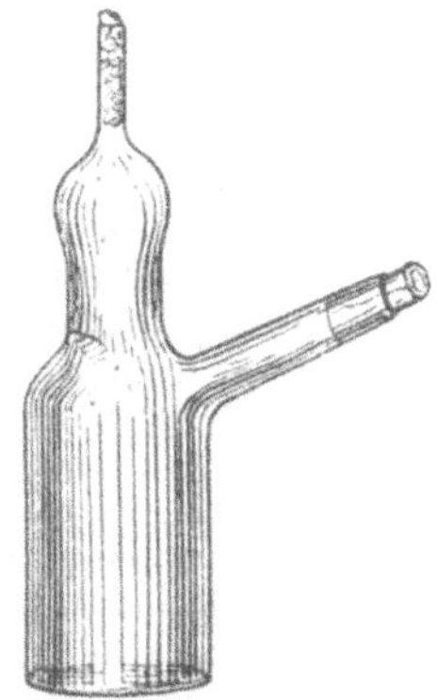

Abb. 54. Hansen-Kölbchen aus einem Stück (Höhe 11 cm).

Von der Reinkultur eines Pasteur-Kolbens werden, nachdem beide Gefäße steril verbunden wurden, 2 bis 3 Tropfen der Bodensatzhefe auf die Watte des Hansen-Kölbchens gebracht. Dieses wird hierauf steril verschlossen und der Impftubus sorgfältig versiegelt.

Nach der Ankunft am Bestimmungsorte wird das Hansen-Kölbchen steril mit einem Pasteur-Kolben mit steriler Würze verbunden. Dann läßt man etwas Würze in das Hansen-Kölbchen fließen, zum Zwecke des Aufweichens dieses etwa einen Tag stehen und hierauf die Würze wieder in den Pasteur-Kolben zurücklaufen; zuletzt wird der Pasteur-Kolben steril verschlossen und die weitere Vermehrung wie gewöhnlich durchgeführt.

5. Aufbewahrung von Reinhefe.

§ 141. Zur **Aufbewahrung von Reinhefe** eignet sich besonders eine sterile 10proz. Rohrzuckerlösung in destilliertem Wasser, in welcher die Zellen viele Jahre hindurch lebend bleiben und alle ihre Eigenschaften bewahren. Geeignete Gefäße hierfür sind die Hansen-Kölbchen. Es ist von größter Wichtigkeit, daß die übertragene Menge äußerst gering sei. Falls der Impftubus des Hansen-Kölbchens heiß geworden ist, lasse man ihn abkühlen, bevor die Spur Hefe überfließt, denn sonst geht dieselbe leicht zugrunde.

Wenn die Hefe wieder in Kultur genommen werden soll, wird das Kölbchen mit einem sterile Würze enthaltenden Pasteur-Kolben steril verbunden. Dann läßt man einige Tropfen von der Rohrzuckerlösung in die Würze überfließen.

Soll die Hefe in einen Hefereinzuchtapparat gebracht werden, so geschieht dies von dem Pasteur-Kolben aus.

VII. Der Hefereinzuchtapparat.

(Hefepropagierungsapparat.)

Von Dr. A. Doemens.

§ 142. In § 139 wurde die Vermehrung der Reinhefe in Karlberg-Kolben, welche 8 bis 10 l gärender Flüssigkeit fassen, näher beschrieben. In 3 bis 4 derartigen Kolben kann so viel Reinhefe gewonnen werden, daß man 1 bis 1 ½ hl Würze damit anstellen kann. Für eine zweite Gärung sind die Kolben immer wieder mit Würze zu sterilisieren und mit der in anderen Kolben (Glaskolben) entwickelten Hefe neu anzustellen.

Die Vermehrung der Reinhefe in Karlsberg-Kolben ist eine reine Laboratoriumsarbeit und erfordert große Übung im Umimpfen von Reinkulturen. Um im Betriebe größere Mengen von Reinhefe auf einfache Weise herstellen zu können, bedient man sich des Hefereinzuchtapparates. Derselbe wird bei Inbetriebsetzung mit Reinhefe angestellt und liefert dann in ununterbrochenem Betriebe alle 10 bis 11 Tage ein Quantum Reinhefe, welches je nach Größe des Apparates zum Anstellen von 3 bis 10 hl Würze genügt. Erst nach 1 ½ bis 2 Jahren ist es in der Regel nötig, den Apparat zwecks Reinigung von Ausscheidungen usw. zu öffnen und wieder neu anzustellen.

Es sei hier gleich ausdrücklich hervorgehoben, daß der Hefereinzuchtapparat nach den gleichen Prinzipien gebaut ist wie der Pasteur-Kolben und daher bei richtigem Arbeiten (und nur dann!) jede Gefahr eines Infektion absolut ausgeschlossen ist.

1. Der Hefereinzuchtraum.

§ 143. Der Hefereinzuchtapparat ist unter allen Umständen in einem verschließbaren Raum aufzustellen, so daß Unberufene ferngehalten werden können. Kleinere Apparate mit weniger als 1 hl gärender Flüssigkeit könnten auch im Laboratorium aufgestellt werden, wenn genügend kaltes Kühlwasser vorhanden ist. Am besten ist es jedoch, einen besonderen Raum für den Apparat im Betriebe einzurichten. Wenn möglich soll auch der kleine Bottich für die erste bzw. auch noch für die zweite Bottichgärung in dem Hefereinzuchtraum untergebracht werden.

Vielfach befindet sich der Hefereinzuchtapparat in einem durch einen Verschlag abgeschlossenen Teile des Gärkellers. Bei einer Temperatur von 5°C kann jedoch leicht eine zu starke Abkühlung der Apparategärung eintreten, weshalb man besser von einer Aufstellung dort absehen wird. Die Temperatur des Hefereinzuchtraumes soll das ganze Jahr hindurch möglichst nahe bei 10 bis 12°C liegen. Um eine zu starke Erwärmung zu vermeiden, findet man daher vielfach den zum Sterilisieren der Würze dienenden Zylinder vom Gärzylinder durch eine Wand getrennt. Am bequemsten ist es, wenn der Hefereinzuchtraum mit künstlicher Luftkühlung und -heizung eingerichtet ist. Die Kühlrohre sind selbstverständlich oben, die Heizelemente am Boden anzubringen. Außer durch ihre Temperatur hat die Luft auf die in dem geschlossenen Zylinder stattfindende Gärung keinen Einfluß. Man wird aber trotzdem den Hefereinzuchtapparat nicht in einem dumpfen, moderigen Raum aufstellen, wenn auch aus rein äußerlichen Gründen; der Raum soll freundlich und luftig sein, auch möglichst helles Tageslicht oder gute künstliche Beleuchtung haben.

Die Wände werden vielfach mit Porzellanplatten belegt oder mit Emailfarbe gestrichen, ebenso der Boden mit Platten belegt, damit der ganze Raum, entsprechend seiner großen Bedeutung, einen guten Eindruck macht.

Wasserleitung zu Waschzwecken muß in dem Hefereinzuchtraum zur Verfügung stehen. Ist das Leitungswasser nicht das ganze Jahr hindurch genügend kalt, so wird man zur Kühlung der Gärung, wenn möglich, die Süßwasserkühlung der Betriebskühlanlage heranziehen.

Ferner ist der Apparat zwecks Sterilisation mit der Dampfleitung zu verbinden; ebenso bedarf man Preßluft zum Durchlüften der Würze und des Apparates. Schließlich ist zur Anstellung des Apparates und zur sterilen Entnahme von Proben eine Gasflamme sehr erwünscht.

In dem Hefereinzuchtraum wären also möglichst einzurichten:

Luftheizungsanlage, Luftkühlanlage, Lichtanlage, Wasserleitung, Süßwasserkühlung, Dampfleitung, Preßluftleitung, Gasleitung, evtl. auch Würzeleitung aus dem Sudhaus und Bierleitung in den Gärkeller.

2. Beschreibung des Apparates.

§ 144. Der erste Hefereinzuchtapparat wurde von Professor Hansen im Verein mit Direktor Kühle konstruiert und ist in Abb. 55 schematisch dargestellt. Die Hauptteile des Apparates sind der Gär- und der Würzezylinder. Der Zylinder rechts dient zur Aufnahme der sterilen Würze aus dem Hopfenkessel und ist zu diesem Zwecke direkt mit diesem verbunden. Kurz vor dem Ausschlagen ist die Betriebswürze im Hopfenkessel absolut steril und braucht, wenn sie unmittelbar in den Würzezylinder gelangt, nicht nochmals sterilisiert, sondern nur abgekühlt zu werden. Dabei ist zu beachten, daß der Abschlußhahn der Würzeleitung am Hopfenkessel möglichst nahe an diesem angebracht sein muß, so daß er mit der kochenden Würze in direkter Berührung ist. Um zu vermeiden, daß Hopfenteilchen mitgerissen werden, kann man ein kleines Sieb vorlegen.

Oft ist aber die Entfernung der Apparate vom Hopfenkessel eine große und kann die Würze kurz vor der Entnahme durch Unachtsamkeit leicht infiziert werden. Man zieht es daher meistens

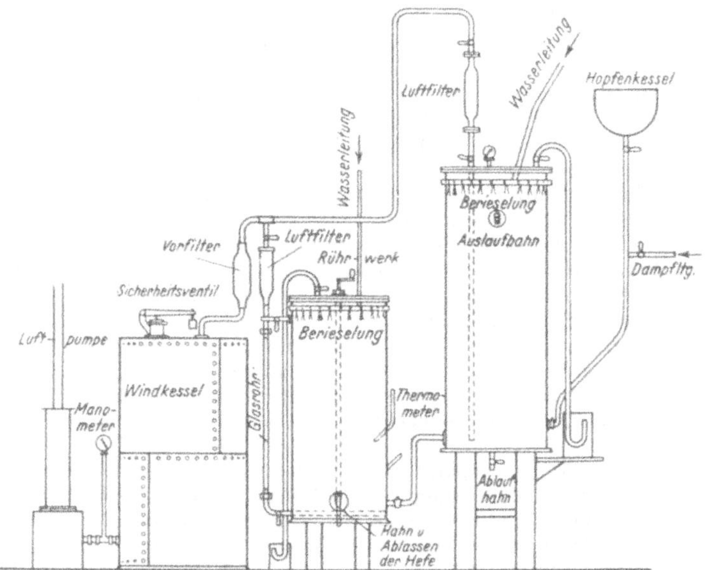

Abb. 55. Hefereinzuchtapparat nach Hansen-Kühle.

vor, sie durch ein Trichterrohr in den Würzezylinder des Apparates einzufüllen und dort zwecks Sterilisation nochmals zu kochen. In diesem Falle muß aber der Würzezylinder mit einer Vorrichtung zur direkten Dampfkochung versehen sein. Es genügt ein Dampfrohr, welches vollständig am Boden aufliegen muß, da sonst leicht die unter dem Dampfrohr befindliche Würze nicht zum Kochen kommen und somit nicht steril werden könnte. Doppelter Boden für die Dampfheizung ist daher immer vorzuziehen.

Der Würzezylinder selbst muß auch durch direkten Dampf ausgedämpft werden können. Nach der Zeichnung kann der Dampf durch den gleichen Hahn (Wechsel) wie die Würze in den Zylinder eintreten. Der eintretende Dampf soll jedoch höchstens 1 Atmosphäre

Spannung haben, andernfalls ist ein Reduzierventil in die Dampfleitung einzuschalten.

Außer dem Einlaßhahn für Würze und Dampf besitzt der Würzezylinder unten einen Hahn zum vollständigen Entleeren und oben, nach vorne gekehrt, einen Auslaßhahn, bis zu welchem der Zylinder mit Würze gefüllt werden soll. Die abgekühlte Würze wird durch das Verbindungsrohr in den auf der linken Seite stehenden Gärzylinder geleitet.

Die Größenverhältnisse sind so zu bemessen, daß der Gärzylinder nur $^3/_4$ voll wird, so daß noch genügend Steigraum für die Gärung bleibt. Rechts auf dem Deckel des Würzezylinders befindet sich ein Hahn mit einem weit hinunterreichenden, doppelt gebogenen Rohr. Dieses vermittelt, wie bei jedem Pasteur-Kolben, die Verbindung des Zylinderinhalts mit der Außenluft, ohne daß eine Infektion durch Keime aus der Luft zu befürchten wäre. Vielfach läßt man das am Gärzylinder befindliche, doppelt gebogene Rohr während der Gärung in ein Gefäß mit Wasser tauchen, wie auf der Zeichnung angedeutet ist. Dies ist jedoch nicht empfehlenswert, da bei einer Volumenverminderung des Zylinderinhalts, wie solche durch zufällige Abkühlung leicht eintreten kann, Wasser eingesaugt und dadurch der Zylinder infiziert werden kann, während bei etwaigem Einsaugen von Luft die Keime sich im unteren Teile des doppelt gebogenen Rohres absetzen würden.

Auf dem Deckel des Würzezylinders befindet sich ferner ein Manometer. Sowohl um den Würze- wie um den Gärzylinder herum liegt ein Berieselungsring, von welchem aus das Kühlwasser außen herunterläuft. Das unten angebrachte, kurze Verbindungsrohr zwischen Würze- und Gärzylinder kann auch vorne angebracht und, wenn nötig, zu einem zweiten Gärzylinder weitergeführt werden. In diesem Falle empfiehlt es sich, diese Rohrleitung gesondert mit der Dampfleitung zu verbinden. Der am Gärzylinder unten befindliche Hahn zum Ablassen der Hefe steht nicht ganz am Boden, so daß nach vollständigem Ablaufen noch ein Flüssigkeitsrest im Zylinder verbleibt. Rechts am Gärzylinder ist eine Metallhülse sichtbar, in welcher das Thermometer sitzt, so daß also letzteres nicht direkt mit der Flüssigkeit in Berührung kommt. In gleicher Weise ist auch der Würzezylinder mit einem Thermometer versehen.

Unter dem Thermometer am Gärzylinder befindet sich der äußerst wichtige Impftubus, der charakteristische Teil eines jeden Pasteur-Kolbens. Der mit Schlauch und Stöpsel verschlossene Tubus ermöglicht es, die reine Anstellhefe aus einem Pasteur-Kolben unter absolut sicherer Beseitigung jeder Infektionsgefahr in den Apparat einzuführen sowie absolut sterile Proben zu entnehmen. Links am Gärzylinder ist ein Glasrohr angebracht, an welchem man den Stand der Flüssigkeit beobachten kann, und welches auch dazu dient, die Klärung und den Bruch während der Gärung zu beobachten. Das Glasrohr wird manchmal weggelassen, dagegen werden vielfach im oberen Teile des Gärzylinders zwei einander gegenüberliegende kleine Fenster angebracht, durch die man die Oberfläche der Flüssigkeit beobachten kann; jedoch auch diese sind überflüssig. Der Gärzylinder ist ferner mit einem Rührwerk zum Bewegen der Flüssigkeit und Aufrühren der Hefe versehen.

Von dem Windkessel führt eine Luftleitung zum Gär- und Würzezylinder; die Luft muß jedoch vor Eintritt in die Zylinder durch einen Wattefilter geleitet werden, welcher alle Keime zurückhält. Vom Filter aus kann man die Luft beim Gärzylinder mittels des Dreiweghahnes beliebig oben oder unten in die Zylinder eintreten lassen. In der Zeichnung ist über dem Windkessel noch ein Vorfilter in die Lüftleitung eingeschaltet, welcher aber auch weggelassen werden kann.

3. Die Sterilisation.

§ 145. Nachdem der Apparat aufgestellt ist und die Anschlüsse an Dampf, Wasser und Preßluft hergestellt sind, hat man zunächst die Luftfilter herzurichten.

Am oberen Ende sind die Filter mit einer Schraube versehen. Nach Entfernung der Verschraubung zeigt der Filter von normaler Größe einen inneren Durchmesser von 3 cm und eine innere Höhe von 22 cm. In diesen Raum von ca. 150 cm³ stopft man 35 g reine Verbandwatte in Stücken von 3 bis 4 g, nicht zu fest, aber auch nicht zu lose, so daß möglichst der Raum mit den 35 g Watte angefüllt ist; durch den gestopften Filter soll man die Luft mit dem Mund noch eben durchsaugen können.

In das Röhrchen der Filterverschraubung kann man auch etwas Watte stopfen, welche als Vorfilter dient. Das untere Ende des Filters schließt man mit einem Wattebausch, den man zum Teil herausragen läßt, damit er leicht abzunehmen ist. Auch legt man um das untere Ende des Filters einen oder zwei Dichtungsringe aus Asbest, damit derselbe luftdicht auf den Apparat aufgeschraubt werden kann. Nachdem man die obere Verschraubung wieder aufgesetzt, wird der so hergerichtete Filter in Papier gewickelt und dann im Heißluftsterilisator (§ 47) 2 Stunden auf 150°C erhitzt. Den sterilen Filter hebt man auf bis zu seiner Verwendung.

Am Apparat stellt man zunächst die Größenverhältnisse genau fest, und zwar sind bei einem der Zeichnung in Abb. 55 entsprechenden Apparat folgende Fragen zu beantworten:

1. Inhalt des Würzezylinders bis zum Auslaufhahn? — Angenommen 135 l.

2. Wieviel bleibt im Würzezylinder zurück, wenn durch das Verbindungsrohr unten alle Flüssigkeit aus dem Würze- in den Gärzylinder gelaufen ist? — 15 l.

3. Wieviel l faßt der Gärzylinder bis zu ungefähr $^3/_4$ seiner Höhe? — 120 l.

4. Wieviel bleibt im Gärzylinder zurück, wenn alle Flüssigkeit durch den Hahn zum Ablassen der Hefe abgelaufen ist? — 10 l.

5. Wieviel Würze befindet sich im Gärzylinder, wenn die Flüssigkeit eben im Glasrohr sichtbar wird? — 18 l.

6. Wieviel cm Höhe im Glasrohr entsprechen je 10 l? — 7 cm.

Hierauf läßt man in beide Zylinder Dampf bis zu einem Druck von etwa ½ Atmosphäre und überzeugt sich, daß keine undichten Stellen vorhanden sind.

Bei dem nun folgenden Sterilisieren durch Ausdämpfen ist zu berücksichtigen, daß jede Stelle, welche mit der sterilen Würze oder der Reinkultur in Berührung kommen kann, genügend lange dem heißen Dampf von etwa 100°C ausgesetzt sein muß.

Ganz besonders ist darauf zu achten, daß auch nicht der kleinste Raum, sobald er mit Dampf gefüllt ist, vom Dampf abgesperrt wird, da sonst entweder keimhaltige Luft von außen eindringen oder durch Verdichtung des eingeschlossenen Dampfes ein Vakuum entstehen würde.

Zunächst läßt man den Dampf mindestens 20 Minuten durch die zum Hopfenkessel führende Würzeleitung, da auch diese als ein Bestandteil des Apparates zu betrachten und vollkommen zu sterilisieren ist. Alsdann durchdämpft man die beiden Zylinder, indem man den Dampf durch die einzelnen Hähne oder bei genügendem Dampfdruck durch sämtliche Hähne auf einmal ausströmen läßt. Zum Dämpfen des Glasrohres schließt man den oberen und öffnet den unteren Hahn; nach 20 Minuten öffnet man zuerst den oberen und schließt den unteren. Den Schlauch am Impftubus schließt man nach dem Ausdämpfen mit flambiertem Stöpsel. Nach etwa einstündigem Ausdämpfen sollen alle Hähne geschlossen sein mit Ausnahme der Hähne am doppelt gebogenen Rohr und derjenigen unter dem Luftfilter, so daß der Dampf aus der Öffnung, auf welche der Luftfilter aufgesetzt werden soll, noch kräftig ausströmt. Hierauf erzeugt man im Windkessel einen Druck von etwa 1 Atmosphäre und schreitet nun zum Aufsetzen der Filter.

Nach Entfernung der Umhüllung bringt man eine Flamme (Gas oder Spiritus) möglichst nahe an die Aufschraubestelle für den Filter, zieht den unteren im Filter steckendenWattebausch heraus, bringt in demselben Augenblick das untere Filterende in die Flamme, dreht es etwa ½ Minute in der Flamme herum, schließt den Hahn am Apparat und schraubt fast zu gleicher Zeit den Filter fest auf. Zögert man zu lange mit dem Aufsetzen des Filters, so könnte, wenn der Dampf nicht mehr ausströmt, leicht etwas Luft eingesaugt werden. Setzt man aber den Filter zu früh auf, während der Dampf noch ausströmt, so wird er naß, was unter allen Umständen vermieden werden muß, da sonst oben im Filter befindliche Keime durch die feuchte Watte hindurchwachsen und so in den Apparat gelangen können.

Sofort nach dem Aufschrauben verbindet man das obere Ende des Filters mit der Luftleitung und öffnet den Lufthahn über dem Filter, so daß die sterile Luft am Gärzylinder das Glasrohr füllt und beim Würzezylinder bis zum Dreiweghahn steht. Nach dem Aufsetzen des Filters läßt man den Dampf noch etwa 20 Minuten durch die doppelt gebogenen Rohre entweichen und sperrt denselben hierauf ab, läßt aber den Hahn in der Würzeleitung unten am Würzezylinder offen. Der Dampf wird anfangs aus dem doppelt gebogenen Rohr noch kräftig ausströmen; sobald er etwas nachläßt, öffnet man sofort den Hahn unten am Glasrohr des Gärzylinders und den Dreiweghahn am Würzezylinder, so daß die Luft unten in die Zylinder eintreten und durch das doppelt gebogene Rohr entweichen kann. Es ist sorgfältig darauf zu achten, daß immer genügend sterile Luft nachströmt und niemals Luft durch das doppelt gebogene Rohr eingesaugt wird. Nach etwa 15 Minuten kann man auch die Kaltwasserberieselung ganz vorsichtig in Gang setzen und so den Apparat unter fortwährendem Durchblasen von Luft abkühlen, bis er sich nicht mehr warm anfühlt. Kann nun nicht sofort, sondern etwa erst am nächsten Tage die Würze eingefüllt werden, so stellt man am besten den Apparat unter schwachen sterilen Luftdruck, indem man die Hähne an den doppelt gebogenen Rohren und, wenn das Manometer auf dem Würzezylinder ungefähr ¼ Atmosphäre zeigt, auch die Hähne unter den Luftfiltern schließt.

Will man nun die Würze in den Apparat bringen, so schließt man zunächst kurz vor dem Ausschlagen auf das Kühlschiff den Verbindungshahn unten zwischen den beiden Zylindern und läßt den Gärzylinder weiter unter ungefähr ¼ Atmosphäre Druck stehen, öffnet dagegen am Würzezylinder den Auslaufhahn und den Hahn am doppelt gebogenen Rohr und läßt dann die Würze aus dem Hopfenkessel einlaufen, bis sie eben beginnt, aus dem Auslaufhahn auszutreten. Dann öffnet man sofort den Dreiweghahn, so daß die Druckluft unten in den Zylinder eintritt, und schließt unmittelbar darauf den Auslaufhahn und den Hahn in der Würzeleitung unten am Würzezylinder; dieser ist aber wieder zu öffnen unmittelbar nachdem man den Hahn am Hopfenkessel geschlossen hat, was geschehen muß, solange sich noch kochende Würze im Hopfenkessel befindet. Die Druckluft durchströmt nun fortwährend die Würze und entweicht hierauf durch das doppelt gebogene Rohr. Dabei ist jedoch zu befürchten, daß die Würze zu stark schäumt und schließlich der Schaum in das doppelt gebogene Rohr übertritt; deshalb stellt man zeitweise den Dreiweghahn so, daß die Luft direkt den Weg vom Dreiweghahn zum doppelt gebogenen Rohr nimmt, und läßt etwa abwechselnd die Luft ungefähr eine Minute durch und zwei Minuten über die Würze gehen. Wenn die Temperatur um etwa 10° gefallen ist, kann man die Kühlung langsam anlaufen lassen; schließlich kühlt man schnell auf die Anstelltemperatur, 9 bis 11°C, ab.

Ist der Apparat nicht mit dem Hopfenkessel verbunden, so ist die Würze im Apparat durch die indirekte Dampfheizung zwecks Sterilisation eine Stunde zu kochen, indem man den sich entwickelnden Dampf durch das doppelt gebogene Rohr entweichen läßt. Die Abkühlung nach dem Kochen geschieht, wie oben angegeben.

Nach dem Abkühlen schließt man den Hahn am doppelt gebogenen Rohr und, wenn das Manometer ungefähr ¼ Atmosphäre Druck zeigt, auch den Hahn unter dem Luftfilter. So bleibt die Würze unter Druck bis zum Anstellen der Gärung stehen. Ist nach dem Anstellen der Würze aus dem Würzezylinder in den Gärzylinder hinübergedrückt, so bringt man den im Würzezylinder verbliebenen Rest, welcher den ausgeschiedenen Trub enthält, mittels Drucks steriler Luft durch den am Boden befindlichen Ablaufhahn vollständig heraus, füllt den Zylinder aufs neue mit Würze und verfährt weiter wie oben. Es empfiehlt sich, die abermalige Füllung des Würzezylinders bald nach dem Anstellen vorzunehmen, damit man die sterile Würze während der ganzen Gärdauer zur Beobachtung auf ihre absolute Reinheit stehen lassen kann. Vor ihrer Verwendung ist dann natürlich aus dem Ablaufhahn eine Probe zwecks Untersuchung herauszudrücken.

4. Die Gärung.

§ 146. Hat die Würze nach dem Sterilisieren längere Zeit im Würzezylinder gestanden, so ist sie eventuell wieder auf die Anstelltemperatur abzukühlen oder zu erwärmen.

Bezüglich der Anstelltemperatur, der Gärtemperatur und überhaupt der ganzen Gärführung lassen sich keine allgemeinen für alle Fälle gültigen Regeln aufstellen. Die zweckmäßigste Arbeitsweise muß von Fall zu Fall ausprobiert werden, und es können alle möglichen Abänderungen unter Umständen zweckmäßig sein. Im allgemeinen wird es sich jedoch empfehlen, nicht allzuweit von den Verhältnissen, welche bei der offenen Bottichgärung im Betriebe herrschen, abzuweichen, sofern dies nicht durch die veränderten Verhältnisse bei der Apparatgärung bedingt ist. Nachstehend beschriebenes Arbeitsverfahren soll daher nur zeigen, wie man mit Aussicht auf guten Erfolg arbeiten kann, was nicht ausschließt, daß man durch gewisse Änderungen im einzelnen Falle noch bessere Resultate erzielen kann.

Die Anstelltemperatur betrage, je nach der Lufttemperatur, 9 bis 11°C; während der Gärung lasse man nicht über 11 bis 12,5°C steigen, am Schluß der Gärung empfiehlt es sich, um einige Grade zurückzukühlen, wobei man jedoch darauf achte, daß keine Außenluft durch das doppelt gebogene Rohr eingezogen wird.

Gewöhnlich ist der Gärzylinder noch mit einem Hahn zum vollständigen Ablassen versehen. Durch diesen drückt man zunächst mittels sterilen Luftdrucks das Kondenswasser heraus. Dann öffne man den Verbindungshahn zwischen Würze- und Gärzylinder, ebenso den Hahn am doppelt gebogenen Rohr des Gärzylinders und lasse, indem man fortwährend den sterilen Luftdruck oben auf die Würze im Würzezylinder einwirken läßt, zunächst etwa 20 bis 30 l Würze in den Gärzylinder einlaufen.

Alsdann ist die Hefe einzuführen. Die im Laboratorium gezüchtete Reinhefe bezieht man in einem Gefäße, welches mit einem Impftubus versehen sein muß, gewöhnlich in dem in § 140 beschriebenen Versandkolben aus Kupfer. Nach gründlichem Aufschütteln der Hefe verbindet man den Tubus des Versandkolbens in einer Gas- oder Spiritusflamme mit dem Tubus des Gärzylinders nach den in § 135 für das Arbeiten mit Pasteur-Kolben gegebenen Anleitungen und läßt die Hefe einfließen, indem man mit dem Munde in den auf dem Versandkolben sitzenden Wattefilter bläst. Hierauf drückt man den Schlauch am Gärzylinder mit dem Daumen und Zeigefinger der linken Hand fest zu und schließt ihn nach Wegnahme des Versandkolbens mit flambiertem Stöpsel. Dann setzt man das Rührwerk in Bewegung, während man zu gleicher Zeit sterile Luft durch die Flüssigkeit streichen läßt. Ist so die Hefe mit der Würze gut gemischt, so drückt man die Würze aus dem Würzezylinder vollständig herüber und mischt abermals durch Rühren und Lüften gründlich durch. Das Durchlüften unter gleichzeitiger Bewegung des Rührwerks ist auch nach dem Anstellen von Zeit zu Zeit etwa 8- bis 10 mal zu wiederholen, bis die Gärung angekommen ist, was man leicht beim Umrühren an dem lebhaften Entweichen von Kohlensäure bemerkt.

Nach dem Beginn der Gärung kann man noch dann und wann, etwa täglich zweimal, die Luft kurze Zeit oben über die gärende Flüssigkeit streichen lassen; es ist dies jedoch nicht unbedingt nötig. Die Temperatur lasse man, wie bereits oben erwähnt, nicht über 11 bis 12,5°C steigen. Ist ein Glasrohr vorhanden, so kann man an diesem die Veränderungen der Flüssigkeit, Bruch usw. beobachten, eventuell kann man auch, durch die Fensterchen sehend, aus der Kräusenbildung einen Schluß auf den Stand der Gärung ziehen. Übrigens kann man nach 10 bis 11 Tagen bei obigen Temperaturen die Gärung immer als beendigt betrachten; ob das Bier etwas mehr oder weniger lauter ist, ist vollkommen gleichgültig. Nach Beendigung der Gärung schließt man den Hahn am doppelt gebogenen Rohr, setzt Luftdruck auf das Bier und läßt nun durch den Auslaufhahn so viel Bier auslaufen, daß bei den in § 145 angegebenen Größenverhältnissen noch etwa 50 l im Gärzylinder zurückbleiben. Nach dem Öffnen des doppelt gebogenen Rohres und dem Abstellen der Luft rührt man nun mit diesen 50 l die Hefe kräftig auf und läßt dann die Flüssigkeit unter Luftdruck ablaufen bis auf 10 l, also $^1/_5$ der Gesamthefe, welche als Anstellhefe für die nächste Gärung im Zylinder zurückbleiben. Zur Aufnahme der 40 l Bier mit den übrigen $^4/_5$ Hefe dient am besten ein gewöhnliches sorgfältig gereinigtes Emailgefäß mit Deckel, in dem man die Hefe an einem kalten Orte (Gär- oder Lagerkeller) einige Stunden sich absetzen läßt. Mit den im Zylinder zurückgebliebenen 10 l wird sofort die im Würzezylinder aufs neue vorbereitete sterile Würze wieder angestellt. So kann der Apparat bis zu 2 Jahren oder noch länger ununterbrochen in Betrieb bleiben.

5. Die ersten Bottichgärungen.

§ 147. Sobald die Reinhefe den Apparat verlassen hat, kann sie nicht mehr als absolute Reinkultur betrachtet werden, obwohl sie bei sorgfältiger Behandlung auch nach 20 und mehr Gärungen im Betriebe in bezug auf Reinheit immer noch einer alten nicht von Reinzucht abstammenden Betriebshefe weit vorzuziehen ist. Solange sich die Reinhefe im Apparat befindet, ist es nur nötig, richtig zu arbeiten, dann ist jede Möglichkeit einer Verunreinigung absolut ausgeschlossen. Nach der Entnahme aus dem Apparat jedoch hat man die Aufgabe, die unvermeidliche Infektion auf ein möglichst geringes Maß zu beschränken und vor allen Dingen darauf zu achten, daß den wenigen in die Hefe und die ersten Gärungen gelangenden Keimen keine Gelegenheit zur Vermehrung geboten wird. Zunächst sind daher gute kleine Gärbottiche erforderlich; am besten eignen sich emaillierte Eisengefäße, Schieferbottiche u. dgl. oder auch fehlerfreie neue Holzbottiche. Bei den obigen Größenverhältnissen des Apparates entspricht die herausgenommene Hefe ungefähr 1 hl vergorenen Bieres und genügt daher zum Vergären von 3 bis 4 hl neuer Würze, so daß also für die erste Gärung ein Bottich von etwa 5 hl (mit Steigraum), für die zweite ein solcher von 12 bis 15 hl Inhalt erforderlich ist. Nach der zweiten Gärung hat man somit schon genügend Hefe für einen großen Betriebsbottich. Die Würze für die ersten Gärungen soll möglichst rein sein, am besten wird man sie 1 bis 2 Stunden nach dem Ausschlagen direkt vom Kühlschiff entnehmen und im Gärgefäß möglichst schnell auf die Anstelltemperatur abkühlen. Stehen die Bottiche im Hefereinzuchtraum bei einer Temperatur von 10 bis 11°C, so kann man mit 7,5 bis 8,5°C anstellen; im Gärkeller bei 5 bis 6°C Lufttemperatur jedoch muß man mit 10 bis 12,5°C anstellen.

Wichtig ist, daß die Gärung möglichst bald einsetzt; man stellt daher auch zweckmäßig erst mit 1 ½ bis 2 hl an und läßt nach dem Ankommen noch ebensoviel darauf. In manchen Brauereien werden die ersten Bottichgärungen zugedeckt; in Anbetracht der äußerst geringen Anzahl Keime, welche unter normalen Verhältnissen aus der Luft in das Bier gelangen können, ist dies jedoch weniger wichtig. Das Anstellen der Reinhefe, von welcher man nach dem Absetzen das Bier abgegossen hat, geschieht im übrigen wie bei der gewöhnlichen Bottichgärung. Kühlung während der Gärung ist nicht erforderlich. Nach der ersten Bottichgärung stellt man alsbald mit der gewonnenen Hefe, ohne dieselbe zu wässern, die zweite Gärung an. Das Würzequantum ist so zu bemessen, daß, wie bei der gewöhnlichen Betriebsgärung, auf ½ l Anstellhefe ungefähr 1 hl Würze trifft; wenn möglich, stelle man auch bei der zweiten Gärung mit der Hälfte der Würze an und lasse den Rest nach dem Ankommen darauf.

6. Verschiedene Ausführungen des Hefereinzuchtapparates.

§ 148. Die Apparate werden fast nur aus starkem Kupferblech hergestellt. Das Kupfer muß innen vollständig mit der Hand verzinnt werden unter Anwendung von reinstem absolut bleifreiem englischem Zinn. Die Hähne und Verschlußringe werden am besten aus Rotgußmetall angefertigt; meistens läßt man dieselben vernickeln.

Vielfach werden mit demselben Würzezylinder 2 oder noch mehr Gärzylinder verbunden. Statt des Berieselungsringes ist gewöhn-

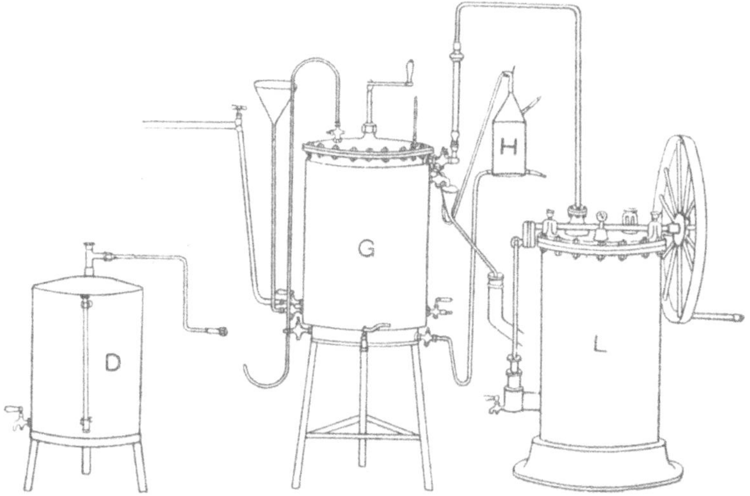

Abb. 56. Hefereinzuchtapparat der Lehr- und Versuchsanstalt für Brauer in München.
D Dampfentwickler, *G* Gär- oder Hauptzylinder, *H* Hefekolben, *L* Luftpumpe.

lich ein Kühlmantel angebracht; statt des Wasserstandrohres hat man bei neueren Apparaten gewöhnlich nur Fensterchen; auch diese können wegbleiben.

Das Würzequantum wird in diesem Fall gemessen, ebenso das herausgenommene Bierquantum; auf diese Weise ist es leicht, so viel Bier herauszunehmen, daß noch 50 l im Apparat zum Aufrühren der Hefe zurückbleiben.

Wesentlich verschieden von obigen Apparaten sind die mit nur einem Zylinder, welcher zugleich zum Abkühlen bzw. Sterilisieren der Würze und für die Gärung dient. Zum Aufheben der Anstellhefe für die nächste Gärung findet sich ein eigenes Hefegefäß. Der erste derartige Apparat wurde von Bergh und Jörgensen. Kopenhagen, konstruiert. Bei demselben steht über dem eigentlichen Würze- und Gärzylinder, mit diesem fest verbunden, ein kleinerer Zylinder, welcher zur Aufnahme der Hefe für die nächste Gärung dient.

Bei dem von Prof. P. Lindner angegebenen Apparat befindet sich das Hefegefäß neben dem Zylinder und ist nur durch Gummischläuche mit demselben verbunden.

Abb. 56 zeigt einen von Dr. Doemens höchst einfach konstruierten Apparat mit einem Zylinder- und Hefegefäß, wie er sich seit 35 Jahren im Laboratorium der Lehr- und Versuchsanstalt für Brauer in München in Betrieb befindet. In der Mitte steht der Würze- und Gärzylinder, durch zwei Gummischläuche mit dem rechts an der Wand hängenden Hefekolben verbunden. An letzterem befinden sich zwei mit Schlauch und Stöpsel verschlossene Impfröhrchen: das obere zum Einführen der Reinkultur, das untere zur sterilen Entnahme von Proben. Links vom Hauptzylinder steht ein einfacher kupferner Zylinder, in welchem der zum Sterilisieren erforderliche Dampf erzeugt wird. Geheizt wird der Dampfzylinder durch vier große Gasbrenner; zum Kochen der Würze stellt man die Brenner direkt unter den Hauptzylinder. In mehreren Brauereibetrieben befinden sich solche Apparate für Dampfheizung, welche mit doppeltem Boden versehen sind. Durch den mit dem Trichterrohr verbundenen Hahn links am Hauptzylinder läuft die Flüssigkeit ab bis auf 10 l. Durch diesen Hahn wird das Bier nach der Gärung vollständig abgezogen, der Rest (10 l) gründlich aufgerührt und hierauf 2 l in das Hefegefäß hinübergelassen, indem man dasselbe tief stellt; die Menge ist leicht nach dem Gewicht mittels einer Federwaage festzustellen. Die übrigbleibenden 8 l läßt man hierauf durch den nach vorne gerichteten Hahn heraus und verwendet sie als Anstellhefe für die erste Bottichgärung. Nachdem man das Hefegefäß durch Schließen der beiden Hähne an den Gummischläuchen vollständig abgesperrt hat, kann man den Hauptzylinder mit Wasser ausspülen, wieder mit Würze füllen, sterilisieren, abkühlen und aufs neue anstellen, indem man aus dem hochgehaltenen Hefekolben die zurückbehaltenen 2 l einlaufen läßt.

Wenn man einen Hefereinzuchtapparat anschaffen will, wende man sich unter allen Umständen an eine wissenschaftliche Anstalt bzw. eine Brauerei-Versuchsstation.

§ 149. Verzeichnis der größeren Lehrbücher zur biologischen Betriebskontrolle einer Brauerei.

1. Das mikroskopische Praktikum des Brauers von Prof. Dr. Hans Schnegg. I. und II. Teil. Verlag Ferd. Enke, Stuttgart.

2. Die biologische Betriebskontrolle des Brauereibetriebes von Prof. Dr. Hans Schnegg. Verlag Ferd. Enke, Stuttgart.

3. Biologische Untersuchung und Begutachtung von Bierwürze, Bierhefe, Bier und Brauwasser von Prof. Dr. H. Will. Verlag R. Oldenbourg, München.

4. Mikroskopische und biologische Betriebskontrolle in den Grärungsgewerben von Prof. Dr. Paul Lindner, Verlag Paul Parey, Berlin.
5. Atlas der mikroskopischen Grundlagen der Gärungskunde von Prof. Dr. Paul Lindner. Verlag Paul Parey, Berlin.
6. Die Gärungsorganismen in der Theorie und Praxis der Alkoholgärungsgewerbe von Albert Klöcker. Verlag Urban & Schwarzenberg, Berlin und Wien.
7. Die Mikroorganismen der Gärungsindustrie von Alfred Jörgensen. Verlag Paul Parey, Berlin.

SACHREGISTER.

(Die Zahlen bezeichnen die Seiten.)

Printed and bound by CPI Group (UK) Ltd, Croydon, CR0 4YY

12/07/2026

14919273-0005